KAREN MASTERS

Die Geschichte der Astronomie

Haupt

KAREN MASTERS

Die Geschichte der Astronomie

in 115 Büchern – von der Antike bis heute

Aus dem Englischen übersetzt
von Dörte Fuchs und Jutta Orth

HAUPT VERLAG

1. Auflage: 2024

ISBN 978-3-258-08377-3

Aus dem Englischen übersetzt von Dörte Fuchs und Jutta Orth, D-Freiburg
Lektorat der deutschsprachigen Ausgabe: Heike Werner, D-München
Umschlaggestaltung und Satz der deutschsprachigen Ausgabe: Die Werkstatt Medien-Produktion GmbH, D-Göttingen
Umschlagabbildungen (von außen nach innen): AdobeStock/Michel (Sternenhimmel); Maidun Collection/Alamy Stock Photo (Planisphaerium coeleste, 1850–1859); Volgi archive/Alamy Stock Photo (Andreas Cellarius, Harmonia Macrocosmica, vgl. S. 39); Wikimedia Commons, Public Domain (Andreas Cellarius, Planisphaerium Ptolemaicum, vgl. S. 35 und S. 188)

Die englischsprachige Originalausgabe erschien 2023 unter dem Titel
The Astronomers' Library bei Ivy Press, einem Imprint der Quarto Group.

Gestaltung und Redaktion: Roland Hall
Gedruckt in China

MIX
Papier | Fördert gute Waldnutzung
FSC® C016973

Um lange Transportwege zu vermeiden, hätten wir dieses Buch gerne in Europa gedruckt. Bei Lizenzausgaben wie diesem Buch entscheidet jedoch der Originalverlag über den Druckort. Der Haupt Verlag kompensiert mit einem freiwilligen Beitrag zum Klimaschutz die durch den Transport verursachten CO_2-Emissionen. Dabei unterstützt der Verlag ein Projekt zur nachhaltigen Forstbewirtschaftung in der Zentralschweiz. Wir verwenden FSC®-zertifiziertes Papier. FSC® sichert die Nutzung der Wälder gemäß sozialen, ökonomischen und ökologischen Kriterien.

Diese Publikation ist in der Deutschen Nationalbibliografie verzeichnet.
Mehr Informationen dazu finden Sie unter http://dnb.dnb.de.

Der Haupt Verlag wird vom Bundesamt für Kultur für die Jahre 2021–2024 unterstützt.

© Shutterstock, Huza Studio

INHALT

EINFÜHRUNG 8

1 **STERNATLANTEN** 16

2 **DIE KARTIERUNG ANDERER WELTEN** 52

3 **ASTRONOMIE UND KULTUR** 104

4 **WIE SICH UNSER MODELL DES UNIVERSUMS ENTWICKELTE** 140

5 **ASTRONOMIE FÜR ALLE** 220

6 **MODERNE ASTRONOMIE** 252

BIBLIOGRAFIE 264
REGISTER 266
BILDNACHWEIS 271
DIE AUTORIN 272

EINFÜHRUNG

Die Astronomie ist eine der ältesten und zugleich eine der modernsten Wissenschaften. Seit frühester Zeit richten Menschen überall auf der Welt ihren Blick in den Himmel. Manche von ihnen nahmen Muster in der Bewegung oder im Aussehen der Sterne wahr, die sie mit dem Leben auf der Erde in Verbindung brachten. Der Einfluss des Himmels auf die Erde war eindeutig: Die Sterne zeigten den Wechsel der Jahreszeiten an, und die Gezeiten folgten erkennbar den Mondphasen und dem täglichen Lauf der Sonne. Die Daten vieler religiöser Feste und sogar die Namen der sieben Wochentage sind von dieser frühen Beschäftigung mit der Astronomie beeinflusst. Heute versucht man mit hoch entwickelten Teleskopen das Universum noch besser zu verstehen.

Es ist ein wunderschönes und faszinierendes Universum, voller Galaxien, die sich über unvorstellbare Entfernungen erstrecken und in einem netzartigen Muster verstreut sind, das wiederum Details über die Entstehung des Universums offenbart. Jede Galaxie enthält Millionen von Sternen; jeder von ihnen eine riesige Kugel aus heißem Wasserstoff und Helium mit einem Kernfusionsreaktor im Innersten. Inzwischen geht man davon aus, dass jeder Stern von Planeten umgeben ist. Wir haben ein «unsichtbares» Universum aus interstellarem Gas entdeckt, das durch Radiowellen oder Röntgenstrahlen sichtbar gemacht werden kann, und sogar Dunkle Materie, die sich nur durch ihre Gravitationswirkung bemerkbar macht. Wir haben außergewöhnliche astronomische Objekte identifiziert, die aus sterbenden Sternen entstehen: Weiße Zwerge, Neutronensterne und

RECHTS

Lernen in der Bibliothek

Die Autorin beim Unterrichten von Studierenden in der Strawbridge Observatory Astronomy Library des Haverford College (USA). Foto aus dem Jahr 2019.

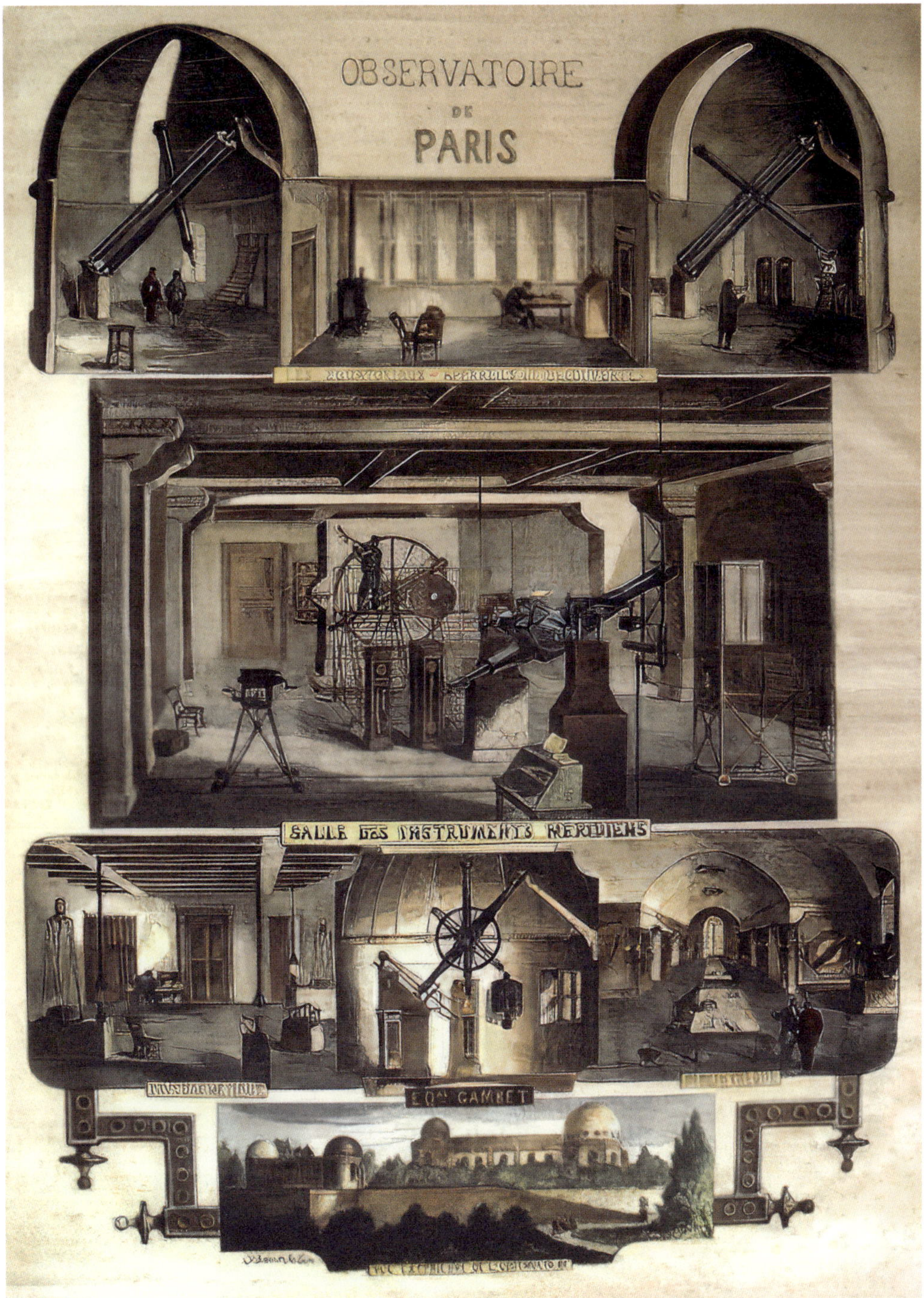

LINKS

Observatoire de Paris

Ein historischer Plan des Pariser Observatoriums. Er zeigt «La Bibliothèque», nach eigener Einschätzung eine der schönsten astronomischen Bibliotheken der Welt.

RECHTS, UNTEN, GEGENÜBER-
LIEGENDE SEITE

Aneignung von Wissen

Galileis *Dialogo* aus dem Jahr 1632, ein Werk, auf das in Kap. 4 näher eingegangen wird.

Bei der zwischen 1000 und 500 v. Chr. entstandenen MUL.APIN-Tontafel handelt es sich um einen frühen Sternkatalog mit 66 Sternen, zahlreichen Sternbildern, Daten zum Auf- und Untergang der Sterne und einer Beschreibung der Mondbahn.

Ein Spektroskop mit sieben Prismen, das John Browning 1868 für den Astronomen Sir Norman Lockyer anfertigte. Lockyer benutzte es, um das Licht der Sonne in einen Regenbogen zu zerlegen. Dabei entdeckte er eine neue Spektrallinie, die auf ein bis dahin unbekanntes chemisches Element in der Sonne hindeutete. Dieses neue Element nannte er «Helium».

Die barocke Bibliothek des Klementinums in Prag. Sie beherbergt viele Klassiker der tschechischen Literatur sowie zahlreiche astronomische Texte.

Schwarze Löcher, deren gigantische Schwerkraft und fremdartige Physik uns in Erstaunen versetzen. Wir haben sogar supermassereiche Schwarze Löcher im Zentrum jeder einzelnen Galaxie und Kräuselungen im «Gewebe» des Weltraums festgestellt, die durch die beim Verschmelzen Schwarzer Löcher entstehenden Gravitationswellen verursacht werden. Die Planeten unseres eigenen Sonnensystems sind sehr unterschiedlich: vom mächtigen Jupiter mit seinen vielen Monden und dem Megasturm, dessen Wirbel größer ist als die Erde, bis hin zum winzigen Merkur, der so dicht um die Sonne kreist, dass er in der Morgen- oder Abenddämmerung kaum auszumachen ist. Kleinere Mitglieder des Sonnensystems, Zwergplaneten wie der frostige Pluto oder Asteroiden, Kometen und Sternschnuppen (Meteoriten), haben ebenfalls ihren Reiz. Bilder und Zeichnungen von all diesen Himmelskörpern regen unsere Fantasie an. Kein Wunder, dass Bücher über Astronomie so beliebt sind.

Mich fasziniert die Astronomie schon seit meiner Kindheit. Auch Bibliotheken sind für mich von jeher besondere Orte, an denen ganze Welten jenseits des Irdischen und Alltäglichen zu entdecken sind. Heutzutage wird gerne über das drohende Ende der Bibliotheken lamentiert, da die zunehmende Digitalisierung von Quellen und die Möglichkeit der Internetrecherche direkten Zugriff auf fast all unser Menschheitswissen bieten. Bibliotheken haben jedoch eine lange Geschichte und entwickeln sich ständig weiter, um auf der Höhe der Zeit zu bleiben. Daher habe ich keinen Zweifel daran, dass sie noch viele Jahre lang unverzichtbar bleiben werden. Die Bedeutung freier und offener Bibliotheken,

LINKS UND RECHTS, GEGENÜBERLIEGENDE SEITE

Planeten in Bewegung

Ein kleines Orrery, ein mechanisches Modell des Sonnensystems, angefertigt zwischen 1735 und 1740 von Thomas Wright aus der Fleet Street. Es war für «Ladies and Gentlemen, nicht etwa für Adlige oder Prinzen» gedacht.

«Eine Lektion in Astronomie» – Miniatur aus dem Brevier von Saint-Louis, Frankreich, entstanden im 14. Jh.

Tycho Brahes wunderschönes Observatorium Uraniborg in Dänemark – eines der ersten Observatorien – beherbergte wahrscheinlich die erste echte astronomische Bibliothek. Das um 1580 errichtete Gebäude wurde schon 20 Jahre später zerstört, nachdem Brahe beim dänischen König in Ungnade gefallen war. Seit seiner Wiederentdeckung in den 1950er-Jahren gibt es Pläne, Teile der Anlage wiederaufzubauen.

die Menschen einen direkten Zugang zu Büchern und anderen Materialien ermöglichen, den sie sonst nicht hätten, kann gar nicht hoch genug eingeschätzt werden.

Die ersten Bibliotheken sammelten das schriftliche Wissen ihrer Zeit und waren wahrscheinlich nur wenigen Gelehrten zugänglich. Es gibt Belege für die Existenz von Bibliotheken im historischen Mesopotamien, im Alten Ägypten und im China der Han-Dynastie, in denen Tontafeln, Papyrusmanuskripte und Schriftrollen aus Seide aufbewahrt wurden. Während des Goldenen Zeitalters der islamischen Kultur, das auf die Erfindung des Papiers folgte, erlebten Bibliotheken, die mit zahlreichen wertvollen Kopien älterer und neuerer Manuskripte gefüllt waren, eine Blütezeit. Einen großen Teil unseres Wissens über die Antike verdanken wir islamischen Kopisten und Kopistinnen, deren Manuskripte in die Neuzeit gerettet wurden. Im mittelalterlichen Europa entstanden Bibliotheken zunächst in Klöstern und später in den ersten Universitäten; man kettete die Bücher dort an den Lesepulten fest, weil sie so kostbar waren; vereinzelt konnte man sie aber auch gegen eine Gebühr ausleihen. Erst durch die Erfindung beweglicher Lettern und des Buchdrucks wurden Bücher für die breite Masse zugänglich, und im 18. Jahrhundert entstanden die ersten öffentlichen Leihbibliotheken.

Eine astronomische Bibliothek ist zunächst einfach eine Sammlung von Büchern über Astronomie. Astronomische Werke machen nur einen Bruchteil aller jemals veröffentlichten Bücher aus und damit auch nur einen geringen Prozentsatz des Bestands allgemeinerer Sammlungen. In einer Veröffentlichung der Astronomical Society des Pomona College aus dem Jahr 1916 berichtete eine Forscherin namens Elma Schowalter, die eine Studie über öffentliche Bibliotheken in Kalifornien durchgeführt hatte, dass nur etwas mehr als ein Zehntelprozent aller Bücher in diesen Bibliotheken von Astronomie handelten. In einigen Bibliotheken hatte sie überhaupt keine Astronomiebücher gefunden. Astronomische Bibliotheken sind schlichtweg selten vorkommende und besondere Orte.

GEGENÜBERLIEGENDE SEITE

Dekorativer Globus

Ein Bronzeglobus aus der islamischen Welt mit Gravuren und silbernen Nieten, die Sterne und Sternbilder darstellen. Er wurde 1877 der Royal Astronomical Society geschenkt.

Tycho Brahes Uraniborg, das letzte große Observatorium, das vor der Erfindung des Teleskops (um 1580) erbaut wurde, enthielt möglicherweise die erste echte astronomische Bibliothek. Zu den wichtigen astronomischen Instrumenten des Observatoriums zählte Brahe auch eine Druckerpresse und eine Papiermühle – ein deutlicher Hinweis auf die Bedeutung, die er dem Verfassen von Astronomiebüchern beimaß. Viele der in den darauffolgenden Jahren errichteten Sternwarten beherbergten auch Sammlungen astronomischer Bücher oder ganze astronomische Bibliotheken. Das Observatorium, in dem sich mein Büro befindet, das Strawbridge Observatory am Haverford College in Pennsylvania, verfügt über eine achteckige astronomische Bibliothek mit über 3000 Objekten, zu denen vor allem Lehrbücher und Forschungsliteratur gehören. Astronomische Bibliotheken dienen nicht nur der Forschung, sondern bündeln zugleich wertvolles historisches Wissen – etwa die großen astronomischen Bibliotheken des Greenwich Observatory in London, des Cambridge Observatory, des Observatoire de Paris oder die Wolbach Library am Harvard College Observatory, um nur einige zu nennen. Die Bibliotheken des Istituto Nazionale di Astrofisica (INAF) in Italien beherbergen mehr als 125 000 Werke. Und die Bibliothek der Royal Astronomical Society in London mit ihren über 25 000 gebundenen Büchern, von denen einige aus dem 15. Jahrhundert stammen, darf hier nicht unerwähnt bleiben.

Das vorliegende Buch versammelt einen winzigen Bruchteil aller jemals gedruckten Bücher über Astronomie. Innerhalb der thematischen Kapitel sind die Werke grob chronologisch geordnet. Den Auftakt bildet ein Kapitel über Himmelsatlanten. Solche Atlanten wurden und werden zwar nicht immer in Buchform veröffentlicht, doch es gibt viele schön illustrierte Exemplare von historischer Bedeutung.

Es folgt ein Kapitel über Bücher mit Karten anderer Welten, das nach Himmelskörpern geordnet ist, beginnend mit Sonne und Mond (einschließlich ihrer Finsternisse) über Karten anderer Planeten (der Mars scheint die meisten Autoren und Autorinnen inspiriert zu haben) bis hin zu den Kometen. Das Spektrum reicht von den ersten Karten, die mithilfe von Teleskopen gezeichnet wurden, bis zu Beobachtungen mit modernen Weltraumrobotern.

Die Astronomie als Wissenschaft hatte schon immer einen großen Einfluss auf die menschliche Kultur. Kapitel 3, «Astronomie und Kultur», widmet sich historischen Beispielen der internationalen Astronomie. Es befasst sich etwa mit dem Goldenen Zeitalter des Islam, der Schule von Kerala und dem astronomischen Wissen im präkolumbischen Mesoamerika, im mittelalterlichen Europa und Ostasien.

Kapitel 4 beschäftigt sich mit den Versuchen, ein «Modell des Universums» zu entwerfen, vom geozentrischen Sonnensystem bis zur kopernikanischen Wende und darüber hinaus.

Die meisten Bücher, die jemals über Astronomie veröffentlicht wurden, sollten in erster Linie Wissen vermitteln. Kapitel 5, «Astronomie für alle», behandelt ausgewählte, oft bezaubernd illustrierte astronomische Lehrbücher – von mittelalterlichen Texten bis hin zu Werken mit frühen astronomischen Fotografien, die Anfang des 20. Jahrhunderts publiziert wurden.

Das Buch endet mit einem Kapitel über Publikationen aus den letzten 100 Jahren. Ein Anspruch auf Vollständigkeit ist damit nicht verbunden; die ausgewählten Bücher wurden entweder zu Bestsellern oder gehören zu meinen Lieblingsbüchern.

Karen Masters, Haverford

1

STERNATLANTEN

Sternkarten gehören zu den schönsten Zeugnissen der Astronomie. Sie verblüffen uns mit ihrer Pracht, Vielfalt und Schönheit. Daher widmen wir das erste Kapitel den Sternkarten aus verschiedenen Zeiten und Kulturen.

Die ersten Sternkarten wurden nicht in Form von Büchern verbreitet. Vielmehr zeugen Höhlenzeichnungen, Steinritzungen, Tontafeln und andere Objekte von der Faszination, die der Nachthimmel auf unsere Vorfahren ausübte. Zur frühesten Sternkarte überhaupt gibt es viele Theorien. Eine höchst umstrittene These behauptet, ein 32 000 Jahre altes Stoßzahnfragment aus dem Achtal zeige eine Darstellung des Sternbilds Orion. Auch mehrere prähistorische Höhlenzeichnungen von Tieren oder Menschen werden als Darstellungen von Sternbildern interpretiert. Aus dem 7. Jh. v. Chr. stammt das MUL.APIN (oder der Pflug/Große Wagen), eine Tontafel mit Aufzeichnungen zur babylonischen Astronomie und Astrologie, die einen Katalog von Sternbildern enthält.

Ein weiteres berühmtes (und ebenfalls viel diskutiertes) Beispiel für einen frühen Sternatlas – oder zumindest eine Darstellung des Nachthimmels – ist die Himmelsscheibe von Nebra (siehe S. 21), die um 1600 v. Chr. in der frühen Bronzezeit entstand. Die darauf abgebildeten Formen sollen die Sonne oder den Vollmond, den zunehmenden Mond und die Plejaden (eine Sterngruppe mit sieben Hauptsternen) repräsentieren.

Laut der antiken griechischen Mythologie hatte Atlas (der Titan, nach dem alle Kartensammlungen benannt sind) die Aufgabe, das Himmelsgewölbe bis in alle Ewigkeit zu stützen. Atlas-Statuen tragen häufig eine mit Sternen und Sternbildern verzierte Himmelskugel. Das gilt auch für die älteste bekannte Atlas-Statue, den Atlas von Farnese, der

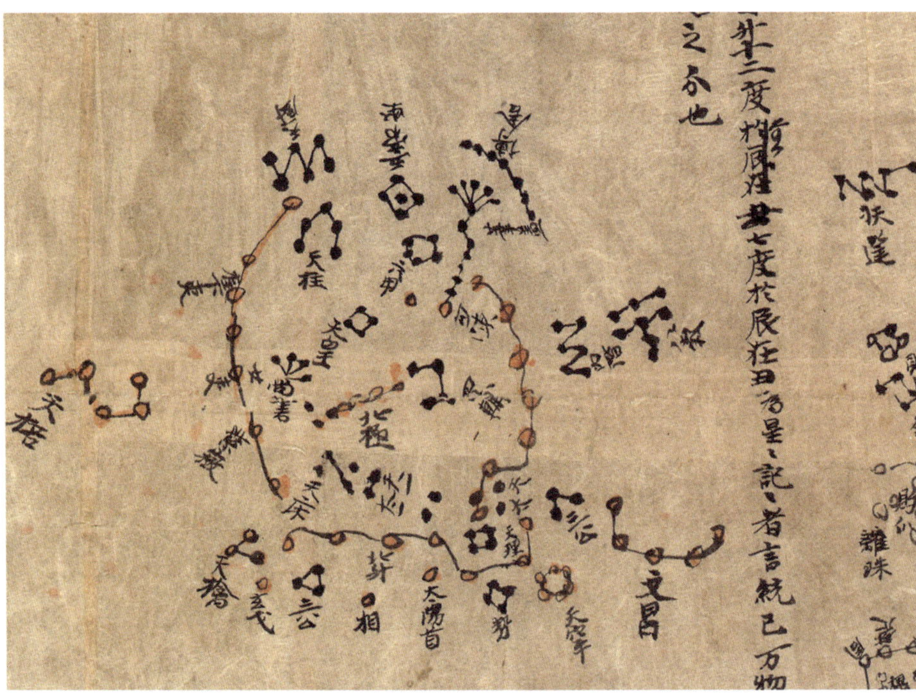

RECHTS

Sternkarte von Dunhuang

Eine der frühesten bekannten Darstellungen des Sternenhimmels. Die Karte entstand im 7. Jh. und gehörte zu einer Reihe von Handschriften, die im Jahr 1900 im chinesischen Dunhuang entdeckt wurde.

LINKS

Atlas von Farnese

Diese Marmorskulptur aus dem 2. Jh. verkörpert den Titanen Atlas. In den Himmelsglobus auf seinem Rücken sind traditionelle griechische Sternbilder eingraviert. Es handelt sich um eine der ältesten bekannten Darstellungen des westlichen Sternenhimmels. Die Statue befindet sich im Archäologischen Nationalmuseum Neapel.

RECHTS

Cheonsang Yeolcha Bunyajido

Diese aus dem 14. Jh. stammende Sternkarte zeigt 1467 Sterne, die damals von Korea aus sichtbar waren. Sie wurde bis zum 19. Jh. standardmäßig verwendet und dann von westlichen Planisphären verdrängt.

auf 150 v. Chr. datiert wird. Die Kugel, die auf seinen Schultern ruht, ist zugleich die früheste bekannte Darstellung der klassischen (griechischen) Sternbilder, die es damals wahrscheinlich schon viele Hunderte, wenn nicht Tausende von Jahren gab.

Sternbilder sind Punkt-zu-Punkt-Bilder, deren Linien von Menschen gezogen wurden, sodass geografisch voneinander unabhängige Kulturen im Laufe der Menschheitsgeschichte unterschiedliche Konstellationsmuster entdeckten, obwohl sie alle dieselben Sterne beobachteten. Eine weitere schöne Sternkarte aus früherer Zeit ist die in Stein gravierte *Cheonsang Yeolcha Bunyajido* aus Korea. Sie entstand im 14. Jahrhundert während der Joseon-Dynastie und zeigt Sternbilder, die damals in Korea zu sehen waren.

In der arabischen Welt des Mittelalters waren Astrolabien besonders beliebt. Da sie oft aus Metall gefertigt wurden, sind viele von ihnen erhalten geblieben. Astrolabien bildeten den Sternenhimmel ab – noch bevor es gedruckte Karten gab. Sie bestehen aus mehreren Metallscheiben, die sich gegeneinander verdrehen lassen, sodass sich an den Positionen der abgebildeten Sterne der Breitengrad eines Standpunktes ablesen lässt.

Eine der frühesten bekannten Sternkarten aus Papier ist die Sternkarte von Dunhuang, die während der frühen Tang-Dynastie (7. Jh.) entstand. Die Sterne sind der chinesischen astronomischen Tradition entsprechend in 257 Gruppen und 12 Segmente eingeteilt (ein Segment pro Monat). Die Schriftrolle mit der Sternkarte lag jahrhundertelang in einer Höhle in der Wüste, bis sie Anfang des 20. Jahrhunderts entdeckt wurde.

LINKS UND RECHTS

Himmelsscheibe und Astrolabium

Die Himmelsscheibe von Nebra wurde kurz vor der Jahrtausendwende in Nebra in Sachsen-Anhalt gefunden. Sie stammt aus der Bronzezeit. Man nimmt an, dass die Symbole Sterne (möglicherweise die Plejaden), den aufgehenden Mond und den Vollmond oder die Sonne repräsentieren.

Astrolabium oder Planisphärum: ein Messinstrument zur Berechnung von Sternpositionen. Astrolabien wurden häufig aus Metall gefertigt und haben die Jahrhunderte daher oftmals überdauert. Dieses Exemplar aus dem 9. Jh. besteht aus Messing und wurde in Nordafrika gefunden.

Buch der Fixsterne

Eines der ältesten erhaltenen illustrierten Bücher, das *Buch der Fixsterne,* ist ein vollständiger Atlas des Nachthimmels, wie er in der arabischen Welt im 10. Jahrhundert zu beobachten war. Der Autor, der Astronom 'Abd ar-Raḥman aṣ-Ṣūfī (903–986; in historischen Texten der westlichen Welt manchmal auch Azophi genannt), wurde 903 in Persien (dem heutigen Iran) geboren und erlangte für seine Verdienste um die Kartierung des Nachthimmels Ruhm.

Obwohl das Original seines Hauptwerks nicht mehr existiert, gibt es dank des islamischen Brauchs, wichtige Handschriften zu kopieren, mehrere zeitgenössische Abschriften. Aṣ-Ṣūfī muss sowohl mit antiken griechischen Werken als auch mit den traditionellen arabischen (wahrscheinlich beduinischen) Kenntnissen über Astronomie vertraut gewesen sein und hat deren Wissen in seinem Buch eindrucksvoll verbunden. Darin sind nicht nur Sternbilder abgebildet, sondern es enthält auch die genauen astronomischen Koordinaten der Sterne. Da sich die Erdachse im Laufe der Zeit geringfügig verlagert und in 26 000 Jahren eine vollständige Kreisbewegung (oder eine Präzession) beschreibt, verschieben sich auch die Auf- und Untergangszeiten der Sterne allmählich, und die Berechnung ihrer Koordinaten ist nur kurzzeitig zutreffend. Das *Buch der Fixsterne* gibt die Positionen an, die für das Jahr 964 berechnet wurden.

Jedes griechische Sternbild in diesem Buch ist zweimal abgebildet – einmal so, wie es am Himmel erscheint, und einmal spiegelverkehrt, sodass es für die Herstellung von Himmelsgloben genutzt werden konnte (diese zeigen den Himmel sozusagen aus der Außenperspektive). Bemerkenswert ist auch, dass hier zum ersten Mal die in der arabischen und persischen Astronomie wohl bekannte «kleine Wolke», die Andromedagalaxie (bzw. der Große Fisch, das arabische Äquivalent von Andromeda), erwähnt wird. Diese «Wolke» gilt heute als die unserer Galaxie am nächsten gelegene große Galaxie und als die einzige, die in der nördlichen Hemisphäre mit bloßem Auge sichtbar ist.

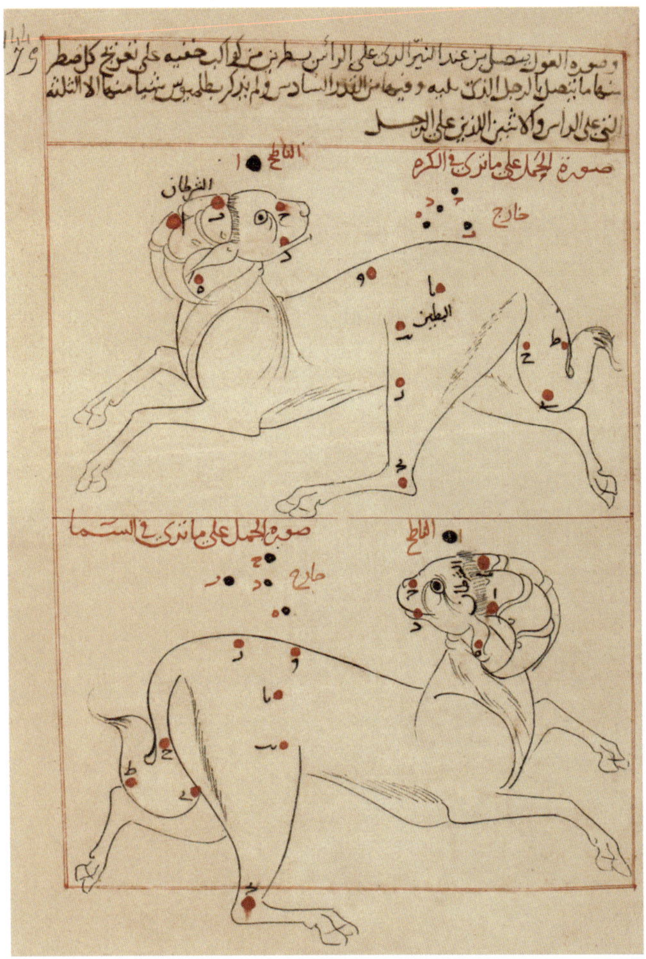

UNTEN

Buch der Fixsterne

Zwei Ansichten des Sternbilds Aries (Widder). Eine Darstellung illustriert, wie das Sternbild am Himmel erscheint, die andere, wie es auf die Außenseite eines Himmelsglobus geklebt werden sollte.

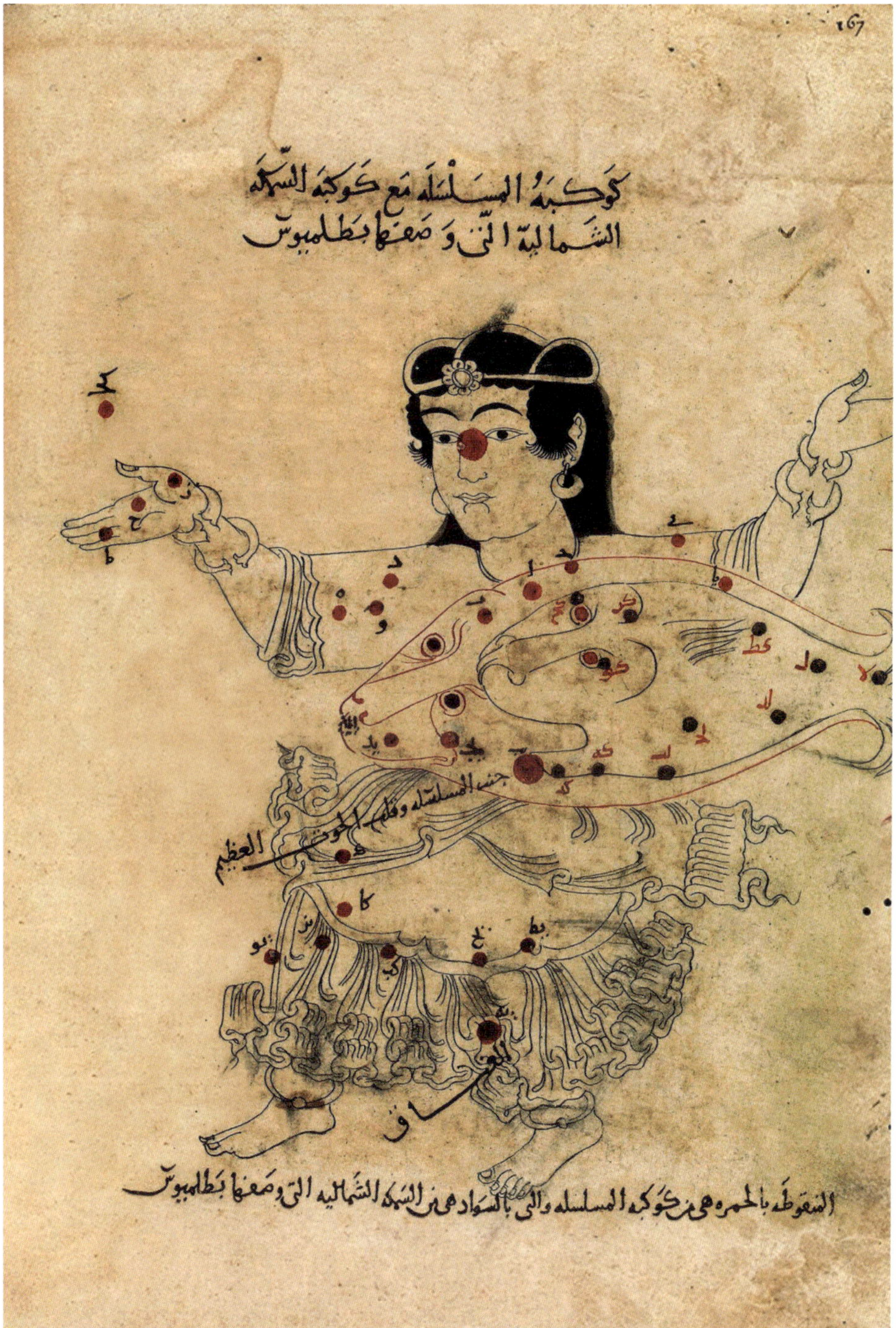

LINKS

Buch der Fixsterne

Aṣ-Ṣūfī setzte die griechischen und die arabischen Sternbildnamen in Beziehung, das griechische Sternbild Andromeda entspricht dem Sternbild des Großen Fisches. Die «kleine Wolke», die wir heute als Andromedagalaxie (ehemals Andromedanebel genannt) kennen, ist durch viele schwarze Punkte am Maul des Fisches gekennzeichnet.

RECHTS

Buch der Fixsterne

Die beiden oberen Bilder zeigen zwei spiegelbildliche Ansichten des Sternbilds Ursa Major/Großer Bär (aus verschiedenen Ausgaben des Buches). Das rechte Bild illustriert, wie das Sternbild am Himmel erscheint, das linke diente zur Herstellung eines Himmelsglobus und stammt aus der ältesten noch existierenden Ausgabe des Buches aus dem Jahr 1009. Das Buch enthielt außerdem Tabellen mit den für das Jahr 964 berechneten Positionen der Sterne.

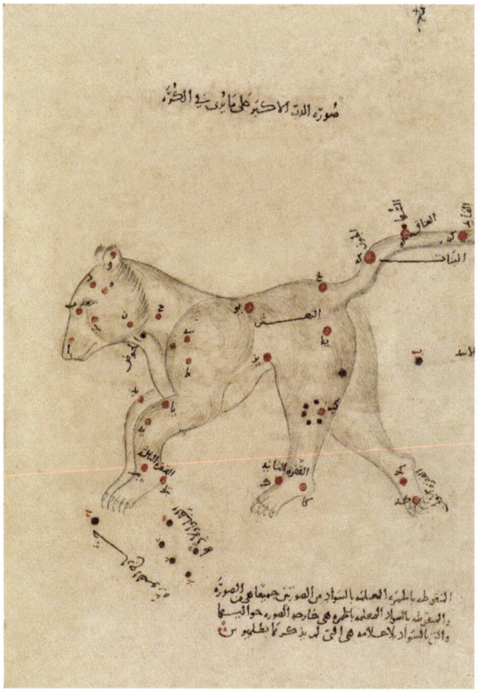

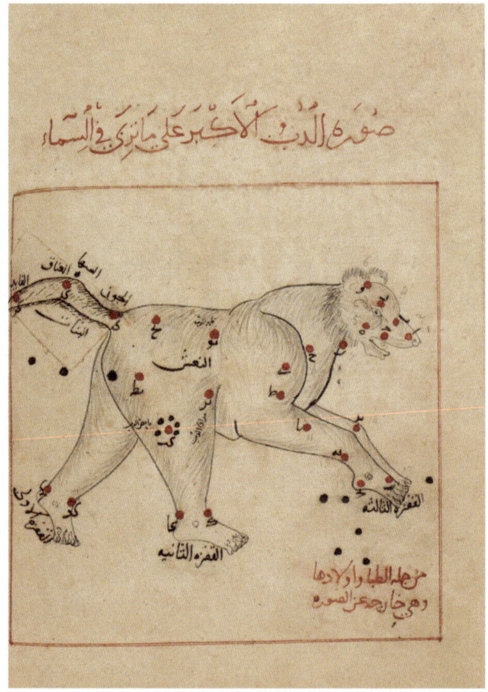

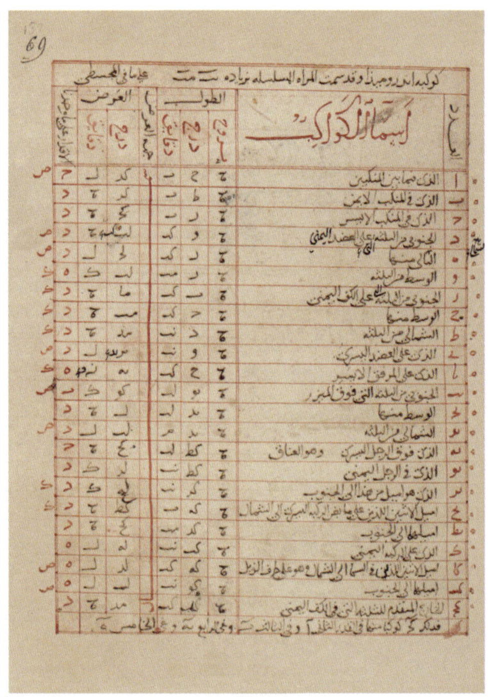

LINKS

Buch der Fixsterne

Ein weiteres Beispiel für Andromeda bzw. den Großen Fisch, wobei in dieser Version offenbar die Markierungen zur Position der Andromeda fehlen. In der spiegelbildlichen Version (gegenüberliegende Seite) fehlt sogar der Fisch.

Poeticon astronomicon

Poeticon astronomicon – Poetische Astronomie – ist ein schön illustriertes Buch mit Nacherzählungen der griechischen und römischen Mythen, die sich um Sternbilder ranken. Es soll von Gaius Julius Hyginus im 1. Jh. v. Chr. verfasst worden sein, wurde aber erst 1482 in lateinischer Sprache veröffentlicht. Ob Hyginus tatsächlich als Autor dieses mittelalterlichen Werks infrage kommt, ist umstritten. Einige Forschende behaupten, das sprachliche Niveau sei für Hyginus (64 v. Chr.–17 n. Chr.), dessen Texte normalerweise stilistisch komplexer waren, zu niedrig. Die Sternbilder erscheinen in der gleichen Reihenfolge wie in Ptolemäus' *Almagest,* der nach Hyginus' Tod veröffentlicht wurde.

Wie auch immer dieses Buch entstanden ist – es bietet einen guten Einblick in die griechische Mythologie rund um das Thema Sternbilder und enthält bezaubernde mittelalterliche Illustrationen.

RECHTS UND GEGENÜBERLIEGENDE SEITE

Poeticon astronomicon

Dieser handkolorierte Holzschnitt aus einer späteren Ausgabe des Buches zeigt die Sternbilder Draco, Ursa Major und Ursa Minor (Drache, Großer und Kleiner Bär).

Einige Sternbilder (Krebs, Löwe und Kassiopeia) sind in der Schwarz-Weiß-Ausgabe des Werks (mit illuminierten Initialen) leicht zu identifizieren.

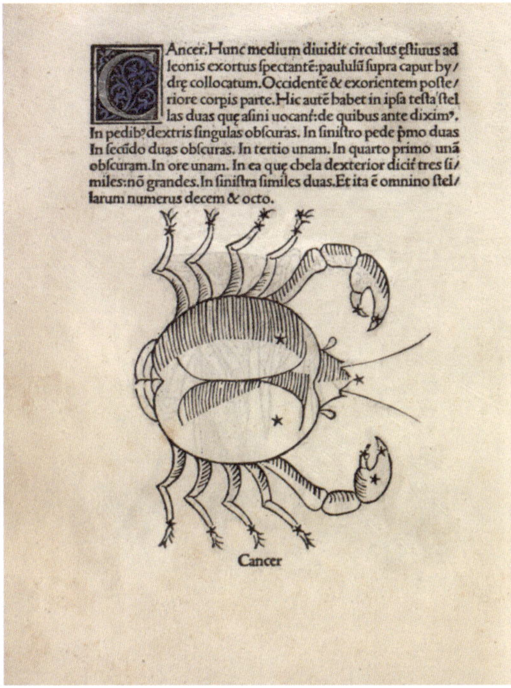
CAncer. Hunc medium diuidit circulus ęſtiuus ad
leonis exortus ſpectantē: paululū ſupra caput hy/
drę collocatum. Occidentē & exorientem poſte/
riore corpis parte. Hic autē habet in ipſa teſta ſtel
las duas quę aſini uocant: de quibus ante diximꝰ.
In pedibꝰ dextris ſingulas obſcuras. In ſiniſtro pede pmo duas
In ſecūdo duas obſcuras. In tertio unam. In quarto primo unā
obſcuram. In ore unam. In ea quę chela dexterior dicit tres ſi/
miles: nō grandes. In ſiniſtra ſimiles duas. Et ita ē omnino ſtel/
larum numerus decem & octo.

Cancer

LEo ſpectās ad occaſum ſupra corpus hydrę a capi/
te qua cancer inſtat: uſq; ad mediā partē eius con/
ſtitutꝰ medius ęſtiuo circulo diuiditur: ut ſub ipſo
orbe priores pedes habeat collocatos. Occidens
a capite & exoriēs. Hic habet in capite ſtellas tres
In ceruicibꝰ duas. In pectore unam. Interſcapilio tres. In media
cauda unā. In extrema alterā magnā. Sub pectore duas. In pe/
de priore unā clarā. In uentre clarā unam. Et infra alteram ma/
gnam unam. In lumbis unam. In poſteriore genu unam. In pe/
de poſteriore claram unam. Et ita eſt omnino numerus ſtellarū
decem & nouem.

Leo c 3

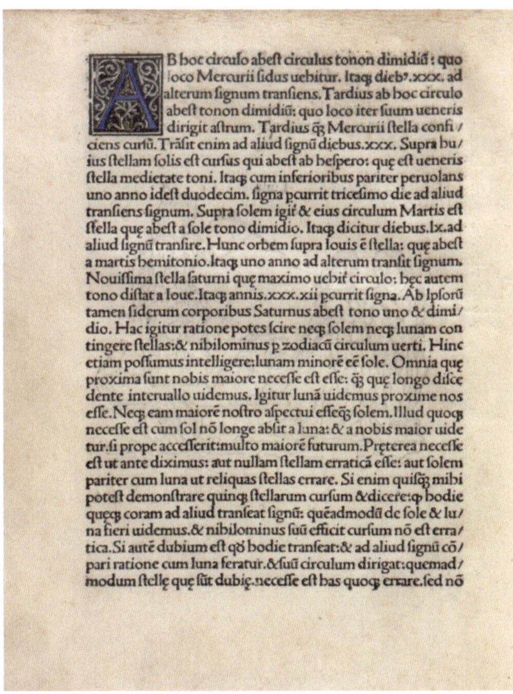
AB hoc circuſo abeſt circulus tonon dimidiū: quo
loco Mercurii ſidus uehitur. Itaq; diebꝰ. xxx. ad
alterum ſignum tranſiens. Tardius ab hoc circulo
abeſt tonon dimidiū: quo loco iter ſuum ueneris
dirigit aſtrum. Tardius q̄ Mercurii ſtella confi/
ciens curſū. Trāſit enim ad aliud ſignū diebus. xxx. Supra hu/
ius ſtellam ſolis eſt curſus qui abeſt ab heſpero: quę eſt ueneris
ſtella medietate toni. Itaq; cum inferioribus pariter peruolans
uno anno ideſt duodecim. ſigna pcurrit tricesimo die ad aliud
tranſiens ſignum. Supra ſolem igit & eius circulum Martis eſt
ſtella quę abeſt a ſole tono dimidio. Itaq; dicitur diebus. lx. ad
aliud ſignū tranſire. Hunc orbem ſupra Iouis ē ſtella: quę abeſt
a martis hemitonio. Itaq; uno anno ad alterum tranſit ſignum.
Nouiſſima ſtella ſaturni quę maximo uehit circulo: hęc autem
tono diſtat a Ioue. Itaq; annis. xxx. xii pcurrit ſigna. Ab Ipſorū
tamen ſiderum corporibus Saturnus abeſt tono uno & dimi/
dio. Hac igitur ratione potes ſcire neq; ſolem neq; lunam con
tingere ſtellas: & nihilominus p zodiacū circulum uerti. Hinc
etiam poſſumus intelligere: lunam minorē eē ſole. Omnia quę
proxima ſunt nobis maiore neceſſe eſt eſſe: q̄ quę longo diſce
dente interuallo uidemus. Igitur lunā uidemus proxime nos
eſſe. Neq; eam maiorē noſtro aſpectui eſſe q̄ ſolem. Illud quoq;
neceſſe eſt cum ſol nō longe abſit a luna: & a nobis maior uide
tur. ſi prope acceſſerit: multo maiorē futurum. Pręterea neceſſe
eſt ut ante diximus: aut nullam ſtellam erraticā eſſe: aut ſolem
pariter cum luna ut reliquas ſtellas errare. Si enim quiſq; mihi
poteſt demonſtrare quinq; ſtellarum curſum & dicere: q hodie
quęq; coram ad aliud tranſeat ſignū: quēadmodū de ſole & lu/
na fieri uidemus. & nihilominus ſuū efficit curſum nō eſt erra/
tica. Si autē dubium eſt qđ hodie tranſeat: & ad aliud ſignū cō/
pari ratione cum luna feratur. & ſuū circulum dirigat: quemad/
modum ſtellę quę ſūt dubię. neceſſe eſt has quoq; errare. ſed nō

CAſſiopęia ſedēs in ſiliquaſtro collocata ē. cuiꝰ ſedi
lis & ipſiꝰ caſſiopęię pedes poſiti in ipſa circūdu/
ctione circuli qui arcticos uocat. effigies autē cor
poris ad ęſtiuū circulū puenit: quē capite & dexte
ra manu tāgit. Hāc ppe mediā diuidit circulus is
lacteus appellat pxime cephei ſignū collocatū: Hęc occidēs cū
ſcorpione capite: cū ſedili reſupino ferri pſpicit. Exoriri autē cū
ſagictario. Huiꝰ in capite ſtella oſtendit una. In utroq; humero
una. In mamilla dextra clara una. In lumbis magna una. In ſini/
ſtro femore duas. In genu una. In pede ipſiꝰ dextro una. In qua/
drato quo ſella deformat una. In utriſq; ſingulę clariꝰ cęteris lu/
centes. Hęc igit eſt oīno ſtellarū. xiii.

De le stelle fisse

Das Buch *De le stelle fisse* (Von den Fixsternen) des italienischen Renaissance-Gelehrten Alessandro Piccolomini (1508–1578) enthält Karten fast aller griechischen Sternbilder.

Anders als bei früheren Himmelskarten oder späteren Sternatlanten sind die Zeichnungen ziemlich schlicht. Die Sterne sind nicht unbedingt in Nord-Süd-Richtung ausgerichtet, sondern so dargestellt, dass man sie leichter als Bestandteile eines Sternbilds identifizieren konnte. Piccolomini schrieb in der Volkssprache Italienisch (nicht auf Latein), wahrscheinlich, um eine breitere Leserschaft zu erreichen, und statt Kunstwerken enthielt sein Werk mythologische Beschreibungen zu den einzelnen Sternbildkarten. Für heutige Astronomen und Astronominnen ist von Bedeutung, dass er die Sterne eines Sternbilds als Erster mit Buchstaben bezeichnete, wobei ein «a» für den hellsten Stern stand, und so weiter. Außerdem führte er «Magnitudentafeln» ein, die Sterne gemäß ihrer Helligkeit von 1 (hellster Stern am Himmel) bis 4 klassifizierten.

Piccolomini entstammte einer bekannten Gelehrtenfamilie aus Siena, das im Mittelalter und in der Renaissance ein bedeutender Stadtstaat war. Neben seinen beiden Büchern zur Astronomie, *De le stelle fisse* und *De la sfera del mondo* (Vom Bereich der Welt), veröffentlichte er Gedichte, philosophische Texte und Theaterstücke und übersetzte klassische Werke ins Italienische. Er scheint lange Zeit für die italienische Dichterin Laudomia Forteguerri geschwärmt zu haben, die ihn zu seinen (ihr gewidmeten) astronomischen Werken inspiriert haben soll, indem sie sich darüber beklagte, dass sie als Frau nicht Astronomie studieren könne. So könnte sein Werk das erste Astronomiebuch gewesen sein, das die Astronomie einem breiten Publikum (einschließlich Frauen) zugänglich machen wollte.

RECHTS

De le stelle fisse

Das von Alessandro Piccolomini geschriebene und 1540 in Venedig veröffentlichte Buch enthielt unter anderem Tabellen zur Helligkeit der Sterne.

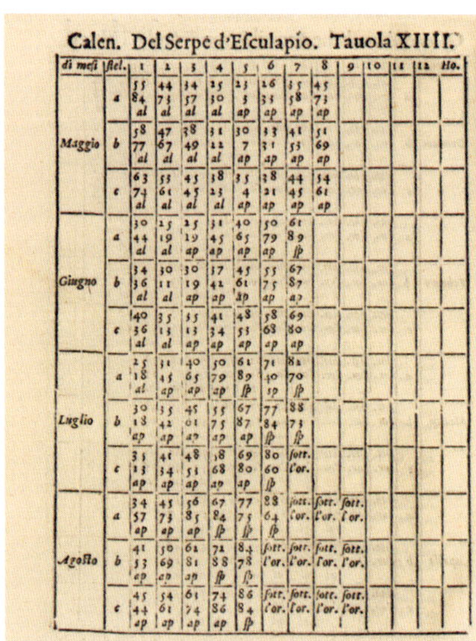

Calen. Del Serpe d'Esculapio. Tauola XIIII.

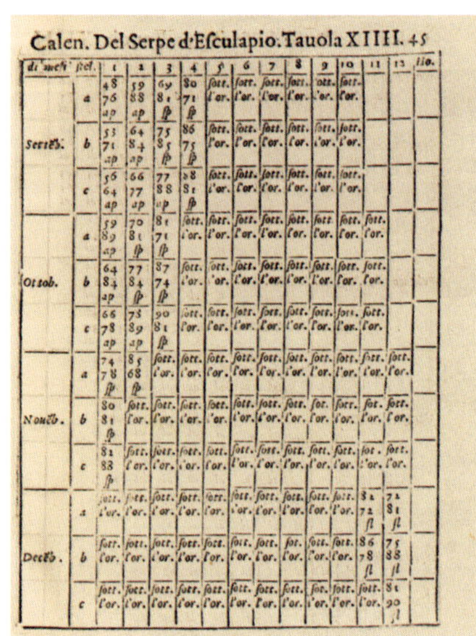

Calen. Del Serpe d'Esculapio. Tauola XIIII. 45

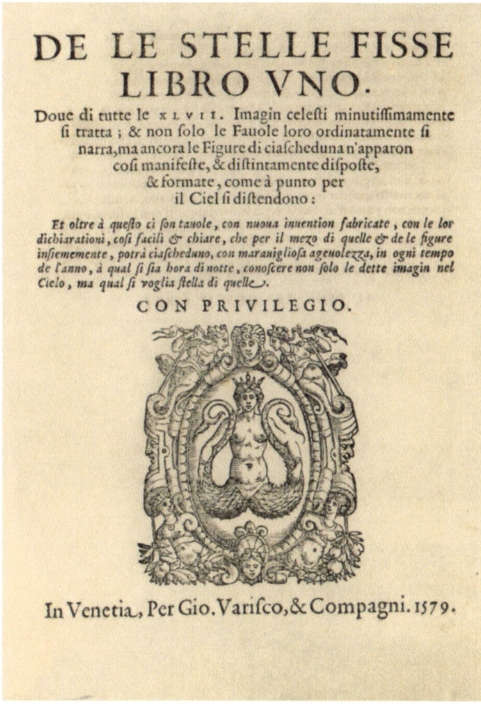
DE LE STELLE FISSE
LIBRO VNO.
Doue di tutte le XLVII. Imagin celesti minutissimamente si tratta; & non solo le Fauole loro ordinatamente si narra, ma ancora le Figure di ciascheduna n'apparon cosi manifeste, & distintamente disposte, & formate, come à punto per il Ciel si distendono:

Et oltre à questo ci son tauole, con nuoua inuention fabricate, con le lor dichiarationi, cosi facili & chiare, che per il mezo di quelle & de le figure insiememente, potrà ciascheduno, con marauigliosa ageuolezza, in ogni tempo de l'anno, à qual si sia hora di notte, conoscere non solo le dette imagin nel Cielo, ma qual si voglia stella di quelle.

CON PRIVILEGIO.

In Venetia, Per Gio. Varisco, & Compagni. 1579.

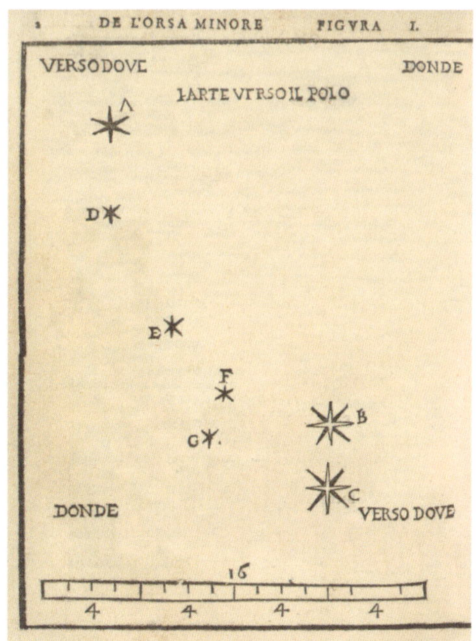

LINKS

De le stelle fisse

Im Uhrzeigersinn von oben links: Titelseite der Ausgabe von 1579; Porträt des Autors (Stich aus einer anderen Publikation); im Buch enthaltene Abbildungen der Sternbilder Ursa Minor und Ursa Major.

Uranometria

Die *Uranometria,* ein großer bebilderter Himmelsatlas mit Karten des gesamten Nachthimmels, wurde entweder nach Urania, in der griechischen Mythologie die Muse der Sternkunde, oder nach Uranus, dem Gott des Himmels, oder vielleicht nach beiden benannt. Der Planet Uranus wurde erst annähernd 200 Jahre nach der Veröffentlichung des Buches im Jahr 1603 entdeckt. Der Autor, Johann Bayer (1572–1625), war Jurist und arbeitete in Deutschland als Rechtsanwalt, doch am bekanntesten ist er für sein Interesse an der Astronomie und die Veröffentlichung der *Uranometria.*

Bayers Werk basierte auf dem 60 Jahre zuvor veröffentlichten Piccolomini-Atlas *De le ſtelle fisse* (siehe S. 28), bezog jedoch zusätzlich schwächer leuchtende Sterne der bekannten griechischen Sternbilder sowie völlig neue Bereiche des Himmels ein, die von der nördlichen Hemisphäre aus nicht sichtbar sind und daher in der antiken griechischen Astronomie unbekannt waren. Statt römischer Buchstaben wie Piccolomini verwendete er erstmals griechische Buchstaben für die Bezeichnung von Sternen; sie sind noch heute in Gebrauch, um die Helligkeitswerte von Sternen in einem Sternbild anzugeben. So wird beispielsweise Beteigeuze, der hellste Stern im Sternbild Orion, in diesem System als Alpha Orionis bezeichnet.

Zu jedem Sternbild gibt es eine Grafik des Kupferstechers Alexander Mair (um 1560–1617), einem der ersten Künstler, die den Kupferstich im 16. Jahrhundert für Illustrationszwecke einsetzten. Dank seiner Erfahrung und technischen Expertise gelangen ihm ebenso schöne wie präzise Darstellungen von Sternbildern, die als stilbildend in die Ge-

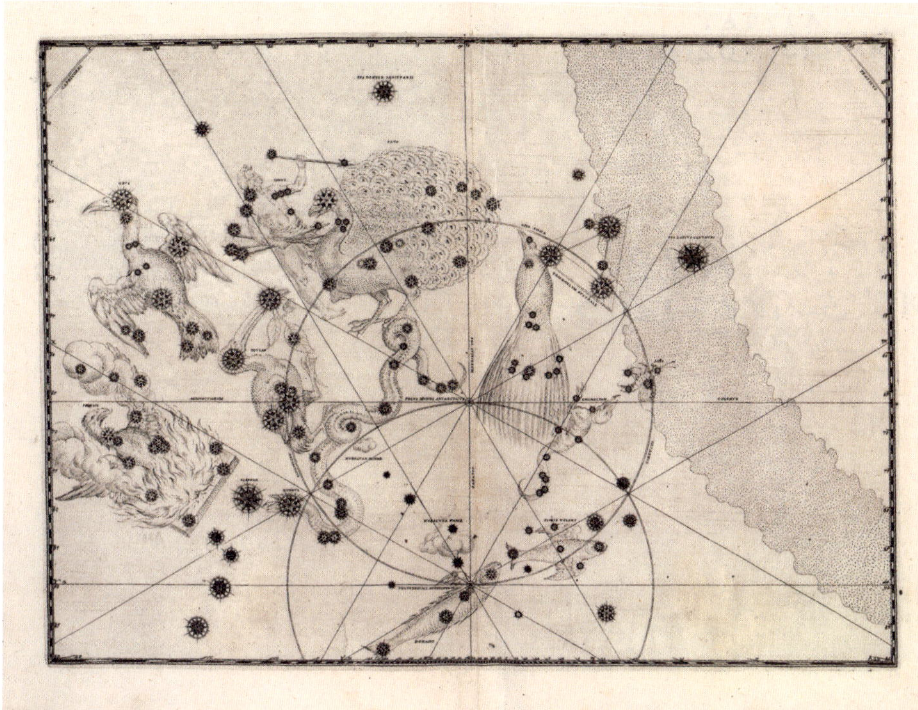

GEGENÜBERLIEGENDE SEITE UND LINKS

Uranometria

Das Buch wurde von Johann Bayer geschrieben und von Christoph Mang 1603 in Augsburg veröffentlicht. Alexander Mairs wunderbar genaue Stiche basieren auf früheren Werken, sowohl, was ihren Detailreichtum, als auch, was ihre Feinheiten betrifft. Hier abgebildet sind die Sternbilder Ursa Major (gegenüberliegende Seite), Orion (unten) und die 12 Sternbilder des Südhimmels, die zum ersten Mal auf einer einzigen Karte zusammengefasst wurden (oben).

GEGENÜBERLIEGENDE SEITE UND UNTEN

Uranometria

Es gab viele aufwendig kolorierte Ausgaben des Buches. Diese Bilder, die aus einer Edition des 20. Jh. stammen, zeigen die Sternbilder Equuleus, das «Kleine Pferd» oder «Füllen», und Delphinus, den «Delphin» – Letzteren nur als eine Ansammlung von Sternen (gegenüberliegende Seite).

Serpens (unten) ist als vollständige Schlange dargestellt. Auf modernen Karten ist die Schlange in Kopf und Schwanz unterteilt, und der mittlere Teil wird als «Ophiuchus, der Schlangenträger», bezeichnet. Auf der linken Seite der Abbildung kreuzt die Milchstraße den Schwanz von Serpens.

schichte der Astronomie eingegangen sind. Die Karten der *Uranometria* sind bemerkenswert genau. Das darübergelegte Koordinatengitter ermöglicht eine genaue Bestimmung der Sternpositionen, die größtenteils auf den Messungen von Tycho Brahe (1546–1601) beruhen. Diese Messungen verwendete auch Kepler für seine empirisch begründete Berechnung der Planetenbewegungen (siehe Kap. 4). Die *Uranometria* war nicht nur schön, sondern auch in wissenschaftlicher Hinsicht auf der Höhe ihrer Zeit.

Eine der größten Neuheiten war die Aufnahme von 12 Sternbildern des Südhimmels. In Europa war jener Teil des Himmels, der sich nördlich des Äquators niemals über den Horizont erhebt, gar nicht sichtbar. Die Karte muss für europäische Gelehrte also faszinierend gewesen sein – fast wie die Erkundung einer neuen Welt. Bayer packte alle 12 Sternbilder des Südhimmels in eine einzige Karte und stützte sich dabei auf einen Himmelsglobus des niederländischen Astronomen Petrus Plancius (1552–1622). Plancius hatte dem holländischen Seefahrer Pieter Keyser (1540–1596) beigebracht, auf seinen Fahrten den Himmel zu kartieren; aus den gelieferten Informationen leitete er Muster beziehungsweise Sternbilder ab. Diese Sternbilder wurden meist nach Tieren benannt, auf die europäische Entdeckungsreisende bei ihren Fahrten in den Süden stießen. Sie sind größtenteils noch heute gebräuchlich, und da Bayers Buch einem größeren Publikum zugänglich war als Plancius' Globus, wird die «Erfindung» dieser Sternbilder fälschlicherweise oft Ersterem zugeschrieben.

RECHTS

Uranometria

Es gibt viele Ausgaben der *Uranometria,* doch die originalen Schwarz-Weiß-Ausgaben sind hinsichtlich ihrer Detailtreue und -genauigkeit immer noch atemberaubend. Diese Illustration zeigt das Sternbild Aquarius, den «Wassermann».

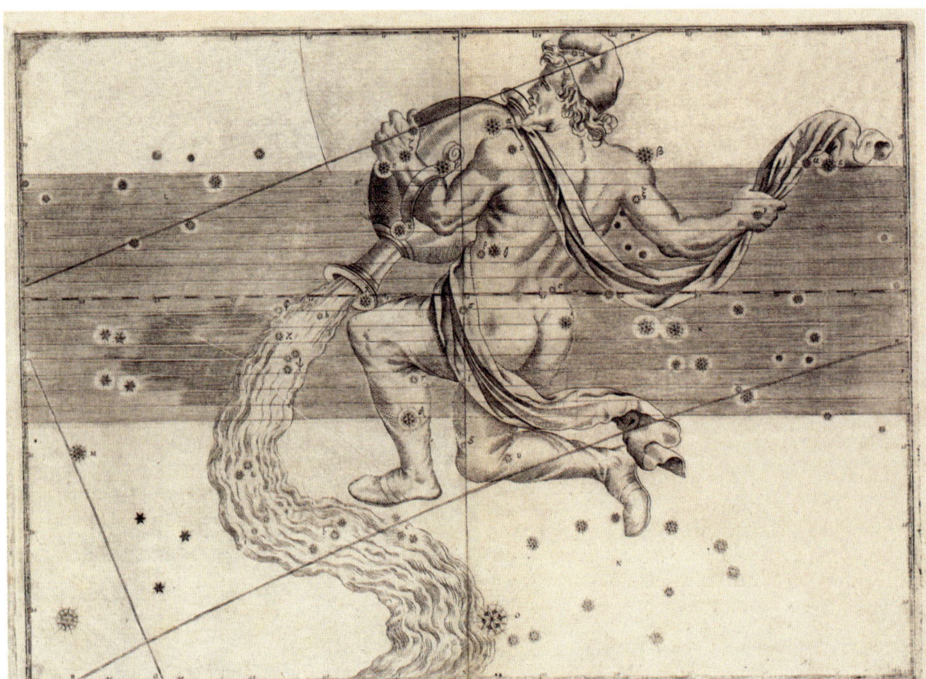

Harmonia macrocosmica

Die *Harmonia macrocosmica* gilt als Meisterwerk des sogenannten Goldenen Zeitalters der niederländischen Kartografie. Seinerzeit konkurrierten mehrere in den Niederlanden ansässige Verlage miteinander um die Herstellung riesiger und wunderschöner mehrbändiger Atlanten, die reiche Kaufleute dann als Statussymbole erwarben. Der Autor, Andreas Cellarius (um 1596–1665), war ein deutsch-niederländischer Kartograf und Astronom; die *Harmonia macrocosmica,* sein bekanntestes Werk, wurde 1660 in Amsterdam veröffentlicht. Einzelheiten über Cellarius' Leben sind nicht bekannt. Er wurde in Neuhausen bei Worms geboren, lebte und arbeitete eine Zeit lang als Lehrer in den Niederlanden und interessierte sich für Astronomie.

Die Schönheit der Tafeln verdankt sich zum einen einer fortschrittlichen Drucktechnik und der Verwendung von Farbe und zum anderen den (aus heutiger Sicht) recht skurrilen Hinzufügungen im Hauptteil, vor allem aber an den Rändern der Illustrationen. Wahrscheinlich sind sie den meisten Astronominnen und Astronomen bekannt, selbst wenn sie das Buch vielleicht nie komplett durchgesehen haben.

Manche bezeichnen die *Harmonia macrocosmica* als den schönsten Himmelsatlas, der jemals hergestellt wurde. Knapp 60 Jahre nach der *Uranometria* (siehe S. 30–34) publiziert, sollte er den letzten Band des umfangreichen *Novus Atlas* von Johannes Janssonius (1588–1664), auch bekannt als Jan Jansson, bilden. Dieser mehrbändige Atlas wurde von dem berühmten Kartografen Gerard Mercator (nach dem die Mercator-Projektion benannt ist) geplant und sollte geografische, aber auch Himmelskarten des gesamten damals bekannten Universums enthalten.

Die *Harmonia macrocosmica* enthält 29 farbige Tafeln. Neben detaillierten, den gesamten Himmel umfassenden Sternkarten, die die Sternbilder aus verschiedenen Perspektiven zeigen, gibt es viele schöne und recht komplexe Grafiken zu den damals diskutierten Weltbildern (oder Kosmologien), etwa zum geozentrischen Modell des Ptolemäus und zum heliozentrischen kopernikanischen Modell (siehe Kap. 2). Eine bezaubernde Illustration ist der Erklärung der Mondphasen gewidmet. Darüber hinaus finden sich für die jeweiligen Modelle Darstellungen zur Bewegung von Sternen und Planeten im Tages- und Jahresverlauf.

UNTEN

Harmonia macrocosmica

Diese «Ptolemäische Planisphäre, oder die Maschinerie der Himmelskreise» zeigt das traditionelle, auf Ptolemäus zurückgehende geozentrische Modell des Universums.

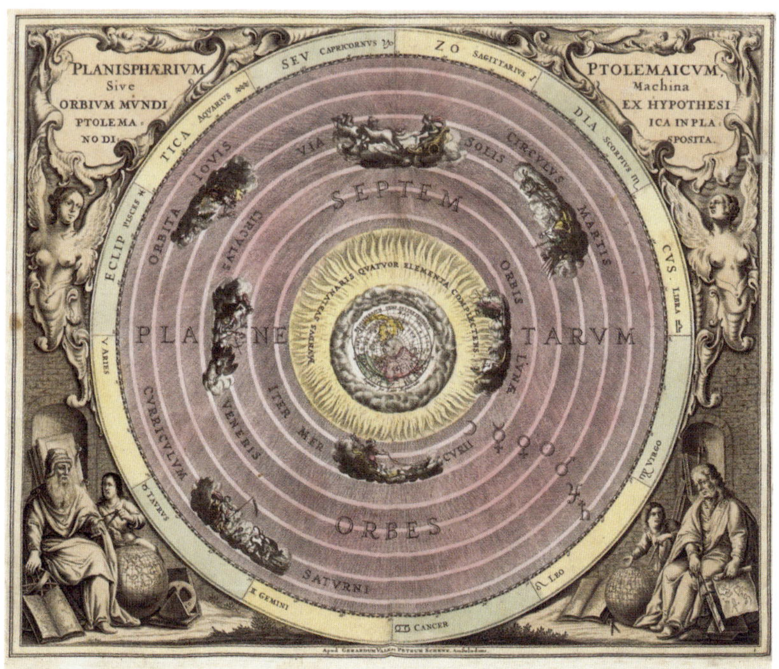

UNTEN

Harmonia macrocosmica

Eine Darstellung des geozentrischen ptolemäischen Weltbilds. Die Erde im Mittelpunkt ist von den Sternbildern des Tierkreises in der Sphäre der Fixsterne umgeben, innerhalb derer sich die anderen Planeten und die Sonne bewegen.

UNTEN

Harmonia macrocosmica

Es wurden viele Ausgaben der *Harmonia macrocosmica* publiziert, manche von ihnen mit farbigen Illustrationen. Hier eine Karte des Nordhimmels mit griechischen Sternbildern.

LINKS UND RECHTS

Harmonia macrocosmica

Die Ränder der Karten sind manchmal ebenso interessant wie diese selbst. Auf der linken Tafel beispielsweise betrachten Astronomen den Himmel mithilfe eines Jakobs- oder Kreuzstabs, sowohl vom Boden als auch von den Dächern nahe gelegener Gebäude aus. Der Jakobsstab war ein frühes astronomisches Instrument, das zur genauen Schätzung von Winkeln verwendet wurde. Weitere Astronomen helfen beim Aufzeichnen der Messungen, und auch ein Globus wird für die Kartierung verwendet. Aus irgendeinem Grund arbeiten die Sterngucker bei bewölktem Himmel – was natürlich nicht möglich wäre. Unterdessen hantieren die Putten in den Wolken mit eigenen Kreuzstäben.

Viele schöne Tafeln wie diese entstanden aus dem Versuch, die griechischen Sternbilder hinter sich zu lassen und auf biblischen Geschichten basierende Sternbilder zu etablieren.

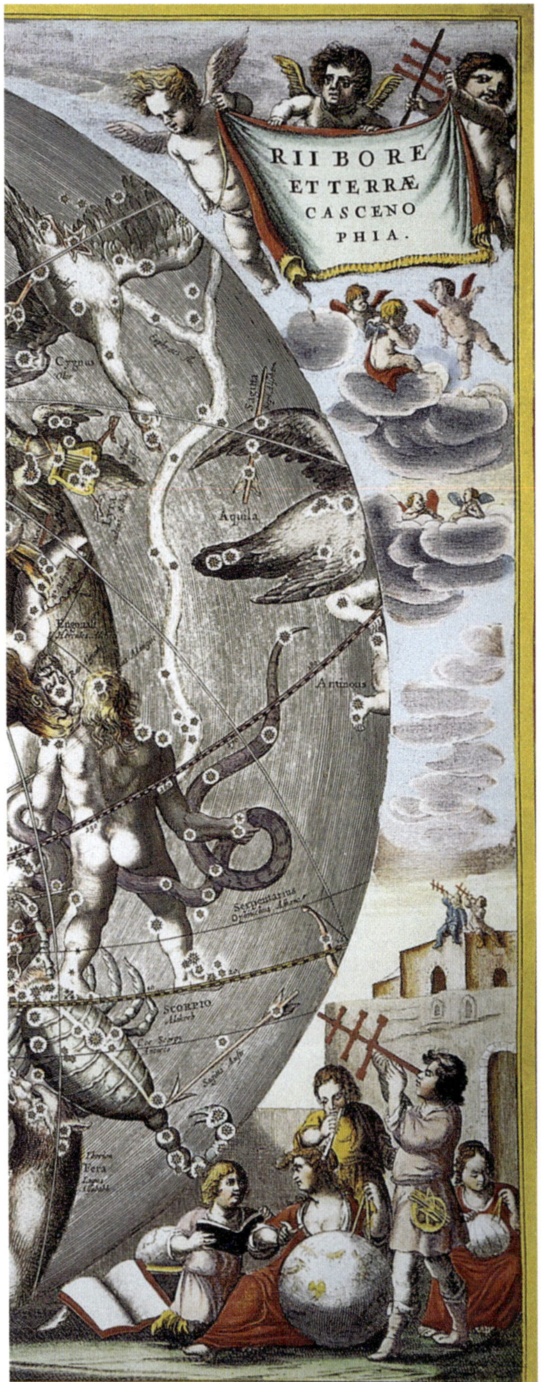

STELLATI
ANI HÆMI
POSTERIUS.
Circulus Polaris Sept.
Circulus Polaris Merid.

UNTEN

***Harmonia macrocosmica:* selenografische Darstellung der Mondphasen**

Die Sonne sendet von oben ihre Strahlen aus, und während der Mond die Erde umkreist (Mitte), trifft ihn das Licht an unterschiedlichen Stellen, sodass er von der Erde aus z. B. als Sichel erscheint.

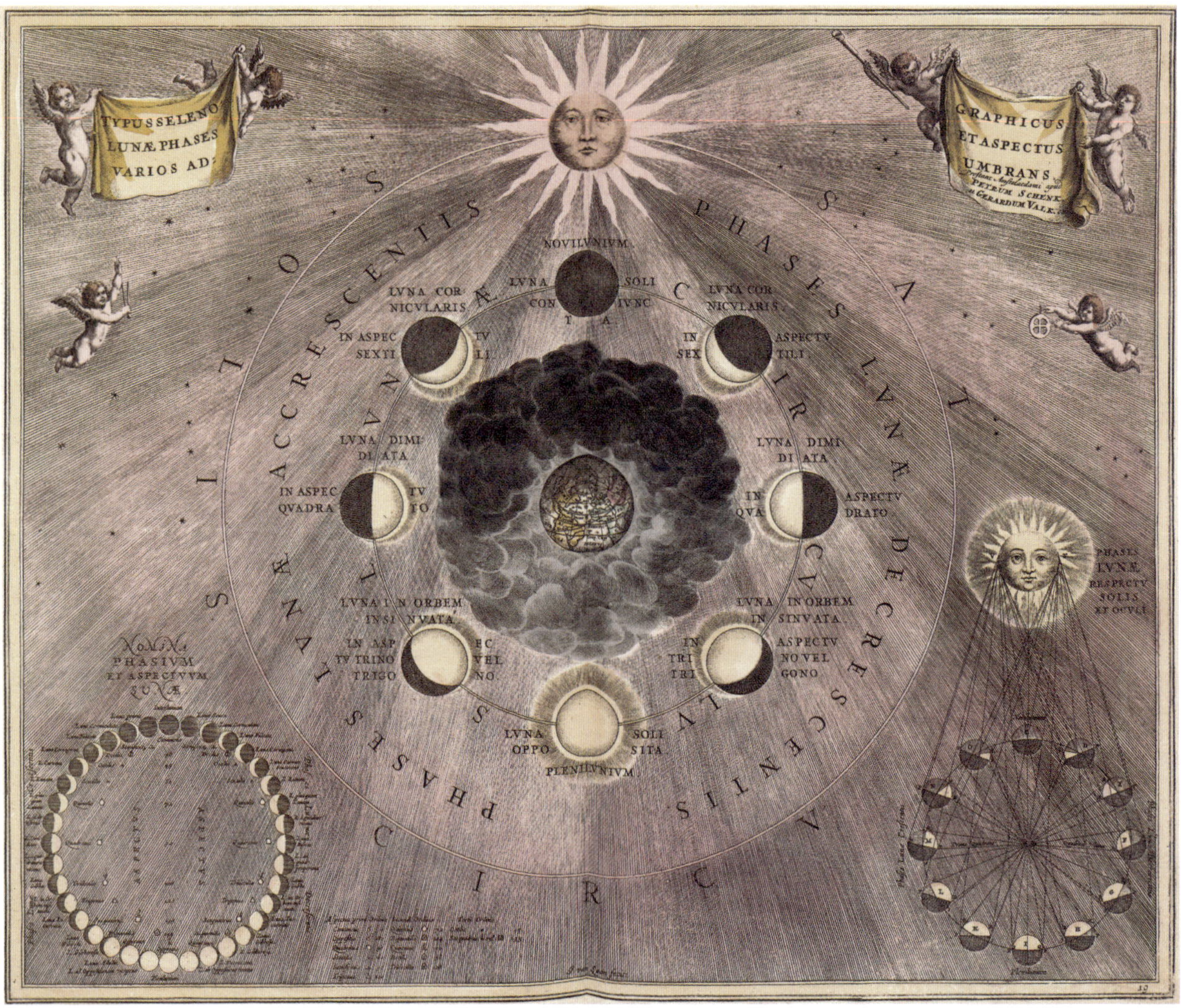

Firmamentum Sobiescianum, sive Uranographia

Die Erfindung des Teleskops Anfang des 17. Jahrhunderts bedeutete einen großen technologischen Fortschritt für die Astronomie. Galilei setzte sein Fernrohr 1609 erstmals zur Himmelsbeobachtung ein; als fast 100 Jahre später das *Firmamentum Sobiescianum, sive Uranographia* veröffentlicht wurde, waren Teleskope in der Astronomie weit verbreitet.

Einer, der sich von dieser Praxis nicht beeindrucken ließ, war Johannes Hevelius (1611–1687), ein polnischer Politiker und Astronom. Hevelius vertrat die durchaus unübliche Meinung, dass die Verwendung eines Teleskops zur Kartierung der Sternpositionen die Ergebnisse verfälschen könne, und weigerte sich daher beharrlich, eines zu benutzen. An den Rändern seiner Karten wies er sogar darauf hin, dass Beobachtungen mit dem Teleskop unzureichend seien. Für seinen Atlas der Sternbilder beobachtete er das Firmament mit bloßem Auge (unter Verwendung von Sextanten und anderen Messgeräten). Vielen gilt er als der letzte große Astronom, der auf diese Weise gearbeitet hat. Er nannte seinen Atlas nach Johann III. Sobieski, dem damaligen polnischen König, der die Künste und Wissenschaften förderte und auch Hevelius finanziell unterstützte, *Firmamentum Sobiescianum, sive Uranographia* – «Sobieskis Himmel oder Himmelsbeschreibung».

Der Atlas ist von großer Bedeutung, denn er enthält mehr Sterne und genauere Positionsangaben als die auf Brahes Messungen basierende *Uranometria.* Hevelius listete diese Positionen in seitenlangen Tabellen auf. Dazu kamen 56 Stiche mit allen traditionellen nördlichen sowie zehn neuen Sternbildern (von denen sieben bis heute Bestandteil der Astronomie sind). Auch eines dieser neuen Sternbilder benannte Hevelius nach dem König – *Scutum Sobiescianum* («Schild des Sobieski – heute einfach «Schild») –, verewigte seinen geliebten Sextanten am Himmel und fügte mehrere neue Tiere hinzu.

UNTEN

Frühes Teleskop

Hevelius lehnte die Verwendung des Teleskops ab, das sich in der Gelehrtenwelt damals wachsender Beliebtheit erfreute. Dieser Stich aus dem 19. Jh. zeigt Isaac Newton mit dem von ihm erfundenen Typ des Spiegelteleskops (mit einem Hauptspiegel und einem Fangspiegel), das noch heute als «Newton-Teleskop» bezeichnet wird.

Zu diesen neuen Tieren gehörte auch *Camelopardalis,* Griechisch für «Kamelleopard» bzw. «Giraffe», ein Sternzeichen, das in den alten griechischen Karten nicht vorkommt, da es nur recht schwach leuchtende Sterne enthält. Eine einzige Karte zeigte auch den Südhimmel. Sie basierte auf Beobachtungen des englischen Astronomen Edmond Halley (der einen Sextanten mit «Fernrohr» verwendete, was aus Hevelius' Sicht erlaubt war). Allerdings zeigte Hevelius' Atlas die Sternbilder falsch herum (so, wie sie auf einem Himmelsglobus, nicht aber, wie sie am Himmel erscheinen), und die Sterne waren nicht beschriftet, sodass die Sternbilder manchmal schwer zu identifizieren waren und/oder etwas seltsam aussahen (zum Beispiel Perseus, der sich zum Haupt der Medusa umdreht, oder Auriga, der Wagenlenker, der eine Ziege auf dem Rücken trägt).

Dieses Buch ist das letzte große Werk der Astronomie, das ohne Verwendung von Teleskopen entstand. Es wurde 1690, drei Jahre nach Hevelius' Tod, von seiner Frau Elisabeth veröffentlicht, die ihn bei seinen Beobachtungen unterstützte und als eine der ersten Astronominnen gilt.

OBEN UND UNTEN

Firmamentum Sobiescianum, sive Uranographia

Das Frontispiz des Buches zeigt Hevelius, wie er Urania, der Muse der Astronomie (Mitte), und den sie flankierenden historischen Astronomen seine neuen Sternbilder präsentiert. Er hält einen Schild (Scutum) und einen Sextanten in der Hand, Gegenstände, die als Namensgeber für zwei neue Sternbilder dienten. Auch die Tiere in seinem Schlepptau verewigte er als neue Sternbilder am Himmel.

Eine Sternkarte aus dem Buch zeigt unter anderem das neue Sternbild «Scutum Sobiescianum» (heute einfach «Scutum»). Die Darstellungen sind für die Verwendung auf einem Himmelsglobus gedacht und deshalb spiegelverkehrt zu ihrer Erscheinung am Himmel.

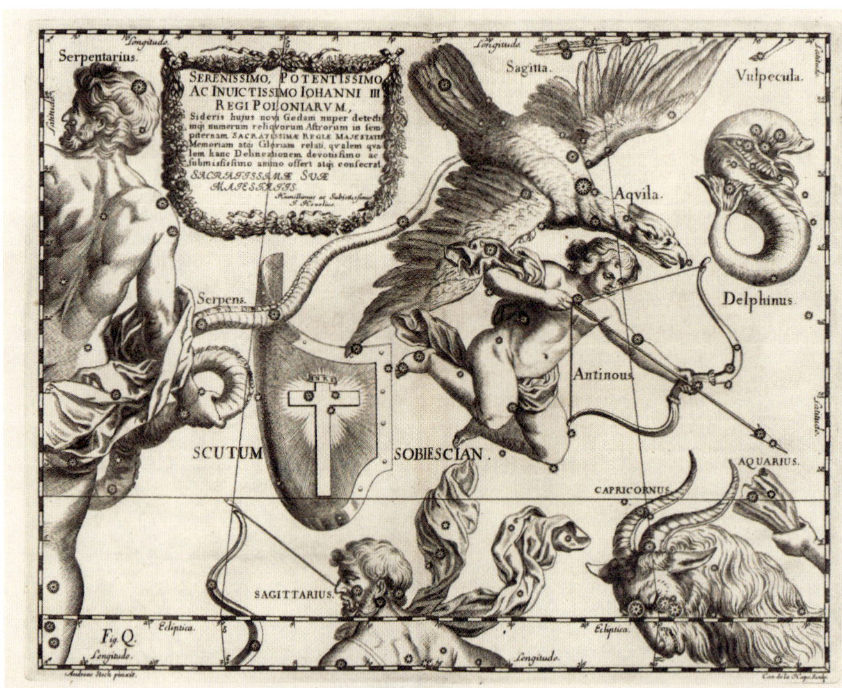

OBEN UND UNTEN

Firmamentum Sobiescianum, sive Uranographia

Eine Himmelskarte, die die sichtbaren Sterne des Nordhimmels zeigt.

Perseus, umgeben von Auriga und anderen Sternbildern.

OBEN UND UNTEN

Firmamentum Sobiescianum, sive Uranographia

Die Titelseite der Originalausgabe des Buches und das dazugehörige Porträt des Autors. *Firmamentum Sobiescianum, sive Uranographia* war der dritte Teil eines größeren Werks namens *Prodromus Astronomie,* das eine Vorrede *(Prodomus),* einen Sternkatalog *(Catalogo fixarum)* und den Sternatlas umfasste.

Diese Illustration aus der linken unteren Ecke der Sternkarte von Seite 43 zeigt einen Putto, der einem anderen ein Fernrohr anbietet. Dieser erteilt ihm mit einem Schild mit der Aufschrift «Praestat nudo oculo» («Das bloße Auge ist überlegen») eine Abfuhr. Währenddessen nimmt ein anderer Putto mit einem Sextanten Messungen vor. Hevelius war der Ansicht, dass die Beobachtung der Sterne mit einem Teleskop zu Verzerrungen bei der Positionsbestimmung führen würde.

J. HEVELII
PRODROMUS
ASTRONOMIÆ
CUM CATALOGO FIXARUM,
&
FIRMAMENTUM
SOBIESCIANUM.

Atlas coelestis

Nach der Erfindung des Teleskops im 17. Jahrhundert erkannten die meisten Astronomen und Astronominnen schnell, wie nützlich dieses neue Instrument für die Kartierung des Himmels war. Als 1725 der *Atlas coelestis* (Himmelsatlas) von John Flamsteed (1646–1719) veröffentlicht wurde, waren bereits mehrere Observatorien zur Beherbergung dieser empfindlichen Instrumente gebaut worden, unter ihnen das Royal Greenwich Observatory, das 1675 in den damaligen Außenbezirken von London errichtet worden war.

Zu dieser Zeit weckte die Kartierung des Himmels neues Interesse, weil man sich davon Unterstützung bei der Navigation auf See und insbesondere bei der Lösung des «Längengradproblems» (also des Problems, auf See die geografische Breite bzw. die Position in Ost-West-Richtung zu bestimmen) versprach – dafür wurden erhebliche finanzielle Mittel aufgebracht. Als erster Hofastronom des englischen Königshauses («Astronomer Royal») erhielt John Flamsteed den Auftrag, am neu errichteten Greenwich Observatory die bestehenden Himmelskarten auf der Grundlage neuer Beobachtungen mit dem Teleskop zu verbessern, damit die Royal Navy auf See sicherer navigieren konnte.

Der *Atlas coelestis* war das Ergebnis von Flamsteeds jahrzehntelangen Bemühungen, den Himmel zu kartieren, und ist der erste große Sternatlas, der auf Teleskopbeobachtun-

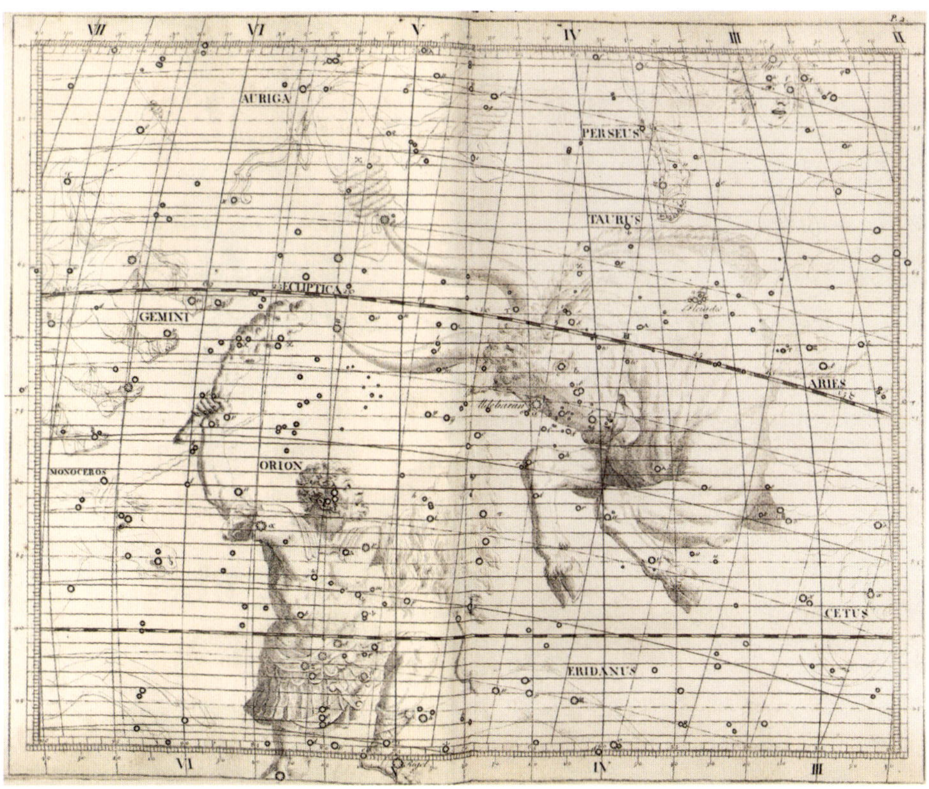

LINKS

Atlas coelestis

Orion, der Himmelsjäger, und Taurus, der Stier.

OBEN

Atlas coelestis

Tafel 26 des *Atlas coelestis* zeigt die Sterne des Nordhimmels. Die Helligkeit der Sterne lässt sich an der Größe der Symbole in der Legende unten links ablesen.

gen basiert. Dank der neuen Instrumente konnte Flamsteed auch schwächer leuchtende Sterne, die mit bloßem Auge nicht sichtbar waren, beobachten und ihre Positionen sehr genau bestimmen. Das Buch enthielt Tabellen mit den Koordinaten der Sterne bis zur 8. Magnitude, deren scheinbare Helligkeit etwa zehnmal geringer ist als die der am schwächsten leuchtenden Sterne, die ohne Teleskop sichtbar sind. Dazu kamen 26 Stiche, auf denen die Sterne zusammen mit den klassischen griechischen Sternbildern in einem Koordinatennetz dargestellt waren.

Die meisten Sternpositionen des *Atlas coeleſtis* beruhten auf den Beobachtungen, die Flamsteed in Greenwich machte; von diesem Standort aus ist der Südhimmel jedoch niemals sichtbar. Der englische Astronom Edmond Halley war 1677 auf die Insel St. Helena im Südatlantik gereist und mit genauen Karten des Südhimmels zurückgekehrt. Diese Karten waren bereits für das etwa 30 Jahre zuvor erschienene *Firmamentum Sobiescianum* verwendet worden, doch sie galten (zumindest in Europa) noch immer als maßgeblich, sodass Flamsteed auch für seinen Atlas darauf zurückgriff.

Zu behaupten, dass Flamsteed für die Erstellung seiner Karten sehr viel Zeit brauchte, wäre stark untertrieben. Mehr als ein Jahrzehnt vor ihrer offiziellen Veröffentlichung publizierten Isaac Newton und Edmond Halley 1712 eine Raubkopie. Sie waren das Warten auf die neuen Daten so leid, dass sie das Observatorium offenbar durchsucht hatten, um Informationen zu stehlen (natürlich zum Wohle der Wissenschaft). Letzten Endes war Flamsteed ein solcher Perfektionist, dass sein Atlas erst zehn Jahre nach seinem Tod (1719) veröffentlicht werden konnte, also rund 50 Jahre nachdem er in Auftrag gegeben worden war. Der *Atlas coeleſtis* und der dazugehörige *Catalogus Britannicus* waren sein Lebenswerk, doch sein Ruf als Astronom verdankt sich auch der Tatsache, dass er der Erste war, der den Uranus katalogisierte (ohne zu wissen, dass es sich um den Uranus handelte), und er hatte zudem Sonnenfinsternisse und Kometen beobachtet.

UNTEN

Atlas coelestis

Das Sternbild Cetus (Seeungeheuer, manchmal auch Walfisch genannt).

Die Illustrationen zu den Sternbildern stammten von dem englischen Historienmaler James Thornhill (1675–1734), der erst nach Flamsteeds Tod beauftragt wurde. Offenbar hatte Thornhill klare Anweisungen für die Illustration des Sternatlas erhalten. Flamsteed war gegen die inzwischen üblich gewordene spiegelverkehrte Darstellung gewesen (wie sie für Himmelsgloben verwendet wurde); also malte Thornhill die Sternbilder so, dass sie den Betrachtenden zugewandt waren – so, wie sie der römische Astronom Ptolemäus beschrieben hatte.

Der lang erwartete Atlas wurde ein großer Erfolg und galt trotz seiner enormen Größe (die auch Kritik hervorrief) viele Jahre lang als Standardwerk der Astronomie. Er war einer der letzten großen Sternatlanten in diesem Stil. An der Wende zum 19. Jahrhundert interessierten sich Astronominnen und Astronomen mehr für die Koordinaten der Sterne als für die Darstellung von Sternbildern. Es wurde immer üblicher, die Sternbilder auf Karten als «Strichfiguren» wiederzugeben anstatt mit fantasievollen Zeichnungen.

UNTEN

Atlas coelestis

Die Sternbilder Perseus, Kassiopeia und Dreieck.

1. Moderne Sternkarten

Heute sind die traditionellen Sternbilder vor allem wegen ihrer kulturgeschichtlichen Bedeutung von Interesse; für die Wissenschaft spielen sie keine Rolle mehr. Dennoch verwenden heutige Astronominnen und Astronomen immer noch Namen, die sich (größtenteils) an den traditionellen griechischen Sternbildern orientieren. So erkannte die Internationale Astronomische Union 1922 insgesamt 88 Sternbilder offiziell an.

Sich diese Muster einzuprägen ist für die Beobachtung von Sternen als Freizeitbeschäftigung nach wie vor nützlich, doch Profi- und zunehmend auch Amateurteleskope werden heute durch die Eingabe von Koordinaten in einen Computer gesteuert, sodass viele Astronominnen und Astronomen nur sehr wenige Sternbilder aus dem Gedächtnis identifizieren können.

Inzwischen wächst auch das Interesse an astronomischen Konzepten, die die (meist) europäischen Wissenschaftlerinnen und Wissenschaftler bislang links liegen ließen. Die meisten, wenn nicht alle Kulturen haben eine astronomische Tradition und einen Schatz überlieferter Geschichten über die Himmelsmuster. Menschen auf der ganzen Welt scheinen ein angeborenes Bedürfnis zu haben, Punkt-zu-Punkt-Bilder mit dem Himmel als Hintergrund zu zeichnen und die damit verknüpften Geschichten von Generation zu Generation weiterzugeben. Viele dieser Über-#lieferungen wurden bei der überstürzten Kartierung des Himmels während der Kolonialisierung ignoriert oder vergessen. Dies gilt vielleicht besonders für die Sternbilder des Südhimmels, aber auch für die Überlieferungen der nordamerikanischen Ureinwohner und der Kulturen Asiens und Afrikas. Auch wenn unsere Nächte heute hell erleuchtet sind und wir selten nachts draußen sitzen, um die Dunkelheit zu genießen, sind wir nach wie vor von Sternbildern fasziniert (die meisten von uns kennen zumindest ihr Sternzeichen). Das Wiedererlernen überlieferter Geschichten über die Sterne ermöglicht es uns, unsere jeweilige Kulturgeschichte wiederzuentdecken und eine tiefere Verbindung zur Natur zu finden.

UNTEN

John Flamsteed

John Flamsteed, Autor des *Atlas coelestis* und erster Königlicher Astronom Englands, auf einem Porträt von Thomas Gibson.

OBEN UND UNTEN

Atlas coelestis

Ursa Major (der Große Bär) mit einer Reihe anderer Sternbilder aus der zweiten Auflage des *Atlas coelestis* von 1753. Der Große Bär enthält den Großen Wagen – sieben helle Sterne, die Körper und Schweif bzw. Wagen und Achse bilden. Sie gehören zu den bekanntesten und nützlichsten Sternen der nördlichen Hemisphäre, denn sie ermöglichen das Auffinden des Polarsterns, mit dem sich die Himmelsrichtungen bestimmen lassen. Der Polarstern steht immer im Norden.

Eine Karte mit den Sternbildern Bootes (Bärenhüter), Canes Venatici (Jagdhunde) und Coma Berenices (Haar der Berenike) aus einer Ende des 17. Jh. publizierten französischsprachigen Ausgabe des Atlas.

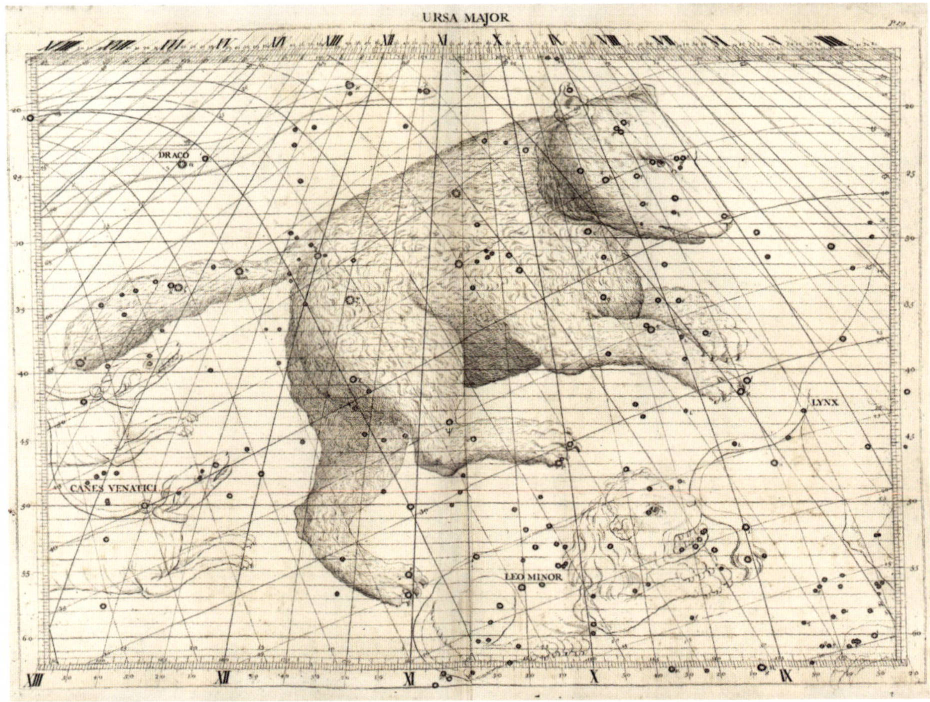

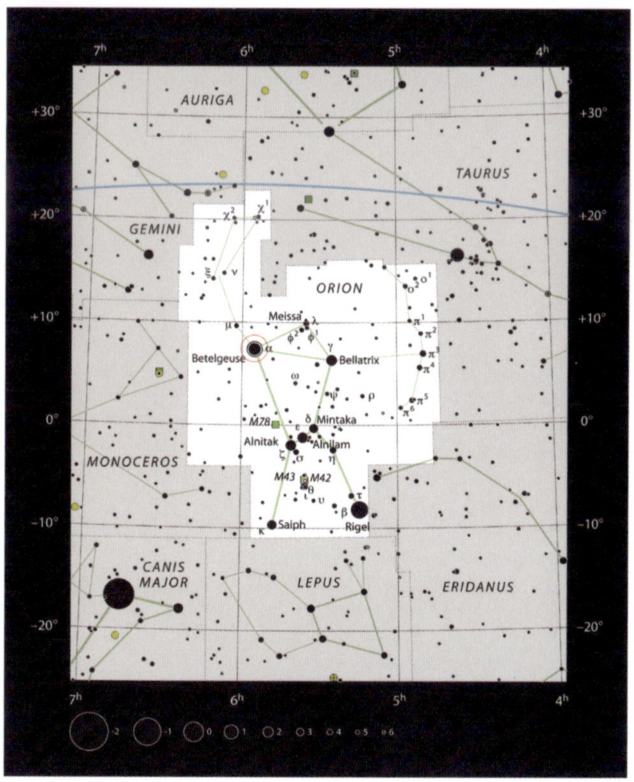

OBEN UND UNTEN

Sternkarten im Altertum und in der Gegenwart

Indigene Kulturen weltweit haben ihre eigenen Sternbilder und ihre eigenen dazugehörigen Mythen. Diese Höhlenmalerei soll den Wintermacher, den Elch und den Fischer darstellen, drei Sternbilder der nordamerikanischen Ojibwe.

Eine moderne Sternkarte, die das Sternbild Orion (den Wintermacher der Ojibwe) als Strichfiguren zeigt. Der Orion (insbesondere die drei Sterne seines «Gürtels») ist leicht am Himmel zu erkennen und wird in der Sternenmythologie auf der ganzen Welt oft als Figur dargestellt, bei den alten Griechen z. B. als Himmelsjäger.

2

DIE KARTIERUNG ANDERER WELTEN

Die Erforschung außerirdischer Welten nahm ihren Anfang, als die Menschen den Himmel nicht mehr als ein starres Hintergrundbild ansahen, das um die Erde kreist, sondern als einen Raum, den man bereisen konnte. Vor der Entwicklung von Teleskopen hatten die sieben «Himmelskörper» einen so hohen Stellenwert, dass sie den menschlichen Alltag nach einem Sieben-Tage-Schema strukturierten: Sonne, Mond, Mars, Merkur, Jupiter, Venus und Saturn – hier in der Reihenfolge der nach ihnen benannten Wochentage aufgelistet.

Dieses Kapitel ist deshalb grob nach diesen Himmelskörpern geordnet. Wir beginnen mit der Sonne und dem Mond als den hellsten Objekten, die sich zudem am deutlichsten von den Lichtpunkten der Sterne unterscheiden. Nach einem Exkurs über Finsternisse wenden wir uns den Planetenkarten zu. Von den Planeten waren lange keine Einzelheiten zu erkennen, bis man Teleskope auf den Himmel richtete, doch weil sich Merkur und Venus selbst mit einem Teleskop nur schwer als «Welten» kartieren lassen, werden sie kaum je erwähnt. Nur wenn sie vor der Sonne vorüberziehen, finden sie wegen der Bedeutung dieser Ereignisse größere Beachtung. Interessanter sind da schon die Karten von Mars, Saturn und Jupiter. So rätselten Astronominnen und Astronomen etwa über das sich verändernde Aussehen des Saturns, das durch die Neigung seiner Ringe zur Planetenebene (Ekliptik) verursacht wird, und das wechselhafte Aussehen von etwas, bei dem es sich, wie wir heute wissen, um Wolkenbänder in der Atmosphäre des Jupiters handelt. Vor allem der Mars wurde lange und detailliert beobachtet und kartografiert. Und weil er der Erde am ähnlichsten ist, hat sein veränderliches Erscheinungsbild immer wieder Spekulationen über die Existenz von Leben auf – oder unter – seiner Oberfläche befeuert. Abgeschlossen wird dieses Kapitel mit den Kometen und damit, wie ihr Erscheinen am Himmel die Menschheit im Laufe der Geschichte inspiriert (und/oder geängstigt) hat.

RECHTS

Galileis Mond

Bilder des Mondes aus Galileis *Sidereus nuncius* von 1610. Man beachte die sorgfältige Zeichnung des «Terminators» (der Licht-Schatten-Grenze), die Mondberge erkennen lässt.

GEGENÜBERLIEGENDE SEITE

Selenographia

Detail eines Sonnenobservatoriums, das Johannes Hevelius im 17. Jh. nutzte. Es zeigt eine sichere Methode der Sonnenbeobachtung mittels Projektion in einen abgedunkelten Raum. Außerdem sind viele gängige astronomische Instrumente aus dieser Zeit zu sehen, darunter ein Jakobs- oder Kreuzstab und zwei präteleskopische Sextanten, mit denen man die Winkel zwischen Himmelskörpern messen kann.

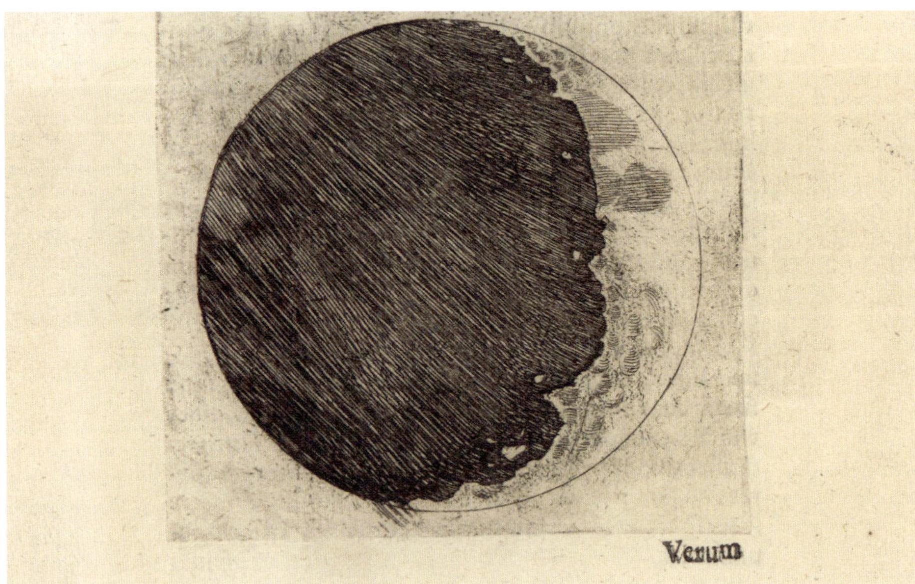

1. Karten von Mond und Sonne

Der Mond ist unser nächster Himmelsnachbar. Er umkreist die Erde in einem mittleren Abstand von nur 385 000 Kilometern, während wir uns mit ihm auf unserer gemeinsamen Bahn um die Sonne bewegen. Für einen vollständigen Umlauf benötigt er etwa 29½ Tage in Relation zur Position der Sonne bzw. 27⅓ Tage in Relation zu den Sternen (die Differenz entsteht durch die Bewegung der Erde um die Sonne).

Seit Milliarden von Jahren rotiert der Mond synchron zu seiner Umkreisung der Erde. Zu dieser Synchronisation, der «gebundenen Rotation», kam es schon kurz nach seiner Entstehung durch einen Prozess, der «Gezeitenkopplung» genannt wird. Das hatte Folgen für die Kartierung des Mondes, weil es bedeutet, dass wir aus unserer Perspektive immer nur die uns zugewandte Seite sehen[1] – die abgewandte Seite ist deshalb auf keiner der Karten enthalten, die vor der Erkundung des Mondes durch erste Raumfahrtmissionen entstanden.

Seit Tausenden von Jahren – in China ab der Han-Dynastie und in Indien ab etwa 500 n. Chr. (*Aryabhatiya*, siehe S. 119) – ist bekannt, dass der Mond leuchtet, weil er das Sonnenlicht reflektiert; die verschiedenen Phasen markieren seine Reise um die Erde im Verhältnis zur Position der Sonne. Astronomische Werke enthalten schon seit Jahrhunderten Karten des Mondes. Zu den besonders bemerkenswerten frühen Zeichnungen gehört die des Mondkaninchens, das die Völker im präkolumbischen Mesoamerika dort entdeckten; auch die ostasiatischen Kulturen kennen ein Kaninchen oder einen Hasen im

RECHTS UND GEGENÜBERLIEGENDE SEITE

Mondfotografie

Die erste Karte, die der Menschheit die Rückseite des Mondes zeigte, stammt von der sowjetischen Raumsonde Luna 3, die den Mond 1959 umkreiste.

Eine Aufnahme des Mondes aus dem Jahr 2015, angefertigt von der NASA.

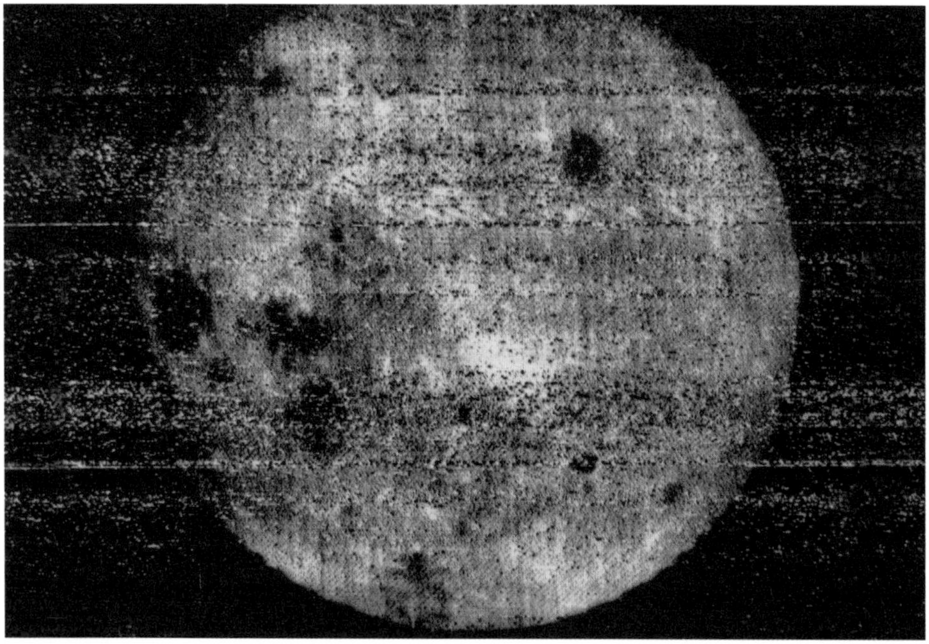

[1] Eine leichte Taumelbewegung, die als «Libration» bezeichnet wird, bewirkt, dass im zeitlichen Mittel etwas mehr als die Hälfte (etwa 59 %) der Mondoberfläche sichtbar ist.

OBEN UND UNTEN

Sonne und Mond

Zeichnung der Sonnenflecke in Galileis *Lettere solari* von 1613.

Das «Mondkaninchen»: Ausschnitt aus dem *Florentiner Kodex,* der über die astronomischen Kenntnisse der präkolumbischen Nahua Auskunft gibt (siehe S. 126–129).

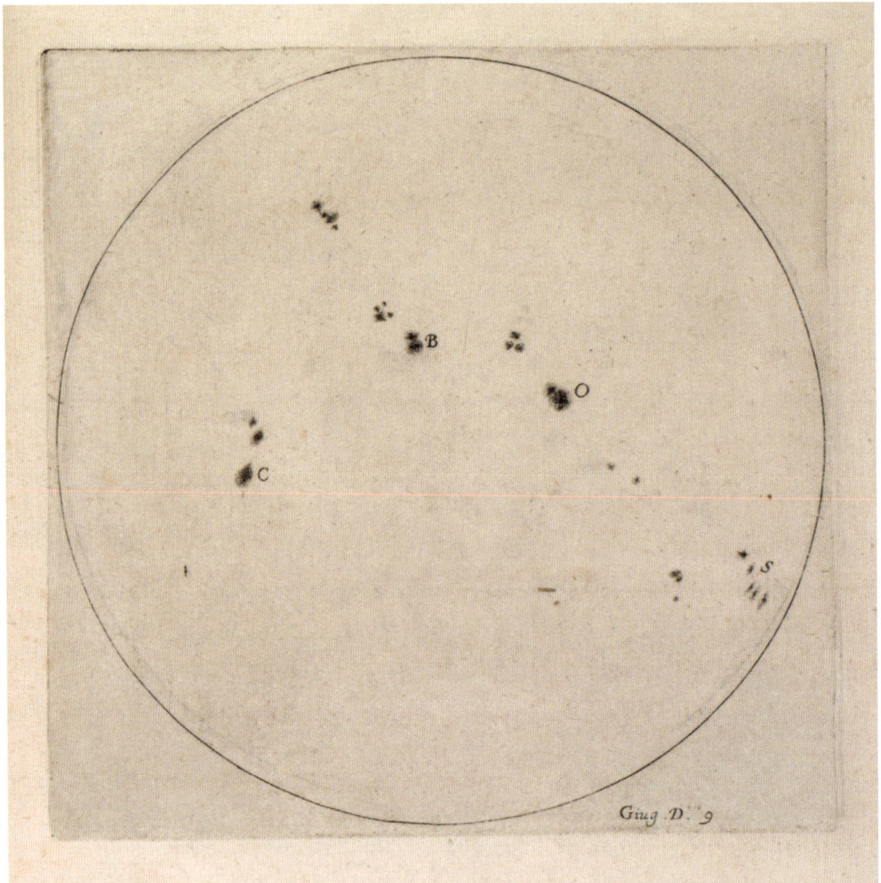

LINKS

Historische Sonne

Ein früher Bericht über Sonnenflecke, angefertigt von dem englischen Mönch John of Worcester im Jahr 1128.

Mond. In vielen Kulturen gibt es Berichte und Zeichnungen eines «Mannes im Mond»; ein Beispiel liefert das alemannische Gedicht «Der Mann im Mond» von Johann Peter Hebel, das mit den Worten beginnt «Lueg, Müetterli, was isch im Mo?»/«He, siehschs denn nit, e Ma!». Beide Formen – das Mondkaninchen und das Mondgesicht – entstammen der menschlichen Fantasie, die in den hellen und dunklen Flecken der Mondoberfläche bekannte Muster suchte und fand.

In Italien entstanden die ersten teleskopgestützten Abbildungen des Mondes, angefertigt von Galileo Galilei, der sie 1610 in seinem Buch *Sidereus nuncius* (siehe S. 176) veröffentlichte. Galilei achtete besonders auf Merkmale, die er entlang der «Terminator» genannten Linie erkennen konnte – der Linie, die den von der Sonne beschienenen Teil des Mondes von dem im Schatten liegenden Teil trennt. Aus diesen Beobachtungen schloss er, dass sich in den hellen Bereichen des Mondes Berghöhen befinden müssen. In der Folgezeit wurden die Mondkarten immer detaillierter. Die Rückseite des Mondes wurde 1959 erstmals kartografiert, als die sowjetische Raumsonde Luna 3 auf ihrer ersten Mission erste Aufnahmen sendete.

Auch die Sonne nimmt im Verständnis der Menschen vom Kosmos einen besonderen Platz ein, wurde sie doch von Kulturen auf der ganzen Welt verehrt. Obwohl ihre Position am Himmel für unser tägliches Leben so wichtig ist, scheint die Idee, die Sonne zu kartieren, nicht wirklich naheliegend zu sein. Doch auch die Sonne weist sichtbare Merkmale auf, wie zum Beispiel Sonnenflecke, die jeweils einige Tage lang bestehen bleiben. Die Anzahl der Sonnenflecke schwankt in einem etwa 11 Jahre umfassenden Zyklus zwischen «nicht sehr vielen» und «sehr vielen».[2] Das *I Ging,* ein Buch, das um 800 v. Chr. in China entstand (oft mit *Buch der Wandlungen* übersetzt), enthält die erste Erwähnung von Sonnenflecken. Der englische Mönch John of Worcester veröffentlichte im Jahr 1128 Zeichnungen von Sonnenflecken. Und Galilei entdeckte bekanntlich Sonnenflecke, als er sein Teleskop zum ersten Mal auf den Himmel richtete, und schrieb seine Beobachtungen in den *Lettere solari (Über die Sonnenflecke)* nieder, die er 1610 als Ergänzung zu seiner Schrift *Sidereus nuncius* veröffentlichte.

RECHTS UND GEGENÜBERLIEGENDE SEITE

Der Mann im Mond

Detail aus einem venezianischen Manuskript aus dem 17. Jh. Die Zeichen am Rand sind traditionelle Symbole für die Planeten – von oben im Uhrzeigersinn: Jupiter, Saturn, Mars, Merkur, Venus.

Der mythische «Mann im Mond» ist seit Jahrtausenden Bestandteil der Volkskultur. Dieses Bild stammt aus einem Märchenbuch von 1719.

[2] Womöglich wird diese Beschreibung Sie nicht zufriedenstellen. Die genaue Zahl hängt von den technischen Details Ihres Teleskops ab, und ich sollte hinzufügen, dass spezielle Teleskope oder Sonnenfilter erforderlich sind, um die Sonne durch ein Teleskop sicher betrachten zu können (d. h., ohne sich die Augen zu verbrennen). Im Normalfall sehen Sie aber entweder gar nichts (wenn Ruhe auf der Sonne herrscht) oder bis zu zehn oder mehr Sonnenflecke.

Selenographia, sive lunae descriptio

Die erste wirklich detaillierte Karte des Mondes wurde 1647 von dem Astronomen Johannes Hevelius (1611–1687) veröffentlicht. Hevelius war wohl der letzte vorteleskopische Astronom weltweit, obwohl er nach der Erfindung des Fernrohrs geboren wurde und einige seiner bedeutenden Arbeiten mithilfe von ebendiesem Instrument entstanden. Berühmt geworden ist er jedoch, weil er den letzten ohne Teleskop entstandenen Sternenatlas erstellte (*Firmamentum Sobiescianum, sive Uranographia* – siehe S. 41–44) und behauptete, dies sei die genauere Methode zur Kartierung der Sterne.

Hevelius war offenbar eine eigenwillige Persönlichkeit. Die Putten, die die Ecken der Zeichnungen in seinen Büchern schmücken, scheinen oft subtile (oder nicht ganz so subtile) Kommentare zu seinen Ansichten abzugeben, oder sie demonstrieren die Techniken, die er zur Herstellung der Karten verwendet hatte. Auf einer Plattform über seinen drei benachbarten Häusern baute er sich eine Sternwarte, zusammen mit einem erstaunlichen, 45 Meter langen Teleskop, das aussah, als würde es von etlichen Flaschenzügen und Winden gehalten. Seine zweite Frau, Elisabeth Koopmann-Hevelius, hatte sich schon als Kind für die Astronomie begeistert und mit gerade einmal 16 Jahren den damals 52-jährigen Hevelius geehelicht. Sie unterstützte die astronomischen Bestrebungen ihres Mannes nicht nur finanziell, sondern assistierte ihm auch bei seinen Beobachtungen. Aus diesem Grund gilt sie vielen als eine der ersten Astronominnen.

RECHTS

Selenographia, sive lunae descriptio

Von Johannes Hevelius, 1647 erstmals veröffentlicht. Dieser Stich zeigt einen Astronomen (vermutlich Hevelius selbst), der den Nachthimmel mit einem Teleskop beobachtet.

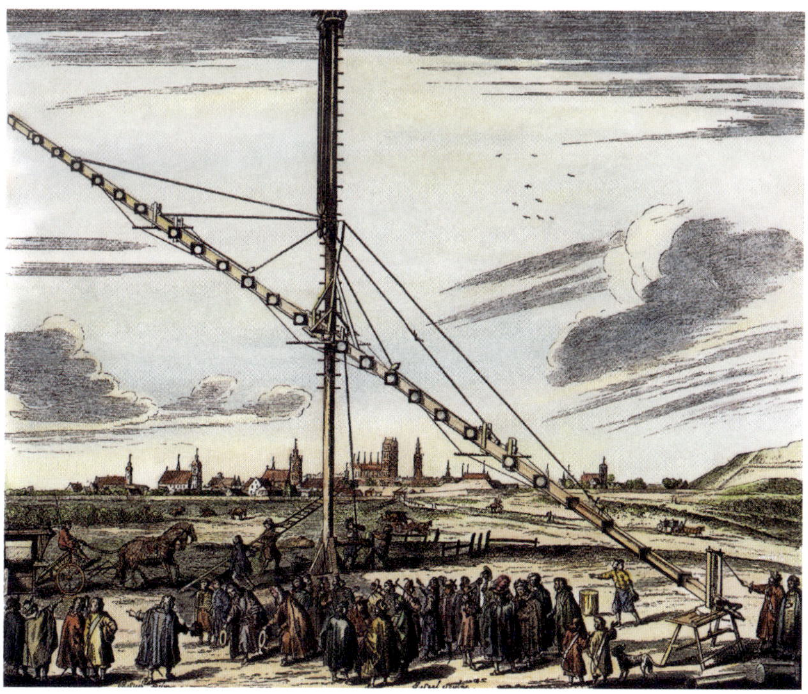

OBEN UND UNTEN

Selenographia, sive lunae descriptio

Diese Mondkarte aus Hevelius' Buch zeigt mehr als eine vollständige Scheibe, weil Hevelius die Libration sorgfältig mitkartiert hat. Die Putten in den vier Ecken demonstrieren die Verwendung eines Fernrohrs und die Technik der präzisen Winkelmessung.

Ein kolorierter Stich, der das 45-Meter-Teleskop von Hevelius zeigt. Der Tubus ist an Seilen und Flaschenzügen aufgehängt und nicht vollständig umschlossen, deshalb konnte er nur bei völliger Dunkelheit benutzt werden.

RECHTS

Ehemann und Ehefrau

Eine Abbildung aus *Machinae coelestis: pars prior* von Johannes Hevelius. Sie soll ihn und seine Frau Elisabeth dabei zeigen, wie sie den Himmel mithilfe eines großen Messingsextanten beobachten.

GEGENÜBERLIEGENDE SEITE: LINKS UND RECHTS

Selenographia, sive lunae descriptio

Frontispiz des Buches, das voller Symbolik und interessanter Zeichnungen ist. Die Figur auf der linken Seite stellt Ḥasan Ibn al-Haiṯam (latinisiert Alhazen) dar, einen Mathematiker und Astronomen aus dem Goldenen Zeitalter der islamischen Kultur, der ein Papier mit geometrischen Zeichnungen in der Hand hält. Auf der rechten Seite steht Galilei mit einem Teleskop. Am Himmel stehen der Mond sowie die Sonne, deren Oberfläche mit Sonnenflecken gesprenkelt ist. Der Sockel enthält eine Stadtansicht von Danzig (Gdansk) in Polen, wo Hevelius lebte und arbeitete.

Venus- und Merkurphasen, ebenfalls aus Hevelius' Buch.

Hevelius' Buch *Selenographia, sive lunae descriptio* (Selenografie oder die Beschreibung des Mondes) eröffnete das Feld der «Selenografie» – der Untersuchung der Mondoberfläche –, und sein Autor begründete mit dieser Schrift die «Mondtopografie», indem er (mithilfe eines Teleskops) die erste wirklich genaue Mondkarte erstellte.

Diese Karten entstanden fast 40 Jahre nach den ersten fernrohrgestützten Abbildungen, daher sind sie deutlich detaillierter als Galileis Karten. Hevelius verbrachte vier Jahre damit, die Oberfläche des Mondes zu kartografieren, und bemerkte dabei als Erster dessen Libration (die leichte Taumelbewegung, die dafür sorgt, dass wir im Laufe der Zeit etwas mehr als 50 Prozent der Mondoberfläche sehen). Das Buch enthält viele detaillierte, auf seinen Zeichnungen basierende Kupferstiche, die den Mond in verschiedenen Phasen darstellen, sowie Illustrationen der bei der Kartenerstellung verwendeten Techniken, außerdem einige einfache Grafiken zu den Planeten Mars, Saturn und Jupiter, den Bewegungen der Saturn- und Jupitermonde und der Phasen von Venus und Merkur.

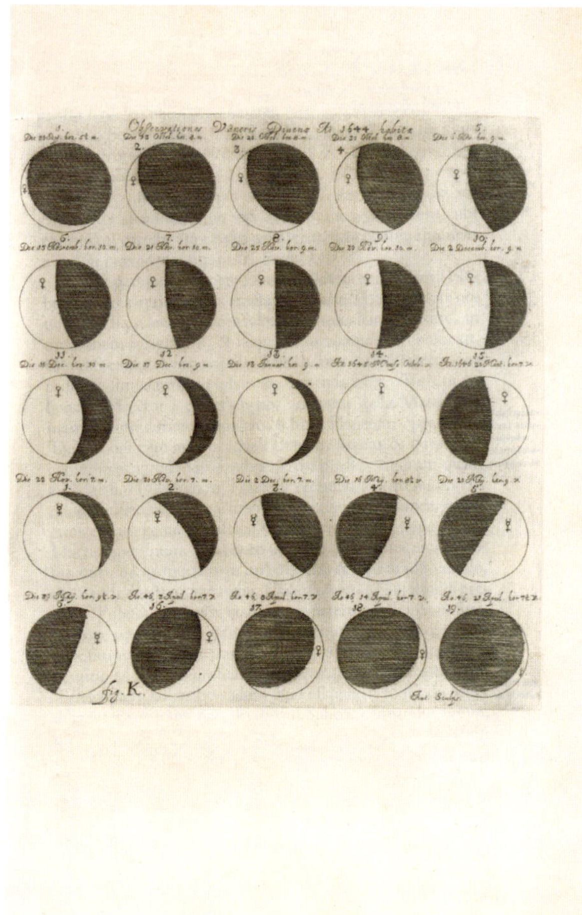

The Sphere of Marcus Manilius Made an English Poem: With Annotations and an Astronomical Appendix

Dieses Buch enthält eine kommentierte englische Teilübersetzung eines früher entstandenen Buches – der *Astronomica* – sowie umfangreiches astronomisches Zusatzmaterial. Die komplette *Astronomica* ist ein fünfbändiges Lehrgedicht über Astronomie und Astrologie in lateinischer Sprache, das im 1. Jh. n. Chr. im antiken Rom entstand.

Die Altertumswissenschaft glaubt, dass die *Astronomica* aus der Feder des römischen Dichters Marcus Manilius stammt. Über Manilius ist nicht viel bekannt, und auch das genaue Publikationsdatum ist umstritten.

The Sphere of Marcus Manilius Made an English Poem (Die Sphäre des Marcus Manilius als englisches Gedicht) erschien erstmals 1675 und wurde von dem Übersetzer und Dichter Sir Edward Sherburne verfasst, einem Engländer, der während des Englischen Bürgerkriegs im 17. Jahrhundert auf der Seite der Royalisten kämpfte. Sherburne übersetzte nur das erste Buch der *Astronomica,* in dem Manilius ein (geozentrisches) Modell des Universums entwickelt, schildert, wie sich die Sterne und das Band der Milchstraße um die Erde drehen, und deutet die Kometen als Vorboten drohenden Unheils.

Seiner Übersetzung des Gedichttextes fügte Sherburne umfangreiche Anmerkungen hinzu, darunter Kommentare zu seiner Wortwahl, Hinweise zu astronomischen Begriffen und vieles mehr. Die Übersetzung nimmt die ersten 68 Seiten des Buches ein, hinzu kamen über 200 Seiten mit Anhängen zum Thema Astronomie, darunter großformatige Karten, die den gesamten Himmel, die Sonne und den Mond zeigen, Diagramme verschiedener «kosmischer» Systeme (zum Beispiel des Sonnensystems, wie Ptolemäus, Kopernikus und andere es geordnet hatten) und eine Geschichte der Astronomie, einschließlich einer Liste der beobachteten Kometen.

Seine Darstellung der Sonne ist besonders spektakulär – mit Flammen, Bändern und Rauchwölkchen, die stark an die Phänomene erinnern, die sich bei modernen astronomischen Beobachtungen der Sonne zeigen.

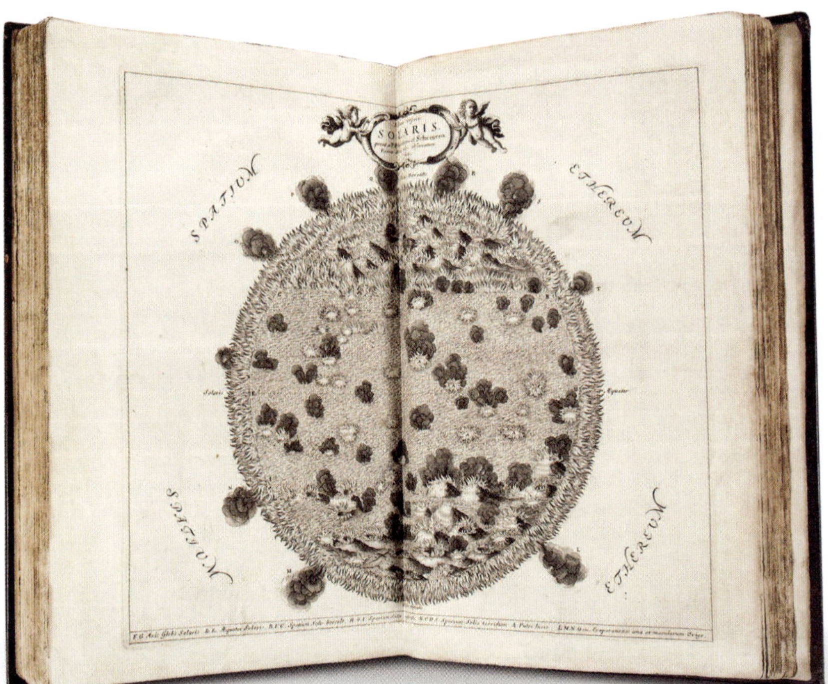

UNTEN

Sonne und Mond

Die Karte der Sonne im «Astronomischen Appendix» von *The Sphere of Marcus Manilius.* Auch wenn diese Sonne ein wenig comicartig wirkt, ist für heutige Astronominnen und Astronomen doch beeindruckend, wie sehr sie modernen Abbildungen der Sonne ähnelt und «kochende» Konvektionszellen an der Oberfläche, Sonnenflecke und sogar Protuberanzen abbildet.

OBEN UND UNTEN

The Sphere of Marcus Manilius …

Illustration auf der ersten Seite des Buches: Urania, die Muse der Astronomie, thront in den Wolken, blickt durch ein Teleskop und hält Sherburnes astronomisches Lehrgedicht in der Hand. Die beiden Gestalten unter ihr sollen Pan und Merkur darstellen.

Diese Abbildung aus dem Buch zeigt Putten, die sich mit Astronomie beschäftigen.

The Moon: Her Motions, Aspect, Scenery, and Physical Condition

Dieses wichtige Buch, das eine frühe Fotografie des Mondes enthält, wurde 1873 veröffentlicht – nur 33 Jahre nachdem John William Draper die erste Aufnahme des Mondes präsentiert hatte. Die Fotografie steckte damals noch immer in den Kinderschuhen.

Der Autor von *The Moon: Her Motions, Aspect, Scenery, and Physical Condition* (Der Mond: Seine Bewegungen, seine Aspekte, seine Landschaft und seine physikalische Beschaffenheit) hieß Richard Proctor (1837–1888) und war ein englischer Astronom, der vor allem für seine detaillierten Karten der Planeten (insbesondere des Mars) und des Mondes bekannt geworden ist. Proctor, ursprünglich Jurist, entwickelte sich zu einem unfassbar produktiven Autor astronomischer Werke. Mit den Erträgen seiner insgesamt mehr als 50 Bücher konnte er seine Familie ernähren. Bei einigen dieser Werke handelte es sich um streng wissenschaftliche Arbeiten, doch die meisten waren in einem populärwissenschaftlichen, für eine breitere Öffentlichkeit geeigneteren Stil geschrieben.

Im Vorwort von *The Moon* erklärt Proctor, dass er sich eigentlich mehr Zeit für das Schreiben des Buches habe nehmen wollen; «Herrn Rutherfurds großartige Mondfotografien» hätten ihn jedoch zu einem schnelleren Vorgehen inspiriert. Lewis Rutherfurd war ein amerikanischer Astronom und Pionier der Astrofotografie, der viele frühe Auf-

RECHTS

Mondfotografie

Eine der ältesten noch erhaltenen Fotografien des Mondes, aufgenommen 1840 von dem englisch-amerikanischen Wissenschaftler John William Draper.

nahmen des Mondes anfertigte – drei sind in Proctors Buch abgebildet. Außerdem enthielt *The Moon* eine «sehr ausführliche Darstellung der Besonderheiten der Mondbewegungen» sowie ein ganzes Kapitel über den Effekt der Libration (die schon erwähnte Taumelbewegung, die dazu führt, dass wir von der Erde aus mehr als die Hälfte des Mondes sehen können – vorausgesetzt, wir warten lange genug). Mehrere Kapitel widmen sich der Beschaffenheit der Mondoberfläche, einschließlich Beiträgen zu der Frage, ob der Mond eine Atmosphäre besitzen könne, der Suche nach Anzeichen für Leben auf dem Mond und der (damals sehr lebhaften) Debatte darüber, ob es sich bei den vielen kreisförmigen Merkmalen der Oberfläche doch um Einschlagskrater handeln könnte und nicht um Vulkane. Sowohl die Illustrationen als auch der Inhalt des Buches bezaubern und bilden den Kenntnisstand, den die Astronominnen und Astronomen des 19. Jahrhunderts im Hinblick auf die physikalischen Eigenschaften des Mondes hatten, sehr schön ab.

OBEN UND UNTEN

Richard Proctor

Richard Proctor in einer Karikatur, die 1883 in der Zeitschrift *Vanity Fair* abgedruckt wurde.

The Moon: Her Motions …

Auf den ersten Seiten des 1873 in London erschienenen Buches ist eine der erstaunlich frühen Mondfotografien zu sehen.

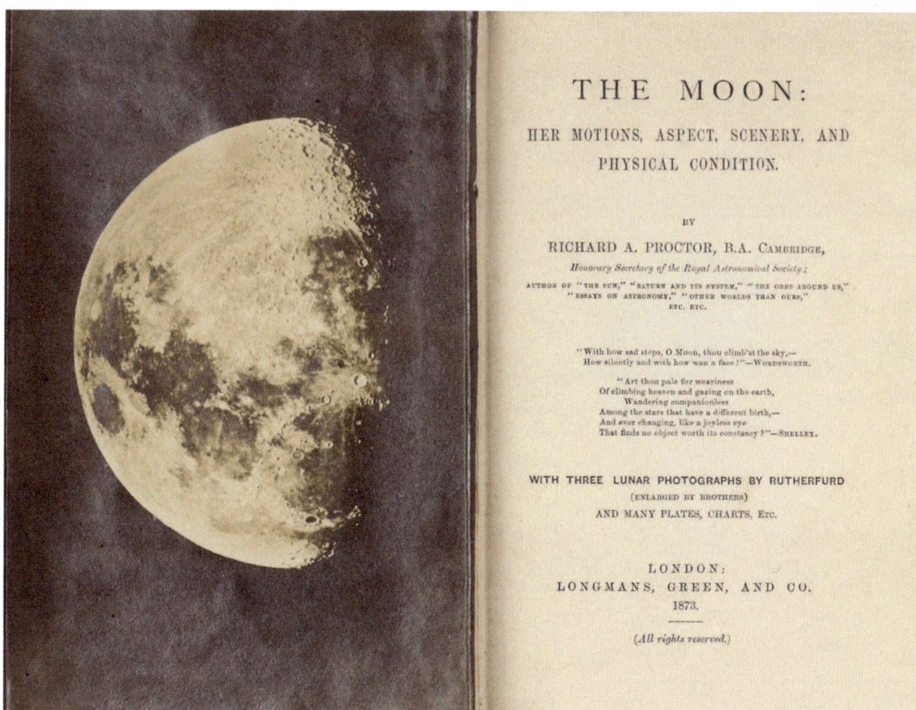

THE MOON:

HER MOTIONS, ASPECT, SCENERY, AND PHYSICAL CONDITION.

BY

RICHARD A. PROCTOR, B.A. CAMBRIDGE,

Honorary Secretary of the Royal Astronomical Society;

AUTHOR OF "THE SUN," "SATURN AND ITS SYSTEM," "THE ORBS AROUND US," "ESSAYS ON ASTRONOMY," "OTHER WORLDS THAN OURS," ETC. ETC.

"With how sad steps, O Moon, thou climb'st the sky,—
How silently and with how wan a face!"—WORDSWORTH.

"Art thou pale for weariness
Of climbing heaven and gazing on the earth,
Wandering companionless
Among the stars that have a different birth,—
And ever changing, like a joyless eye
That finds no object worth its constancy?"—SHELLEY.

WITH THREE LUNAR PHOTOGRAPHS BY RUTHERFURD
(ENLARGED BY BROTHERS)
AND MANY PLATES, CHARTS, ETC.

LONDON:
LONGMANS, GREEN, AND CO.
1873.

(*All rights reserved.*)

OBEN UND UNTEN

The Moon: Her Motions …

Diese Bildtafel zeigt, wie die Erde bei Tag aus der Mondperspektive aussehen könnte (man kann Südamerika und einige Wolken erkennen).

Auf dieser Bildtafel wird eine Methode zur Berechnung der Entfernung zum Mond demonstriert: Aus gleichzeitigen Beobachtungen in den Observatorien von Greenwich und Kapstadt wird ein riesiges Dreieck im Weltraum konstruiert, dessen Basislänge sich aus der Luftlinie zwischen dem Vereinigten Königreich und Südafrika errechnen lässt.

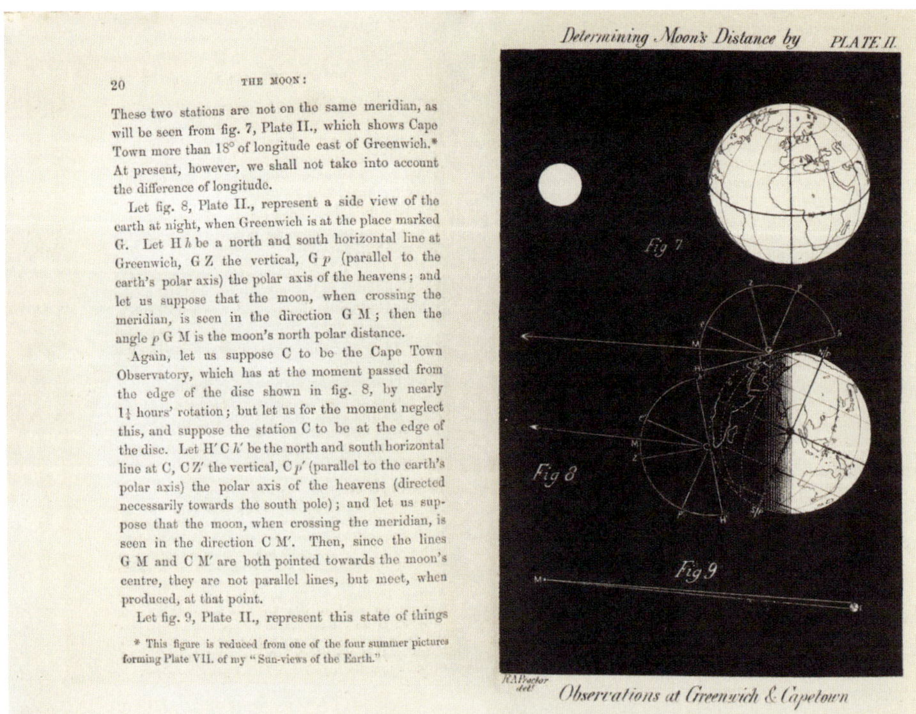

20 THE MOON:

These two stations are not on the same meridian, as will be seen from fig. 7, Plate II., which shows Cape Town more than 18° of longitude east of Greenwich.* At present, however, we shall not take into account the difference of longitude.

Let fig. 8, Plate II., represent a side view of the earth at night, when Greenwich is at the place marked G. Let H *h* be a north and south horizontal line at Greenwich, G Z the vertical, G *p* (parallel to the earth's polar axis) the polar axis of the heavens; and let us suppose that the moon, when crossing the meridian, is seen in the direction G M; then the angle *p* G M is the moon's north polar distance.

Again, let us suppose C to be the Cape Town Observatory, which has at the moment passed from the edge of the disc shown in fig. 8, by nearly 1¼ hours' rotation; but let us for the moment neglect this, and suppose the station C to be at the edge of the disc. Let H′ C *h*′ be the north and south horizontal line at C, C Z′ the vertical, C *p*′ (parallel to the earth's polar axis) the polar axis of the heavens (directed necessarily towards the south pole); and let us suppose that the moon, when crossing the meridian, is seen in the direction C M′. Then, since the lines G M and C M′ are both pointed towards the moon's centre, they are not parallel lines, but meet, when produced, at that point.

Let fig. 9, Plate II., represent this state of things

* This figure is reduced from one of the four summer pictures forming Plate VII. of my "Sun-views of the Earth."

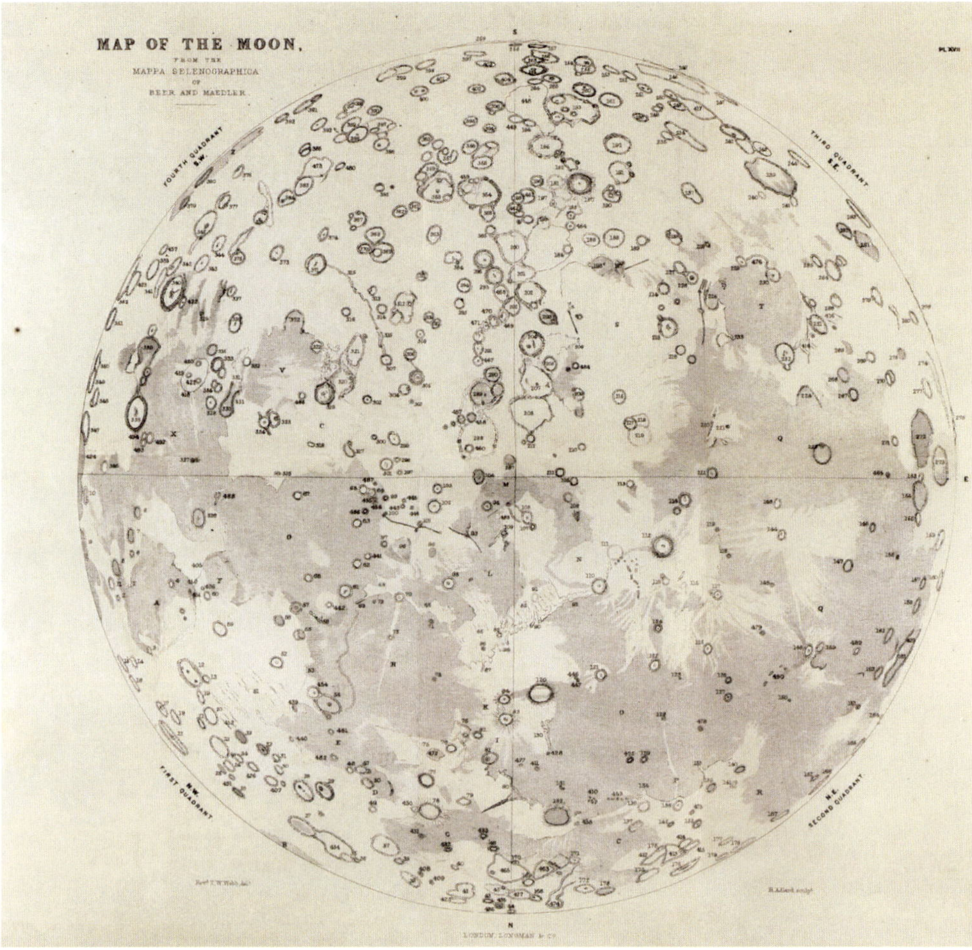

LINKS

The Moon: Her Motions …

Zwei von Proctors Mondkarten. Die obere Karte, «Map of the Moon from the Mappa Selenographica of Beer and Maedler», zeigt den Mond, wie er am Himmel erscheint und von den deutschen Astronomen Wilhelm Beer und Johann Heinrich von Mädler kartiert wurde. Beer und Mädler veröffentlichten ihre Mondkarten zwischen 1834 und 1836 in drei Bänden. Auf dieser Karte sind die Mondmare (*lunar mare,* «Meere» oder Tiefebenen) mit Großbuchstaben gekennzeichnet, und die Krater sind nummeriert. Zu den bemerkenswerteren Mondmeeren gehören die mit G und H bezeichneten Mare (das «Mare Tranquillitatis/Meer der Ruhe» bzw. das «Mare Serenitatis/Meer der Heiterkeit»; in Ersterem landete die Raumfähre der Apollo-11-Mission, der ersten bemannten Raumfahrtmission mit Mondlandung). Krater 180 ist der Tycho-Krater (siehe S. 187), und Krater 112 ist nach Kopernikus benannt.

Ein Ausschnitt aus der «Chart of the Moon on the Stereographic Projection», die dieselbe Karte zeigt, nur dass hier die gekrümmte Mondoberfläche flach dargestellt ist. In der stereografischen Projektion entspricht die geodätische Distanz zwischen Punkten in der Fläche der sphärischen Distanz auf dem Mond. Das bedeutet, dass uns die Ränder in Relation zum Zentrum gestreckt erscheinen (da wir diese Regionen von der Erde aus nur verkürzt sehen).

The Moon: Considered as a Planet, a World and a Satellite (Der Mond betrachtet als Planet, Welt und Trabant)

Dieses Buch entstand aus einer Zusammenarbeit zwischen dem pensionierten Ingenieur James Nasmyth (1808–1890), der sich ein 20-Zoll-Teleskop (rund 50 cm) für die Mondbeobachtung gebaut hatte, und dem Astronomen James Carpenter (1840–1899), der am Observatorium von Greenwich arbeitete. Da in den 1870er-Jahren die technischen Möglichkeiten für detaillierte Fotografien der Mondoberfläche fehlten, bauten die Autoren für die Illustrationen des Buches Gipsmodelle, die sie anschließend fotografierten.

Das umfassende Werk enthält Kapitel über die Entstehung des Sonnensystems und all seiner Planeten, über die Mondatmosphäre (oder deren Fehlen) und über die Entstehung von Oberflächenmerkmalen. In zwei separaten Kapiteln sprachen sich Nasmyth und Carpenter mit Nachdruck für die These eines vulkanischen Ursprungs der Mondkrater aus, die sich mittlerweile allerdings als falsch erwiesen hat (heute ist man sich einig, dass Einschläge von Asteroiden und anderen Objekten aus dem All für die Entstehung der Mondkrater verantwortlich sind). Sie fügten auch Fotos eines menschlichen Handrückens und eines verschrumpelten Apfels hinzu, um die Entstehung von Gebirgszügen durch die Schrumpfung des Mondinneren zu veranschaulichen, außerdem eine Abbildung, die zeigt, wie eine Sonnenfinsternis von der Mondoberfläche aus betrachtet aussehen könnte.

RECHTS

The Moon …

Das Buch von James Nasmyth und James Carpenter erschien erstmals 1874 in London.

Die Titelseite der Ausgabe von 1903 (James Pott & Co., New York) und Zeichnungen, die eine Sonnenfinsternis zeigen.

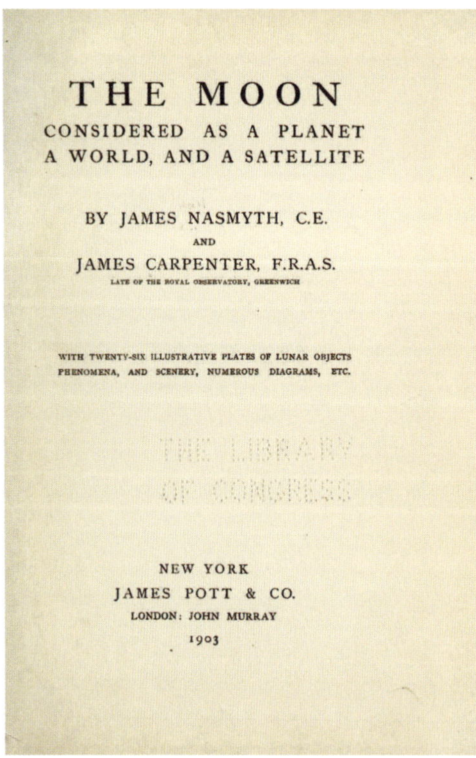
THE MOON
CONSIDERED AS A PLANET
A WORLD, AND A SATELLITE

BY JAMES NASMYTH, C.E.
AND
JAMES CARPENTER, F.R.A.S.
LATE OF THE ROYAL OBSERVATORY, GREENWICH

WITH TWENTY-SIX ILLUSTRATIVE PLATES OF LUNAR OBJECTS PHENOMENA, AND SCENERY, NUMEROUS DIAGRAMS, ETC.

NEW YORK
JAMES POTT & CO.
LONDON: JOHN MURRAY
1903

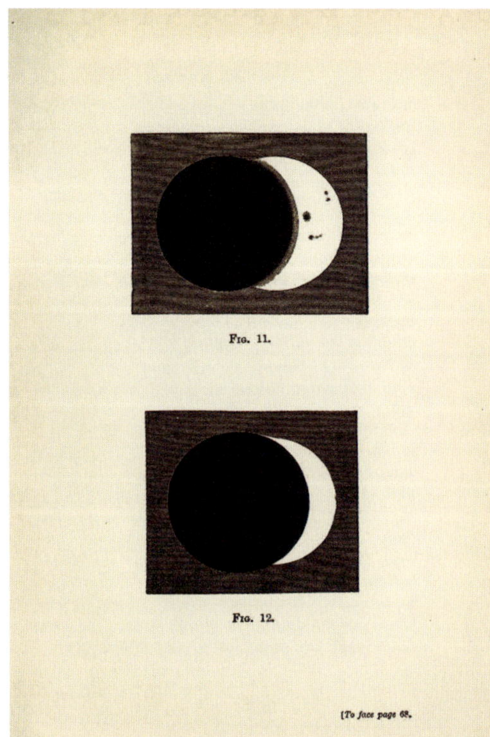

LINKS, RECHTS UND UNTEN

The Moon: Considered as …

Diese im Buch abgedruckte Fotografie zeigt ein Gipsmodell des Kraters Gassendi, das auf der Grundlage von Observationsdaten erstellt wurde.

Eine moderne Fotografie desselben Kraters, aufgenommen von der NASA-Mondsonde Lunar Reconnaissance Orbiter.

Eine skizzenhafte Karte des Mondes mit den Bezeichnungen einiger Merkmale und der Lage der großen Krater (nummeriert). Diese Karte sollte ein Bild begleiten und den Leserinnen und Lesern die Möglichkeit geben, die bezeichneten Merkmale zu identifizieren.

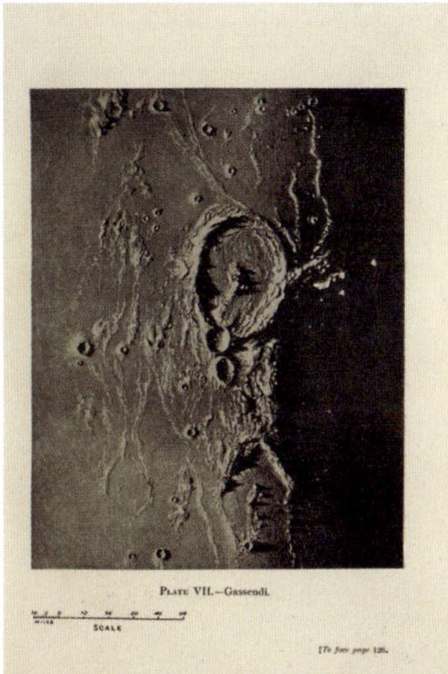

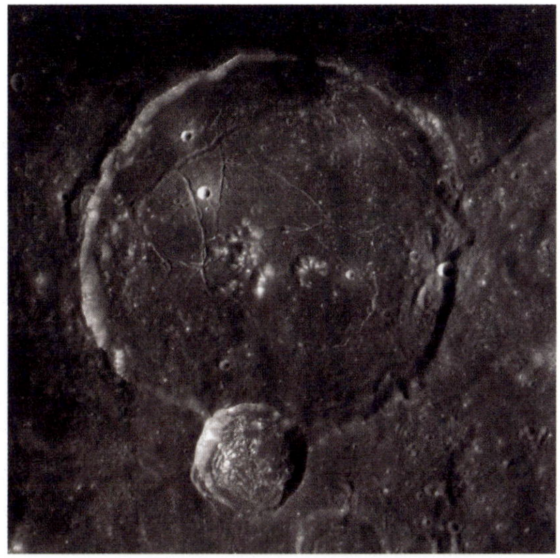

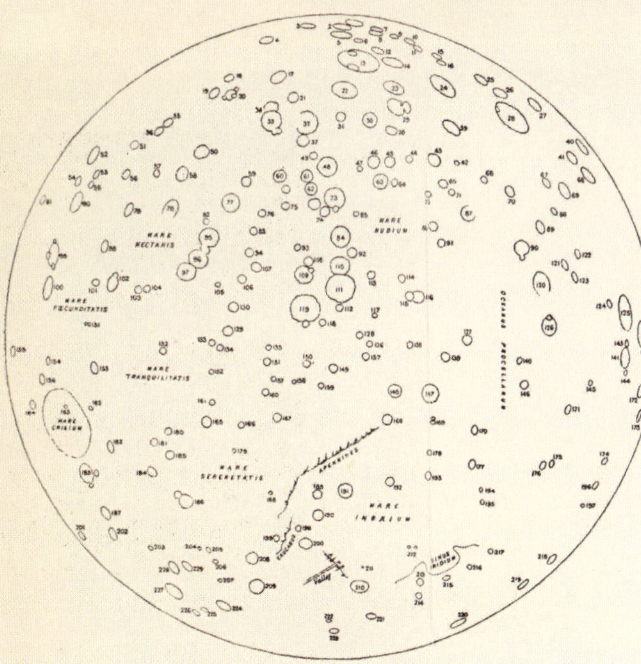

SKELETON MAP OF THE MOON.
To accompany Picture Map (Plate V.).

RECHTS

The Moon: Considered as …

Zwei außergewöhnlich frühe Fotografien: Eine Hand (links) und ein Apfel (rechts), die illustrieren sollten, wie sich Gebirgszüge auf der Mondoberfläche durch das Schrumpfen der gesamten Mondkugel gebildet haben könnten. Darunter ein Foto des Mondes und Zeichnungen von verschiedenen Kratern.

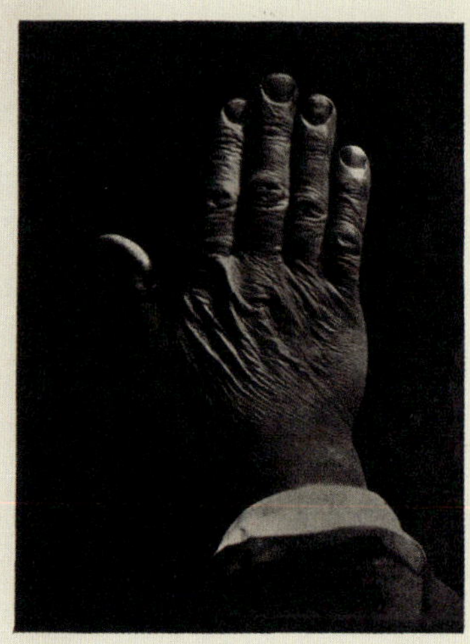

PLATE II.—Back of Hand, to illustrate the origin of certain mountain ranges resulting from shrinkage of the interior.

[To face page 48.

PLATE III.—Shrivelled Apple, to illustrate the origin of certain ranges resulting from shrinkage of the interior of the globe.

[To face page 48

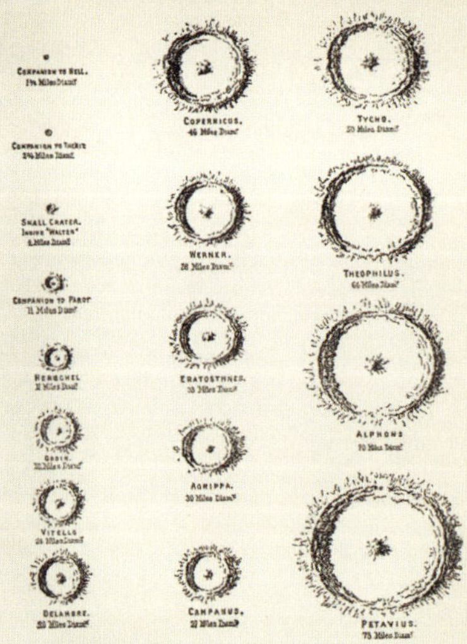

Diagram of Lunar Craters, forming a series ranging from 1¾ miles to 78 miles in diameter, all containing central cones.

[To face page 156.

PLATE IV.—Full Moon.

[To face page 156.

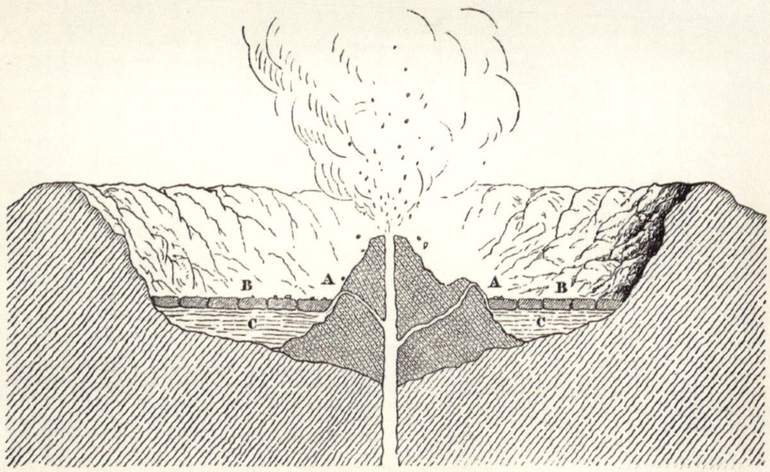

Fig. 3.

Plate I.—The Crater of Vesuvius in 1864.

LINKS

The Moon: Considered as …

Zwei Bilder, die die – inzwischen widerlegte – These illustrieren sollten, dass die Mondkrater vulkanischen Ursprungs sind:

(Oben) Eine detaillierte Skizze.

(Unten) Vermutlich die Fotografie eines Gipsmodells mit zusätzlichem Ausgasungseffekt.

LINKS UND RECHTS

One Hundred Aspects of the Moon (Hundert Ansichten des Mondes)

Chang'e, die chinesische Mondgöttin, auf der Flucht in ihre Heimat, den Mond.

Illustration zu der Geschichte von einer Prinzessin, die im Licht des Mitternachtsmonds den Geist eines wütenden Höflings vertrieben haben soll, den man auf dem Berg Yoshino zum Selbstmord gezwungen hatte.

One Hundred Aspects of the Moon: Moon and Smoke (Hundert Ansichten des Mondes)

Hundert Holzschnitte des japanischen Künstlers Yoshitoshi Tsukioka illustrieren dieses Buch. Jedes Bild zeigt eine Szene mit einer berühmten historischen oder fiktiven Figur und dem Mond oder eine Szene, die vom Licht des Mondes beleuchtet wird. Der Mond ist hier zwar kein rein astronomisches Thema, in dieser schönen Serie aber allgegenwärtig, weshalb wir sie hier vorstellen.

Die Holzschnitte wurden erstmals zwischen 1886 und 1902 von Akiyama Buemon in Tokio veröffentlicht, das heißt, über einen Zeitraum von sieben Jahren portionsweise gedruckt und herausgegeben. Sie erfreuten sich so großer Beliebtheit, dass die Menschen jedes Mal, wenn ein neuer Teil der Serie herauskam, schon vor dem Morgengrauen Schlange gestanden haben sollen, um ein Exemplar zu ergattern. Schön sind die Holzschnitte allemal.

LINKS

One Hundred Aspects of the Moon (Hundert Ansichten des Mondes)

Dieser Holzschnitt zeigt eine Szene aus Tokio Ende des 19. Jh.: Ein Feuerwehrmann bekämpft im Mondlicht einen Brand. Zu jener Zeit bestanden die meisten Gebäude in Tokio noch aus Holz und Papier, sodass Feuerwehrmänner einen besonderen Heldenstatus genossen.

RECHTS

One Hundred Aspects of the Moon (Hundert Ansichten des Mondes)

Ein Räuber setzt im Schein des Mondes zum Angriff auf einen Flötenspieler an. Diese Geschichte gehört zu einer Sammlung klassischer japanischer Geschichten, die etwa im 9. oder 10. Jh. entstanden.

LINKS

One Hundred Aspects of the Moon (Hundert Ansichten des Mondes)

Der Jade- oder Mondhase kämpft mit Sun Wukong, dem Affenkönig. Illustration einer Szene aus der chinesischen Geschichte *Die Reise in den Westen* aus dem 16. Jh.

2. Mond- und Sonnenfinsternisse

Mond- und Sonnenfinsternisse (Eklipsen) faszinierten die Menschheit schon lange, bevor diese Ereignisse in Büchern festgehalten wurden. Einige Bücher, die Berichte über solche Finsternisse enthalten, erklären die Geometrie von Sonnen- und Mondfinsternissen, während andere über die menschlichen Reaktionen auf diese astronomischen Ereignisse berichten.

Eine Sonnenfinsternis tritt auf, wenn der Mond sich direkt zwischen Erde und Sonne schiebt. Durch einen kosmischen Zufall besitzt er von der Erde aus gesehen fast den gleichen scheinbaren Durchmesser wie die viel größere, aber viel weiter entfernte Sonne. Liegt die Position des Mondes auf seiner Bahn also genau in einer Linie mit Erde und Sonne, kann der Neumond die Sonne vollständig verdecken. Im Fall einer totalen Sonnenfinsternis ist die Ausrichtung so präzise, dass der Kernschatten des Mondes auf einen schmalen geografischen Korridor der Erdoberfläche fällt – den sogenannten Totalitätspfad. Eine größere Region diesseits und jenseits dieses Totalitätspfads liegt im Halbschatten des Mondes. Hier ist eine partielle Finsternis zu beobachten, bei der der Mond einen Teil von der Sonne «abzubeißen» scheint.

Eine Mondfinsternis ist ein ähnliches Ereignis, nur dass der Mond, den wir von der Erde aus nur aufgrund der Reflexion des Sonnenlichts sehen, in den Erdschatten eintritt. Aus diesem Grund ereignen sich Mondfinsternisse bei Vollmond.

RECHTS

Compendium in sphaeram

Die Zeichnung auf dieser Buchseite zeigt Sonne, Mond und Erde auf einer Linie, in der Konstellation einer Sonnenfinsternis.

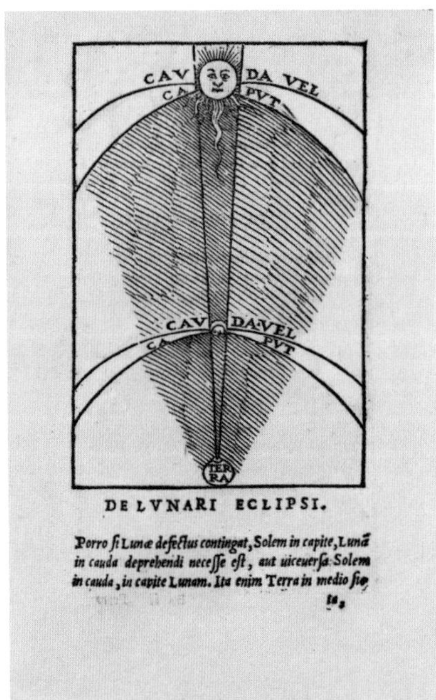

Compendium in sphaeram

Compendium in sphaeram ist einer von vielen Kommentaren der frühen Renaissance zu dem Buch *De sphaera mundi* (auch *Tractatus de Sphaera* genannt) des Mönchs und Gelehrten Sacrobosco. Dessen berühmtes Werk (siehe Kap. 5) steht in dem Ruf, das populärste Astronomiebuch zu sein, das je geschrieben wurde. *Compendium in sphaeram* von Pierio Valeriano wurde 1537 veröffentlicht und enthält bezaubernde Illustrationen zur Geometrie von Sonnen- und Mondfinsternissen sowie weitere Abbildungen, etwa Erdkarten, Illustrationen zu Tag und Nacht auf der Erde, zu astronomischen Koordinatensystemen und zu den Mondphasen.

QVID NOX. QVID DIES SIT.

Eq; illud ignorandum est, Diem aut à tempore aut à qualitate intelligi, à Tempore quatuor & viginti horis constare, à qualitate esse Aerem illuminatum à Sole supra Horizontem euecto, & quam diu moram ibi traxerit, ad occasum vsq;. Noctem vero nihil aliud esse quam Terræ vmbram, atq; euenire semper vt simul ac Sol infra Horizontem deciderit, vmbra hæc oboriatur, Terramq; obfuscet media sui parte, diametro cum Solis progressu semper mobili, Itaq; non ante Dies est, quam Sol iterũ supra Horizontẽ emergat.

Accidit

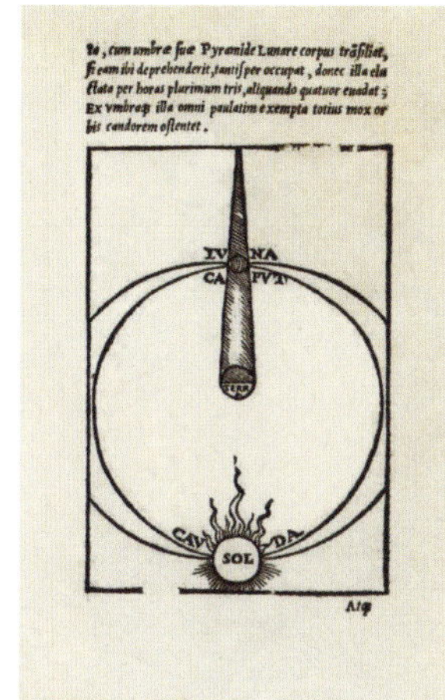

te, cum umbræ suæ Pyramide Lunare corpus trãsiliat, si eam ibi deprehenderit, tantisper occupat, donec illa elata per horas plurimum tris, aliquando quatuor euadat; Ex vmbraq; illa omni paulatim exempta totius mox orbis candorem ostentet.

LINKS UND RECHTS

Compendium in sphaeram

Die Zeichnung links soll demonstrieren, dass es aufgrund des Sonnenschattens an verschiedenen Orten der Erde zu jeweils unterschiedlichen Zeiten Tag und Nacht ist. Die obere Zeichnung zeigt die Konstellation einer Mondfinsternis.

De eclipsi solari

De eclipsi solari, 1662 erstmals publiziert, ist ein satirisches Gedicht über die Ereignisse rund um eine bestimmte Sonnenfinsternis, die am 12. August 1654 in weiten Teilen Europas zu sehen war. Sein Autor, Jakob Balde (1604–1688), war ein gebürtiger Deutscher und bekannt für seine Dichtungen in klassischem Latein.

Das Buch beginnt mit einigen skurril illustrierten Seiten (siehe links und rechts). Eine der Zeichnungen zeigt einen bärtigen Mann, der zu dem verdeckten Mond hinaufschaut. Manche glauben in dem Mann Galilei zu erkennen, der nur wenige Jahre zuvor gestorben war. Dafür spricht, dass unter den wissenschaftlichen Instrumenten auf dem Boden ein Objekt zu sehen ist, das Galileis berühmtem Teleskop ähnelt. Auf zwei weiteren Seiten wird die Ausdehnung des Mondschattens auf verschiedene europäische Städte illustriert. Im Haupttext diskutieren ein Mathematiker und ein Dichter über die Sonnenfinsternis. Die beiden vertreten konträre Auffassungen in der Frage, ob das Ereignis auf natürliche Ursachen zurückzuführen sei oder ob es sich um ein Zeichen Gottes handle, das sich gegen die Sünden der Menschheit richte (womit Balde die damals vorherrschende Deutung einer Sonnenfinsternis wiedergab).

RECHTS
De eclipsi solari

Die Beschriftung dieser Illustration lässt sich mit «Hm, diese maskierte Sonne kann also scherzen» übersetzen. Einige Wissenschaftler glauben, dass die Figur auf dem Bild Galilei darstellen soll (der 12 Jahre vor der Sonnenfinsternis starb). Das Teleskop ähnelt jedenfalls dem Galilei-Fernrohr, das dieser für seine ersten Observationen verwendete.

Während die Sonnenfinsternis des Jahres 1654 in der wissenschaftlichen Welt Europas Begeisterung auslöste, reagierte die breitere Öffentlichkeit damals höchst beunruhigt. Es wurden sogar eigens Flugblätter gedruckt, um den Menschen zu vermitteln, dass die Sonnenfinsternis nicht als Vorzeichen einer Katastrophe zu verstehen sei.

Kurioserweise könnte diese Sonnenfinsternis allerdings tatsächlich den Verlauf einer europäischen Schlacht beeinflusst haben – damals befanden sich die Armeen Russlands und Polens im Krieg miteinander, und die Sonnenfinsternis ereignete sich während der Schlacht von Szkłów am 12. August. Die russischen Truppen wurden von der Sonnenfinsternis so überrascht, dass die viel kleinere polnische Armee den Sieg für sich beanspruchen konnte (wer die Schlacht tatsächlich gewann, ist allerdings noch immer umstritten).

UNTEN

De eclipsi solari

Der Satz in der Mitte dieser Doppelseite lautet übersetzt: «Unsere Welt wird von diesem schattenhaften, maskierten Mond genarrt.» Die Zeichnung sollte das erwartete Ausmaß der Finsternis aus der Perspektive verschiedener europäischer Städte veranschaulichen.

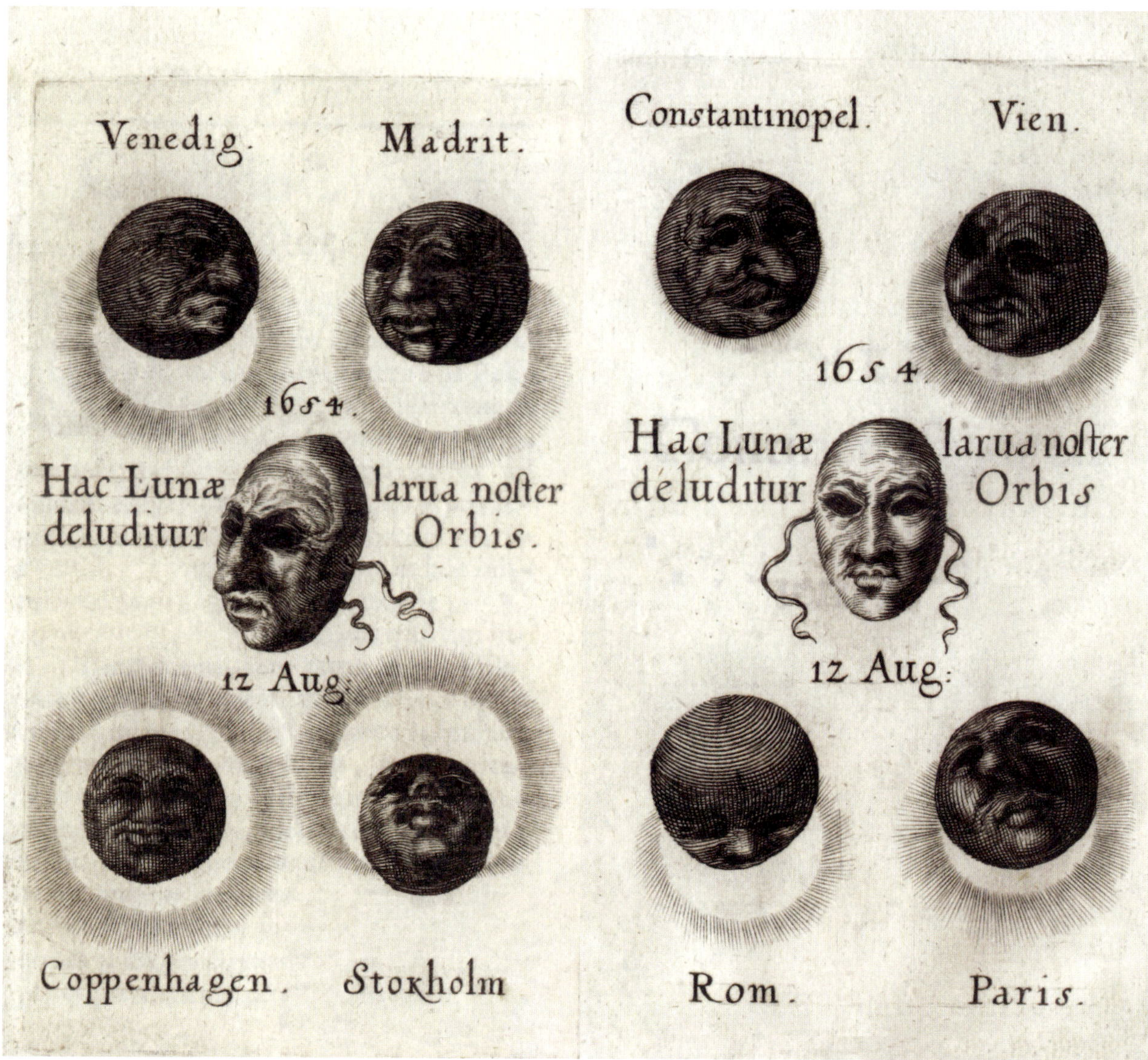

Canon der Finsternisse

Der *Canon der Finsternisse* ist eine Zusammenstellung der Details (Zeitpunkt und Totalitätspfad) von über 13 000 Finsternissen. Er umfasst sämtliche bekannten Mond- und Sonnenfinsternisse seit 1207 v. Chr. sowie Vorhersagen für Finsternisse bis zum Jahr 2161.

Das Buch, das 1887 erschien, wurde 1962 noch einmal neu aufgelegt. Im Vorwort zu dieser Neuauflage wird hervorgehoben, wie nützlich das Werk sowohl für die Astronomie wie auch für die Geschichtswissenschaft gewesen sei und dass es auch 1962 noch – 75 Jahre nach Erscheinen der Erstauflage – die vollständigste verfügbare Sammlung von Berechnungen zu sämtlichen Mond- und Sonnenfinsternissen liefere.

Der Autor, Theodor Ritter von Oppolzer (1841–1886), war ein Mathematiker und Astronom. Er wurde in Prag geboren und studierte zunächst auf Wunsch seines Vaters Medizin. Weil er sich jedoch schon seit seiner Kindheit leidenschaftlich für die Astronomie interessierte, baute er, sobald es ihm möglich war, auf eigene Kosten eine Privatsternwarte. Er erwies sich als so begabter Astronom, dass er in Wien einen Lehrstuhl für theoretische Astronomie erhielt. Dort schrieb er unter anderem Aufsätze über die Standardisierung der Tageslänge. Von Oppolzer besaß ein besonderes Talent für komplexe Berechnungen der Bewegungen des Mondes, der Erde und anderer Planeten auf ihren jeweiligen Bahnen. Solche Bahnbestimmungen werden benötigt, um genaue Vorhersagen über den Zeitpunkt und die geografische Ausdehnung von Finsternissen machen zu können. In seinem *Canon der Finsternisse* stellte von Oppolzer diese Berechnungen für Tausende von Finsternissen der Vergangenheit wie der Zukunft zusammen (1207 v. Chr.–2161 n. Chr.). Dabei unterstützte ihn ein ganzes Team von Mitarbeitenden. Das Buch besteht größtenteils aus Tabellen – es sind Hunderte –, in denen die Parameter aufgelistet sind, die zur Ermittlung des Zeitpunkts und der geografischen Ausdehnung einer Finsternis verwendet werden können. Am Ende des Buches zeigen 148 Abbildungen die Totalitätspfade auf Erdkarten.

RECHTS UND GEGENÜBERLIEGENDE SEITE

Canon der Finsternisse

Titelblatt der in Wien erschienenen Originalausgabe.

Karte mit den Totalitätspfaden für mehrere der in den Tabellen aufgeführten Finsternisse.

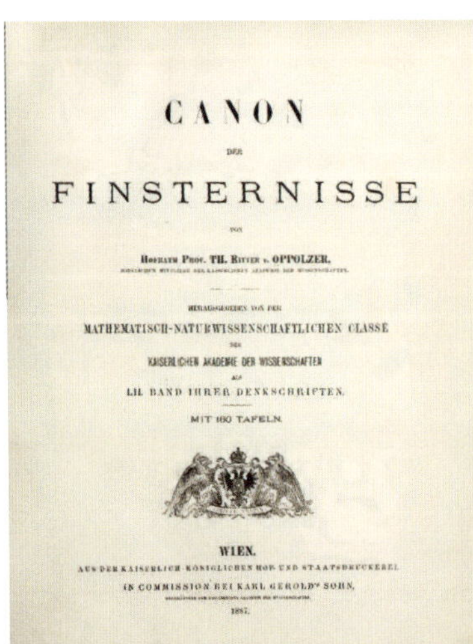
CANON
DER
FINSTERNISSE
VON
HOFRATH PROF. TH. RITTER v. OPPOLZER.
HERAUSGEGEBEN VON DER
MATHEMATISCH-NATURWISSENSCHAFTLICHEN CLASSE
DER
KAISERLICHEN AKADEMIE DER WISSENSCHAFTEN
ALS
LII. BAND IHRER DENKSCHRIFTEN.
MIT 160 TAFELN.
WIEN.
AUS DER KAISERLICH-KÖNIGLICHEN HOF- UND STAATSDRUCKEREI.
IN COMMISSION BEI KARL GEROLD'S SOHN,
1887.

Das heutige Pendant zu von Oppolzer und seinem *Canon* ist zweifellos «Mr. Eclipse» alias Fred Espenak, der für die NASA Berechnungen zu den Sonnenfinsternissen von fünf Jahrtausenden angestellt hat (11 898 Sonnenfinsternisse zwischen 1999 v. Chr. und 3000 n. Chr.). Seine Website (MrEclipse.com) und eine Reihe von Büchern mit Finsternistabellen, darunter Karten für aktuelle Finsternisse (zum Beispiel sein *Road Atlas for the Total Solar Eclipse of 2024*), versorgen moderne Eklipsenjägerinnen und -jäger mit detaillierten Informationen.

Auch wenn wir heute nicht mehr glauben, dass Finsternisse Vorboten von Katastrophen oder auf andere Weise ein schlechtes Omen sind, ist eine totale Sonnenfinsternis eine einzigartige Erfahrung.

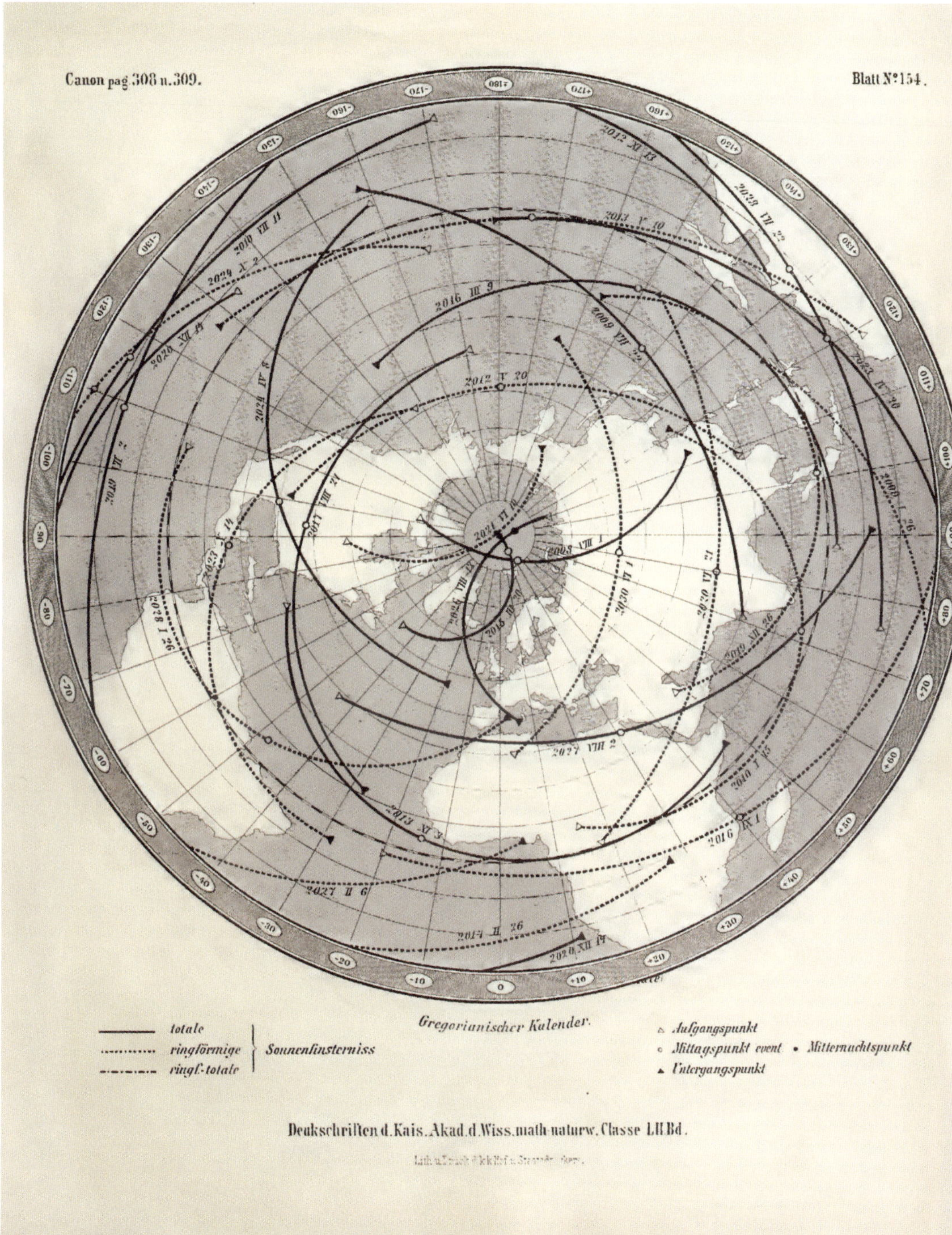
Canon pag. 308 u. 309.
Blatt N° 154.
totale
ringförmige
ringf.-totale
Sonnenfinsterniss
Gregorianischer Kalender.
Aufgangspunkt
Mittagspunkt event.
Mitternachtspunkt
Untergangspunkt
Denkschriften d. Kais. Akad. d. Wiss. math.-naturw. Classe LII Bd.

RECHTS

Canon der Finsternisse

Liste der Finsternisse. Diese Daten füllen Hunderte von Seiten in diesem Buch.

Nr.	μ	γ	log n	G	K	log sin g	log sin k	log cos g	log cos k	log sin δ'	log cos δ'	N'	Centralität: bei ☉ Aufgang λ	φ	im Mittag λ	φ	bei ☉ Untergang λ	φ	F
													Grade						
7651	333°83	+0·8340	9·7528	141°31	96°70	9·6612	9·9733	9·9489	9n5321	9·4868	9·9786	111°0	−103	+68	+35	+81	+114	+34	t*
7652	296·59	−0·2856	9·7073	319·06	96·72	9·6607	9·9753	9·9489	9·5154	9n5048	9·9766	69·8	−12	−35	+67	−36	+124	+3	r
7653	217·16	+0·0734	9·7665	132·60	96·29	9·6516	9·9816	9·9513	9n4544	9·5395	9·9723	107·7	+71	+20	+143	+25	−158	−13	t*
7654	284·47	+0·3971	9·7030	308·82	95·97	9·6477	9·9849	9·9523	9·4147	9n5568	9·9698	73·8	+15	+7	+72	+3	+122	+36	r*
7655	112·04	−0·6757	9·7589	123·13	95·25	9·6387	9·9892	9·9545	9n3434	9·5742	9·9671	103·8	−171	−26	−116	−22	−71	−50	t
7656	311·58	+1·0595	9·7221	297·76	94·50	9·6315	9·9925	9·9561	9·2645	9n5872	9·9649	78·5	—	—	—	—	—	—	p
7657	139·54	+1·2165	9·7215	83·59	89·09	9·5777	9·9997	9·9665	8·5923	9·5754	9·9669	87·6	—	—	—	—	—	—	p
7658	308·69	−1·4890	9·7351	112·71	93·69	9·6232	9·9951	9·9578	9n1735	9·5940	9·9636	99·3	—	—	—	—	—	—	p
7659	278·34	−1·0570	9·7602	254·05	87·96	9·5628	9·9981	9·9689	8n9728	9n5480	9·9711	95·8	—	—	—	—	—	—	p
7660	179·11	+0·4862	9·7042	72·13	87·79	9·5572	9·9976	9·9697	9·0167	9·5385	9·9724	83·6	+109	+21	+179	+49	−101	+33	r*
7661	156·74	−0·3756	9·7649	242·41	87·07	9·5425	9·9949	9·9719	9n1858	9n4957	9·9776	99·3	+133	−12	−158	−41	−80	−30	t
7662	187·58	−0·2661	9·7103	59·85	86·96	9·5372	9·9940	9·9726	9·2174	9·4807	9·9792	80·0	+119	−24	+174	+2	−127	−5	r*
7663	15·82	+0·3238	9·7481	230·05	86·70	9·5238	9·9904	9·9742	9n3159	9n4187	9·9845	102·4	−71	+30	−14	+4	+47	+6	t*
7664	271·59	−0·9962	9·7343	47·17	86·70	9·5205	9·9894	9·9747	9·3388	9·3971	9·9860	77·0	(+120)	(−73)	—	—	+138	−67	r
7665	150·07	+1·0875	9·7214	217·04	86·93	9·5090	9·9856	9·9760	9n4021	9n3039	9·9910	104·9	—	—	—	—	—	—	p
7666	324·78	+0·9480	9·7648	359·33	90·07	9·4872	9·9785	9·9785	9·4872	7n5738	0·0000	72·1	46	+54	+27	+85	+100	+90	t*
7667	284·59	−1·1040	9·7037	167·83	91·22	9·4874	9·9796	9·9785	9n4765	8·8317	9·9990	107·5	—	—	—	—	—	—	p
7668	206·71	+0·2641	9·7609	346·28	91·37	9·4873	9·9799	9·9785	9·4735	8n8828	9·9987	72·6	+88	−2	+151	+12	−145	+33	t*
7669	316·95	−0·3365	9·7205	154·51	92·36	9·4949	9·9824	9·9777	9n4461	9·1466	9·9957	106·4	−20	−3	+40	−12	+100	−36	r
7670	40·20	−0·4547	9·7382	333·16	92·47	9·4969	9·9827	9·9775	9·4426	9n1692	9·9952	73·7	−114	−43	−37	−37	+27	−11	r
7671	95·66	+0·4331	9·7473	141·91	93·08	9·5081	9·9861	9·9761	9n3947	9·3128	9·9906	104·7	−171	+39	−93	+38	−28	+11	t*
7672	129·43	−1·2077	9·7119	320·02	93·18	9·5121	9·9867	9·9756	9·3861	9n3340	9·9896	75·6	—	—	—	—	—	—	p
7673	224·01	−1·3577	9·7666	98·73	91·22	9·5748	9·9994	9·9670	8n7240	9·5705	9·9677	93·3	—	—	—	—	—	—	p
7674	325·11	+1·1440	9·7650	130·23	93·33	9·5258	9·9903	9·9741	9n3205	9·4190	9·9845	102·5	—	—	—	—	—	—	p
7675	203·91	+1·1462	9·7066	272·47	90·36	9·5839	9·9999	9·9654	8·1833	9n5836	9·9655	89·1	—	—	—	—	—	—	p
7676	109·66	−0·6504	9·7534	87·28	89·58	9·5924	9·9999	9·9639	8·2320	9·5920	9·9640	88·9	−160	−38	−109	−18	−58	−36	t
7677	259·35	+0·4173	9·7301	260·27	88·45	9·6037	9·9992	9·9618	8n7944	9n5984	9·9628	93·9	+48	+26	+101	+1	+157	+19	r*
7678	279·54	+0·1169	9·7272	76·32	87·79	9·6100	9·9983	9·9606	8·9465	9·5995	9·9626	84·5	+18	+1	+80	+30	+147	+11	r*
7679	64·55	0·2901	9·7556	248·94	86·57	9·6215	9·9959	9·9583	9n1401	9n5964	9·9632	98·6	−133	8	−66	−40	+11	−23	t
7680	340·65	+0·9114	9·7065	65·64	86·03	9·6264	9·9943	9·9572	9·2057	9·5926	9·9639	79·9	−88	+49	(165)	(+89)	+154	+63	r*
7681	295·63	−0·9495	9·7657	238·56	84·98	9·6362	9·9903	9·9549	9n3198	9n5787	9·9663	103·0	−49	−52	(−121)	(−81)	−137	−67	t
7682	130·84	1·1953	9·7157	30·35	83·51	9·6697	9·9642	9·9464	9·5907	9·4119	9·9850	66·2	—	—	—	—	—	—	p
7683	349·02	+1·0740	9·7410	203·58	84·19	9·6762	9·9567	9·9446	9n6285	9n3238	9·9901	115·8	—	—	—	—	—	—	p
7684	244·37	0·3992	9·7419	21·87	84·43	9·6780	9·9548	9·9440	9·6369	9·2964	9·9913	63·8	+64	−48	+121	15	179	+3	t
7685	93·39	+0·3792	9·7147	195·24	85·69	9·6836	9·9481	9·9424	9n6635	9n1564	9·9955	117·7	147	+49	−88	+17	−29	−5	r*
7686	93·95	+0·3395	9·7627	14·02	86·00	9·6831	9·9475	9·9426	9·6662	9·1209	9·9962	62·1	−159	−8	−99	+30	−20	+47	t*
7687	104·08	0·3471	9·7029	187·18	87·80	9·6872	9·9426	9·9412	9n6827	8n8420	9·9989	118·9	−166	+9	−110	−27	−37	−49	r
7688	340·83	+1·0380	9·7640	6·49	88·05	9·6840	9·9435	9·9424	9·6804	8·7942	9·9992	61·3	—	—	—	—	—	—	p
7689	117·07	−1·0607	9·7149	179·34	90·20	9·6867	9·9415	9·9415	9n6867	7·8038	0·0000	119·1	—	—	—	—	—	—	p
7690	359·51	−0·9772	9·7301	337·10	95·73	9·6774	9·9559	9·9443	9·6323	9n3136	9·9906	64·0	(+136)	(−72)	—	—	+99	50	r
7691	85·12	+0·9016	9·7540	150·02	96·46	9·6699	9·9639	9·9464	9n5928	9·4074	9·9853	113·9	+113	+75	(+105)	(+85)	+6	+39	t*
7692	56·30	0·2989	9·7065	328·38	96·66	9·6710	9·9652	9·9461	9·5850	9n4282	9·9838	66·5	−131	39	−52	−35	+4	+6	r
7693	330·01	+0·1455	9·7666	141·81	96·74	9·6628	9·9726	9·9484	9n5369	9·4843	9·9788	111·2	44	+28	+31	+27	+91	−12	t*
7694	43·84	+0·3861	9·7036	318·79	96·71	9·6603	9·9756	9·9490	9·5132	9n5065	9·9764	69·9	−106	+2	−48	+6	+2	+40	r*
7695	222·29	−0·6029	9·7577	132·87	96·30	9·6515	9·9814	9·9513	9n4567	9·5377	9·9725	107·8	+76	−18	+133	−19	−179	−50	t
7696	75·72	+1·0507	9·7235	308·42	95·90	9·6463	9·9852	9·9526	9·4093	9n5574	9·9697	74·0	—	—	—	—	—	—	p
7697	241·39	+1·2975	9·7199	94·86	90·75	9·5961	9·9998	9·9633	8n4874	9·5947	9·9635	91·9	—	—	—	—	—	—	p
7698	52·79	−1·4160	9·7332	123·03	95·21	9·6375	9·9893	9·9547	9n3412	9·5735	9·9672	103·7	—	—	—	—	—	—	p
7699	47·87	−1·0652	9·7608	266·34	89·46	9·5826	9·9999	9·9657	8n3538	9n5818	9·9658	91·4	—	—	—	—	—	—	p
7700	277·47	+0·5669	9·7043	83·72	89·11	9·5769	9·9997	9·9666	8·5826	9·5747	9·9670	87·6	+4	+30	+82	+57	+164	+34	r*

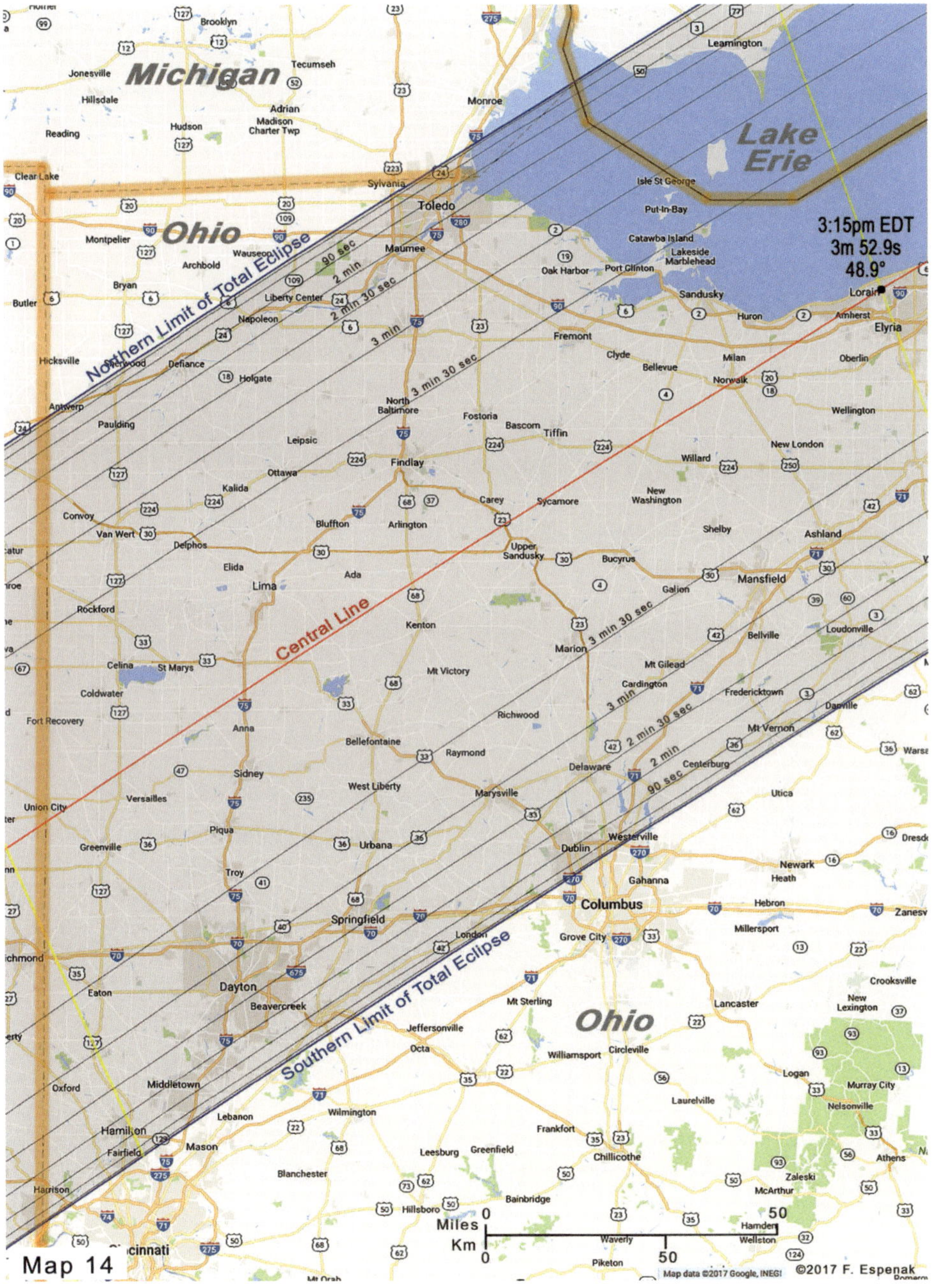

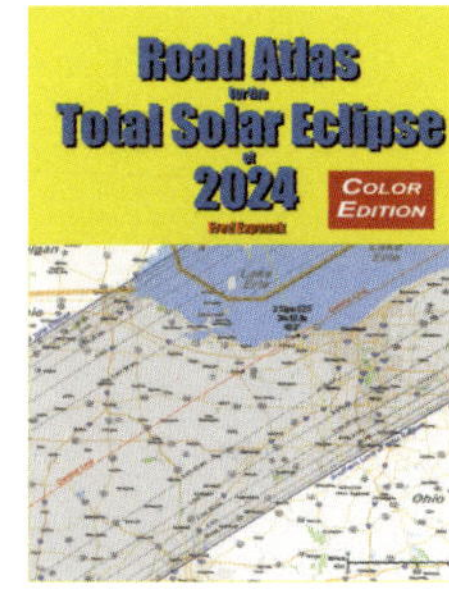

RECHTS UND LINKS

Road Atlas for the Total Solar Eclipse of 2024

Fred Espenak – alias «Mr. Eclipse» – hat eine Liste der Sonnenfinsternisse bis zum Jahr 3000 erstellt. Hier das Titelbild und eine Beispielkarte aus seinem Atlas zur Sonnenfinsternis 2024 in Nordamerika.

GEGENÜBERLIEGENDE SEITE: VON LINKS IM UHRZEIGERSINN

Bilder des Jupiters

Eine Fotografie des Jupiters, 2020 vom Hubble-Weltraumteleskop aufgenommen. Links neben dem Planeten ist der Jupitermond Europa zu sehen.

Dieses Gemälde des italienischen Malers Donato Creti aus dem Jahr 1711 zeigt Astronomen bei der Observation des Jupiters. Der Planet und drei seiner Monde sind so dargestellt, wie sie bei der Betrachtung durch ein Teleskop erscheinen würden.

Jupiter (oben) und Mars (unten) – Zeichnungen von Huygens, veröffentlicht in seinem Buch *Systema saturnium* (1659). Auf dem Jupiter sind die Wolkenbänder zu erkennen, auf dem Mars vermutlich die Polkappen.

3. Die Kartierung der Planeten

Während des größten Teils der Menschheitsgeschichte ließen sich die fünf hellen Planeten oder «Wandelgestirne» (Merkur, Venus, Mars, Jupiter und Saturn) nur aufgrund ihrer eigentümlichen Bewegungen durch die Sternbilder des Tierkreises von den Sternen unterscheiden. Es heißt, Menschen mit besonders scharfen Augen könnten die Sichelphase der Venus erkennen, wenn diese unserer Erde am nächsten ist, und einige haben vielleicht auch festgestellt, dass Planeten nicht wie Sterne funkeln, wenn sie untergehen … Doch erst als sich Teleskope auf den Himmel richteten, begann man, die Planeten als andere Welten zu sehen, die sich kartieren ließen.

Alles begann mit Galileo Galilei, der 1610 feststellte, dass die Planeten beim Blick durch sein Teleskop wie kleine Scheiben wirkten und nicht als Lichtpunkte erschienen wie die Fixsterne. Die meisten seiner frühen Berichte über diese Entdeckung beschränkten sich auf Beschreibungen, doch später fertigte er auch eine Reihe von Zeichnungen zu den Phasen der Venus, den Ringen von Saturn, Jupiter und Mars sowie zu den «Ohren» oder «Henkeln» des Saturns an.

Jupiter und Saturn: Die beiden größten Planeten des Sonnensystems, Jupiter und Saturn, wirken manchmal genauso hell wie ihre uns näheren Geschwister. Sie wandern langsam durch die Sternbilder des Tierkreises: Jupiter braucht dazu 12 Jahre und Saturn 29 Jahre. Jupiter war bekanntlich eines der ersten Objekte, die Galilei mit seinem Teleskop anpeilte (siehe S. 179), als er die den Planeten umkreisenden Monde beobachtete. Zu den bekanntesten Merkmalen des Planeten gehört der «Große Rote Fleck», ein Sturm, dessen Ausdehnung größer ist als der Durchmesser der Erde. Er wurde bereits 1664 beobachtet und scheint seit einigen Jahren schwächer zu werden. Der Saturn ist vor allem wegen seiner wunderschönen Ringe bekannt. Er ist auch der Planet mit der größten Anzahl von Monden in unserem Sonnensystem, auch wenn Jupiter ihm diesen Titel zeitweise streitig macht, da immer mehr kleine Monde um beide Planeten entdeckt werden.

Systema Saturnium

Systema Saturnium (Systeme des Saturns) wurde etwa 50 Jahre nach Galileis ersten Teleskopbeobachtungen veröffentlicht. Darin stellte Christiaan Huygens (1629–1695) als Erster die These auf, dass das seltsame und veränderliche Erscheinungsbild des Saturns beim Blick durchs Teleskop auf einen «dünnen, flachen Ring» um den Hauptkörper des Planeten zurückgeht, der «zur Ekliptik geneigt» ist – was nichts anderes heißt, als dass wir den zur Planetenebene geneigten Ring von unserem Standort auf der Erde in verschiedenen Ansichten sehen, während sich der Saturn um die Sonne bewegt.

Huygens war ein niederländischer Wissenschaftler, dessen Lebenszeit in die Ära der wissenschaftlichen Revolution in Europa fiel. Er leistete Bedeutendes auf den Gebieten der Mathematik, der Optik und der Mechanik sowie der Astronomie. Was Letztere betrifft, ist er vor allem wegen seiner Arbeiten über den Planeten Saturn bekannt, aber er soll auch der Erste gewesen sein, der eine detaillierte Karte des Mars gezeichnet hat.

Systema Saturnium enthielt auch Skizzen von Jupiter und Mars sowie die erste bekannte Skizze des Orionnebels, durch ein Teleskop betrachtet (der Orionnebel ist ein

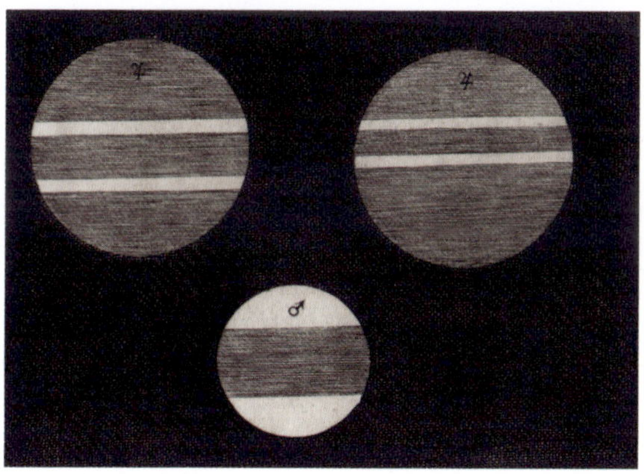

Sternentstehungsgebiet in unserer Galaxie, das sich im «Schwert» des Orions befindet und mit bloßem Auge nur schwer auszumachen ist).

Huygens nutzte sein Buch auch, um sich für das kopernikanische Modell unseres Sonnensystems (siehe Kap. 4) einzusetzen: Er schätzte die relativen Entfernungen zwischen den Planeten und der Sonne, indem er ihre scheinbaren Größen bzw. Durchmesser zusammen mit der geschätzten Entfernung zwischen Sonne und Erde verwendete, um dem Sonnensystem einen Maßstab zu geben. In diesem Zusammenhang beschrieb er in *Systema Saturnium,* wie er bei Teleskopbeobachtungen die scheinbaren Durchmesser der Planeten mithilfe von dünnen, in das Teleskop eingeführten Stäben maß, um einen Maßstab festzulegen. Er war damit womöglich der Erste, der ein Teleskop für wissenschaftliche Messungen und nicht nur zur Beobachtung des Nachthimmels einsetzte.

OBEN UND UNTEN

Systema saturnium

Eine Seite aus Huygens' *Systema saturnium* mit einer Zeichnung, die verdeutlicht, wie unterschiedlich der Saturn aus verschiedenen Winkeln betrachtet aussieht.

Der Saturn, wie er sich in Huygens' Teleskop darstellte: Manchmal scheint der Planet «Ohren» oder «Henkel» zu haben, während zu anderen Zeitpunkten ein Ring zu sehen ist.

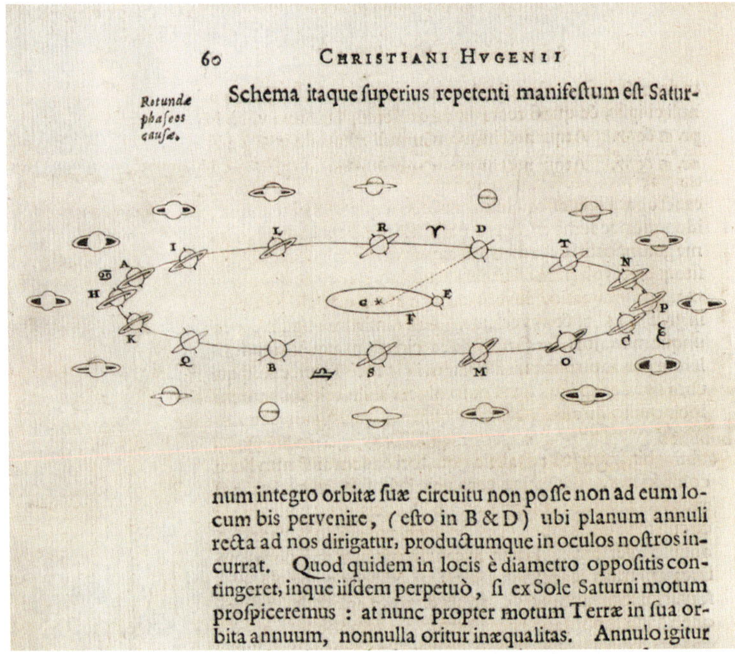

60 CHRISTIANI HUGENII

Rotundæ phaseos causæ. Schema itaque superius repetenti manifestum est Saturnum integro orbitæ suæ circuitu non posse non ad eum locum bis pervenire, (esto in B & D) ubi planum annuli recta ad nos dirigatur, productumque in oculos nostros incurrat. Quod quidem in locis è diametro oppositis contingeret, inque iisdem perpetuò, si ex Sole Saturni motum prospiceremus: at nunc propter motum Terræ in sua orbita annuum, nonnulla oritur inæqualitas. Annulo igitur

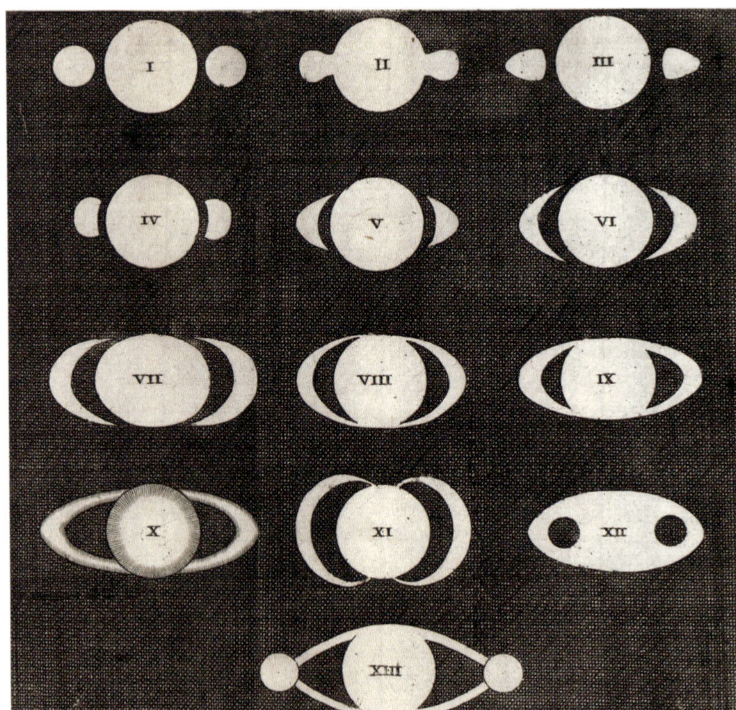

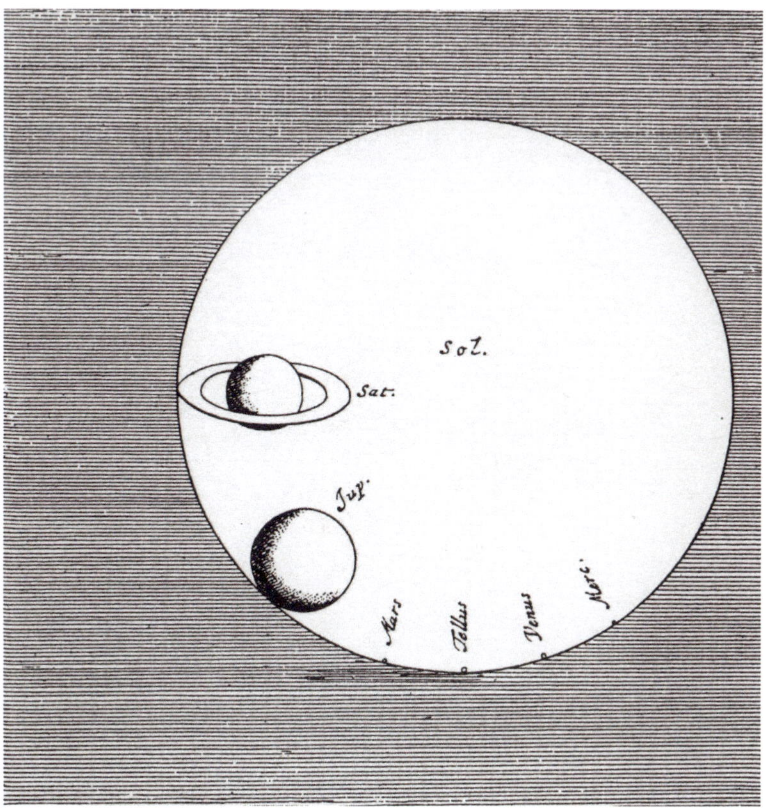

OBEN UND UNTEN

Der Saturn auf Fotografien

Moderne fotografische Aufnahmen des Saturns (erstellt mit dem Hubble-Weltraumteleskop) belegen das veränderliche Erscheinungsbild des Planeten im Laufe des Saturnjahrs. Interessant ist ein Vergleich mit der nebenstehend abgebildeten Zeichnung von Huygens.

Diese Zeichnung veranschaulicht die relative Größe der Planeten und der Sonne (Sol), wie Huygens sie in seinem späteren Buch *Cosmotheoros* (1698) einschätzte.

Other Worlds Than Ours

Other Worlds Than Ours (Andere Welten als unsere) ist das zweite der beiden Bücher von Richard Proctor, einem englischen Astronomen und produktiven Autor des 19. Jahrhunderts (siehe S. 68), das wir vorstellen.

Das Buch wurde 1870 erstmals veröffentlicht und behandelt das gesamte damals bekannte Universum, von der Erde über die Sonne bis zu sämtlichen Planeten. Auch «Uranus und Neptun, die arktischen Planeten», finden Erwähnung, außerdem Monde, Meteore und Kometen. Im letzten Teil des Werks gibt es zwei Kapitel, die sich mit «anderen Sonnen» befassen und Überlegungen zu ihrer Verteilung im Raum enthalten (das heißt, eine Karte unserer Galaxie), sowie ein Kapitel über «Die Nebulae: sind sie externe Galaxien?» – eine Frage, die zu der Zeit, als Proctor sein Buch schrieb – etwa 50 Jahre bevor Edwin Hubble mit seiner Schätzung der Entfernung zur Andromedagalaxie an die Öffentlichkeit trat –, noch lange nicht geklärt war. Proctors Buch schloss mit einem Kapitel, das den Titel «Überwachung und Kontrolle» trug und seinen Standpunkt hinsichtlich der Frage erläuterte, wie sich die Religion mit einem sich ständig erweiternden Verständnis der Welten jenseits der Erde – die, wie Proctor annahm, «von Millionen von Lebewesen bevölkert» sein konnten, vielleicht sogar von intelligenten – in Einklang bringen ließe.

Berühmt geworden ist dieses Buch vielleicht vor allem wegen einer frühen Karte des Mars, die einige Merkmale des Planeten zeigt. Proctor erstellte sie auf der Grundlage detaillierter Zeichnungen von William Rutter Dawes (1799–1898). Dawes (dessen Vater ebenfalls William Dawes hieß und Astronom war) beobachtete den Planeten zum Zeitpunkt der Opposition im Jahr 1864 von seiner Sternwarte aus und fertigte zahlreiche Karten an. Der Begriff «Opposition» bezieht sich auf den Punkt in der Umlaufbahn eines Planeten, an dem dieser auf einer Geraden mit Erde und Sonne liegt und, von der Erde aus gesehen, der Sonne (in der «Himmelssphäre») direkt gegenübersteht. An diesem Punkt ist der Planet der Erde am nächsten und erscheint in seiner größtmöglichen scheinbaren Größe – optimal für eine genaue Beobachtung vom Boden aus. In seiner Marskarte benannte Proctor mehrere Merkmale, darunter zwei nach Dawes. Sowohl die Karte als auch die dort verwendeten Bezeichnungen waren jedoch schon bald überholt und werden heute nicht mehr genutzt.

RECHTS UND GEGENÜBERLIEGENDE SEITE
Other Worlds Than Ours

Von Richard Proctor, erstmals 1870 in London erschienen. Eine Fotografie des Autors aus dem Buch.

Zeichnung des Jupiters aus Proctors Buch.

Eine erstaunlich exakte 3-D-Darstellung unserer Galaxie.

Das Buch enthält auch eine Zeichnung des Planeten Jupiter,

152 *OTHER WORLDS THAN OURS*

one of his own reflectors, indicates an appearance not uncommonly seen, a dark streak extending obliquely across the planet's equatorial regions. The number of belts is singularly variable. Sometimes only one has been seen, at others there have been as many as five or six on each side of the planet's equator. In

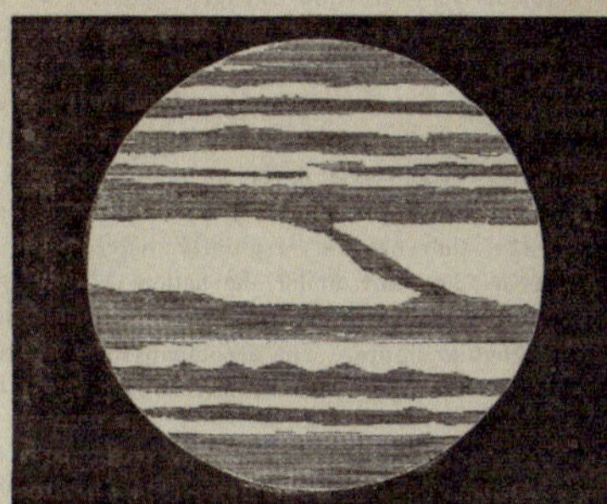

FIG. 1.—The Planet Jupiter (Browning).

the course of a single hour, Cassini saw a complete new belt form on the planet, and on December 13, 1690, two well-marked belts vanished completely, while a third had almost disappeared in the same short interval of time.

But if we seem to recognize here the action of forces much more intense than those which influence the condition of the earth's atmosphere, we have still

272 *OTHER WORLDS THAN OURS*

minuter peculiarities of structure, we are led to the conclusion that the Milky Way, judged according to the fundamental hypothesis of Sir W. Herschel, has some such shape as I have endeavored to exhibit in the accompanying figure. Although I have not indicated here the corrugations of the ring, nor a tithe of the various overlapping layers which would be required to account for the appearance of the Milky Way between Centaurus and Ophiuchus, yet the deduced figure is by no means inviting in its

FIG. 4.—The Galactic Flat Ring, modified in accordance with the observed peculiarities of the Milky Way.

simplicity. It is, however, absolutely certain that the sidereal system, as far as its more densely aggregated star-regions are concerned, has some such figure as this, if we are to accept the principle of Sir W. Herschel's star-gaugings.

Now, in turning our thoughts to the recognition of a more simple explanation of observed appearances, it will be well that we should consider some peculiarities of the Milky Way which we have not yet attended to. In the first place, I would invite attention to a peculiarity observed by Sir John Her-

angefertigt von dem Astronomen John Browning. Browning ist vor allem als Hersteller präziser Messgeräte bekannt, und in den Kommentaren wird darauf hingewiesen, dass er Jupiter «mit einem seiner eigenen Reflektoren» beobachtet hatte. Proctor nutzte die Karte, um auf die Variabilität der Streifen auf dem Jupiter aufmerksam zu machen (heute wissen wir, dass es sich um Wolkenbänder handelt), und verglich diese Zeichnung mit Beobachtungen des italienischen Astronomen Giovanni Cassini (1625–1712).

Proctor nahm auch Grafiken in sein Buch auf, die veranschaulichen, was man damals über die Verteilung der Sterne im Raum um die Sonne (mit anderen Worten: in unserer Galaxie) wusste. Er beschrieb unsere Galaxie als eine Scheibe mit unserer Sonne in ihrem Zentrum, ähnlich, wie es Wilhelm Herschel (unter Mitarbeit von Caroline Herschel) fast ein Jahrhundert zuvor vorgeschlagen hatte. In diesem Teil des Buches finden sich auch Spekulationen über eine mögliche Spiralstruktur der Milchstraße und wie diese aus unserer Perspektive aussehen könnte.

RECHTS

Other Worlds Than Ours

Eine Karte des Mars aus der Ausgabe von 1896. Die von Proctor vorgeschlagenen Bezeichnungen für die einzelnen Merkmale wurden nicht allgemein übernommen. Heute verwenden wir andere Namen. Die Karte basierte auf Zeichnungen des Astronomen William Rutter Dawes.

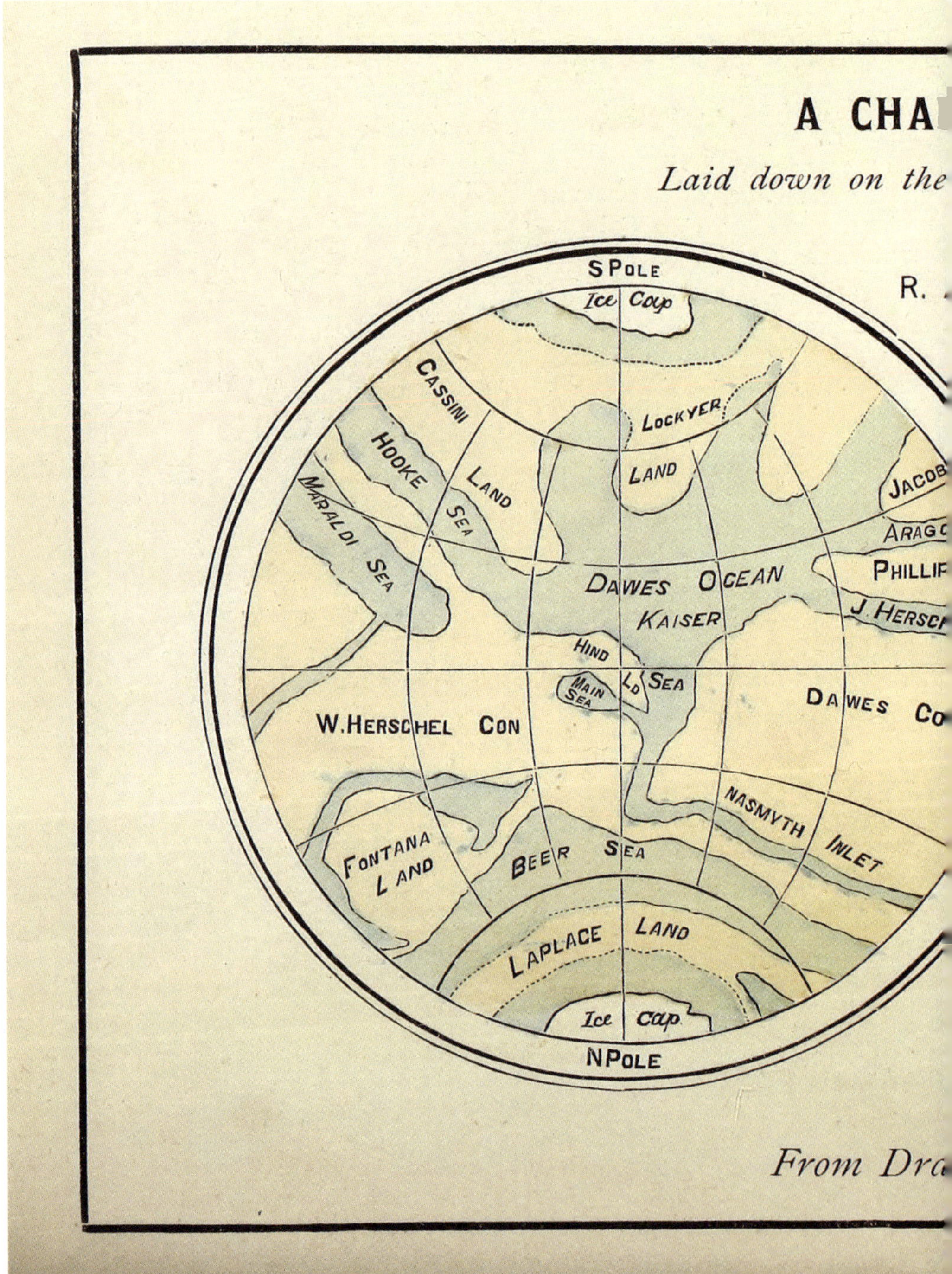

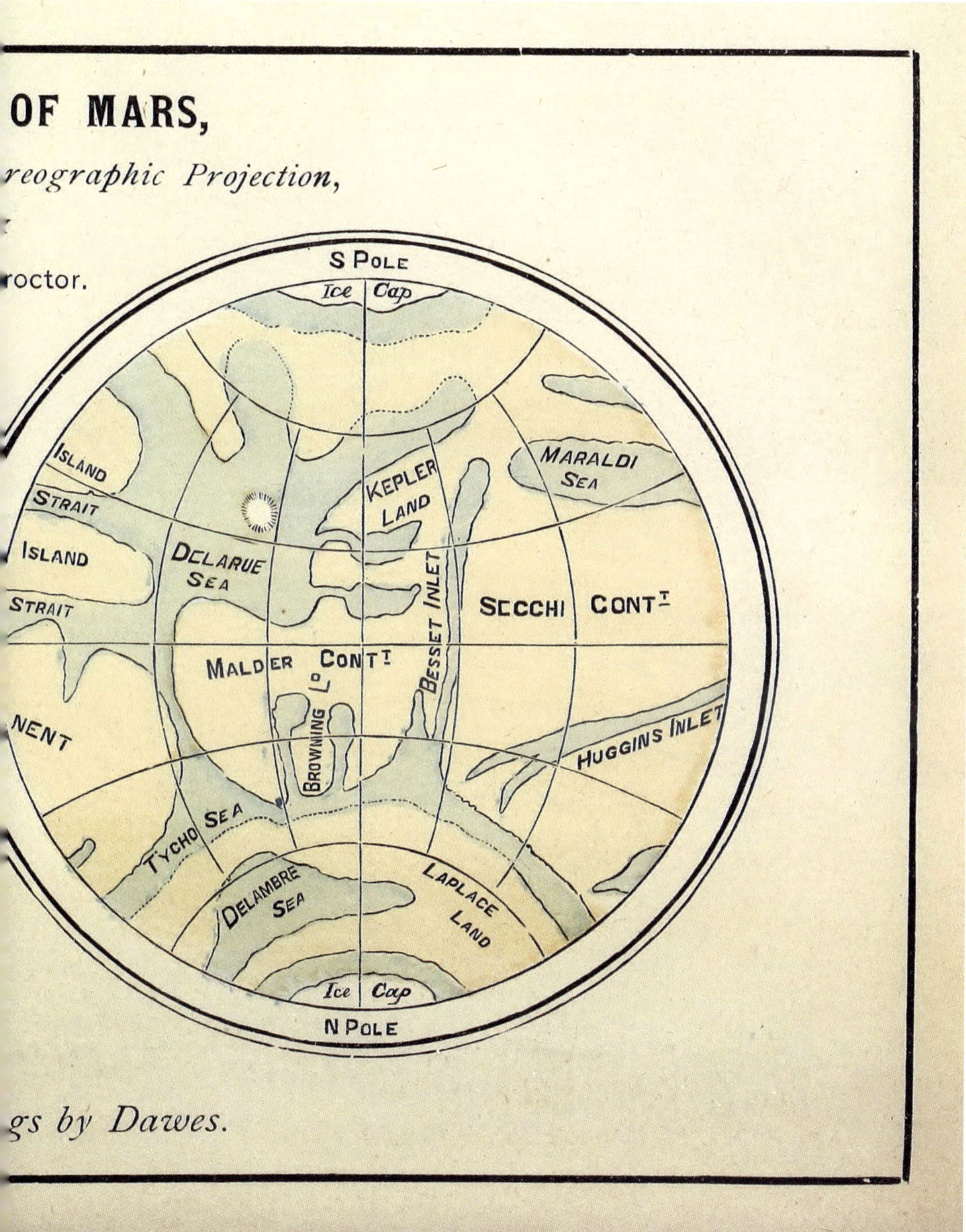
OF MARS,
reographic Projection,
roctor.
S POLE
Ice Cap
ISLAND
STRAIT
ISLAND
STRAIT
NENT
MARALDI SEA
KEPLER LAND
DELARUE SEA
SECCHI CONTT
MALDER CONTT
BESSET INLET
BROWNING Lo
HUGGINS INLET
TYCHO SEA
DELAMBRE SEA
LAPLACE LAND
Ice Cap
N POLE
gs by Dawes.

Mars

Der Mars ist für uns Menschen besonders interessant, weil er unter allen Planeten des Sonnensystems unserer Erde am ähnlichsten ist. Christiaan Huygens (siehe S. 88) zeichnete die erste Karte vom Mars; eine weitere frühe Marskarte, erstellt von Richard Proctor (siehe S. 94–95), basierte auf Zeichnungen von William Rutter Dawes aus dem Jahr 1864. In einigen der hier versammelten Bücher finden sich Vorstellungen über mögliches Leben auf verschiedenen anderen Planeten, doch galt vielen vor allem der Mars als potenziell möglicher außerirdischer Lebensraum. Ihn von der Erde aus zu kartografieren ist schwierig. Manchmal erscheint er gerade groß genug, um von einem bodengebundenen Teleskop erfasst zu werden, und manchmal – zum Zeitpunkt der Opposition (das heißt, wenn Mars und Erde auf der gleichen Seite und in einer Linie mit der Sonne stehen) – lässt er sich tatsächlich kartografieren.

La vita sul pianeta Marte

UNTEN

La vita sul pianeta Marte

Schiaparellis Marskarten mit linearen Merkmalen, die er als *canali* bezeichnete – was übersetzt «Rinnen, Flussbetten» bedeutet, durch eine fehlerhafte englische Übersetzung aber als «Kanäle» missverstanden wurde.

Ein besonders bemerkenswerter Vertreter der Meinung, dass der Mars eine Welt voller Leben sei, war der italienische Astronom Giovanni Schiaparelli (1835–1910). In seinem Buch *La vita sul pianeta Marte* (Das Leben auf dem Mars) veröffentlichte Schiaparelli eine detaillierte Karte des Planeten, die auf seinen Beobachtungen während der Opposition von 1877 beruhte. Darin benannte er die «Meere» und «Kontinente» des Mars und beschrieb ein Netz von *canali,* die er für eine Art natürliches Gewässernetz auf der Oberfläche des Planeten hielt. In der englischen Übersetzung wurde die Bezeichnung *canali* fälschlicherweise mit «canals» (Kanäle) statt mit «channels» (Rinnen, Flussbetten) übersetzt, entsprechend wurden Schiaparellis Beobachtungen als Indizien für eine intelligente Zivilisation auf dem Mars gedeutet – eine Vorstellung, die die Fantasie der Menschen weltweit beflügelte. Zu Beginn des 20. Jahrhunderts waren die meisten Astronomen und Astronominnen jedoch zu dem Schluss gekommen, dass es sich bei Schiaparellis *canali* sehr wahrscheinlich um eine optische Verzerrung handelte. Dennoch blieb die Idee von intelligentem Leben auf dem Mars ein beliebtes Sujet für Science-Fiction-Autorinnen und -Autoren – und ihre Leserschaft.

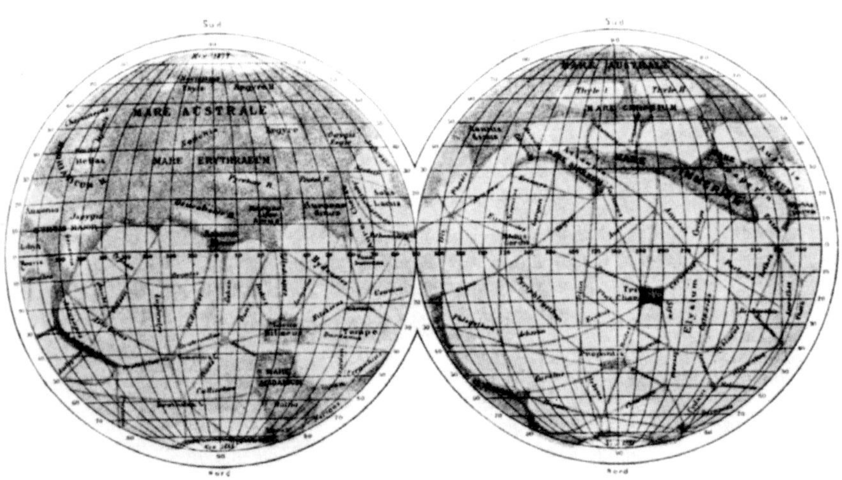

CARTA GENERALE DEL PIANETA MARTE
secondo le osservazioni fatte a Milano dal 1877 al presente.

NB. - Le linee o strisce oscure che solcano i continenti sono in questa carta presentate nel loro stato semplice cioè come appaiono quando non sono geminate.

Mars and Its Canals

Ein Astronom, der sich von Schiaparellis «Kanälen» auf dem Mars besonders inspiriert fühlte, war Percival Lowell (1855–1916). Lowell war ein erfolgreicher amerikanischer Geschäftsmann und Diplomat, der Ostasien ausgiebig bereist hatte. Nach seiner Rückkehr in die USA im Jahr 1893 begann er, sich für den Mars zu interessieren, und verwendete einen Teil seines Vermögens für den Bau einer Sternwarte (das bis heute bestehende Lowell Observatory in Flagstaff, Arizona – bekannt als der Ort, von dem aus der Pluto entdeckt wurde). Lowell verbrachte 15 Jahre damit, den Mars durch seine Teleskope ausgiebig zu studieren, und fertigte viele Zeichnungen an, die er in einer dreibändigen Buchreihe publizierte: *Mars* (1895), *Mars and Its Canals* (1906) und *Mars as the Abode of Life* (1908). Wir haben *Mars and Its Canals* (Der Mars und seine Kanäle) hier aufgenommen – stellvertretend für diese Buchreihe, die bei der Verbreitung der Idee von Kanälen auf dem Mars als (inzwischen gründlich widerlegter) Beweis für intelligentes Leben auf diesem Planeten eine große Rolle spielte.

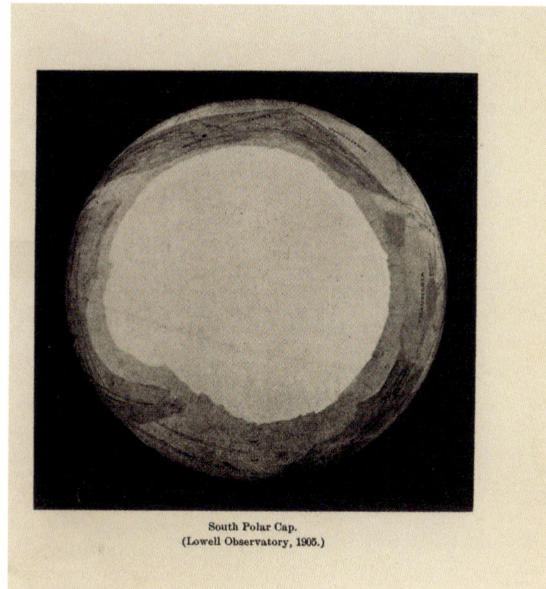

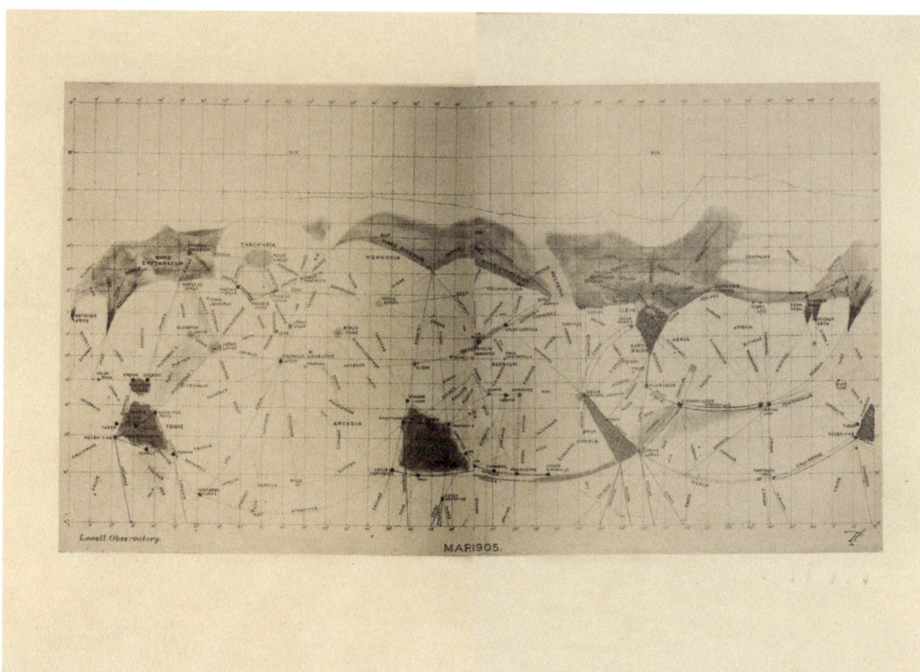

OBEN UND UNTEN

Mars and Its Canals

Abbildung der «Südpolkappe» des Mars in Lowells Buch *Mars and Its Canals*.

Karte des Mars, gezeichnet von Percival Lowell.

Die unteren Planeten

Die beiden inneren Planeten Merkur und Venus, manchmal auch als «untere Planeten» bezeichnet, lassen sich von der Erde aus nur schwer detailliert kartieren. Merkur befindet sich stets in der Nähe der Sonne und bleibt entweder im grellen Sonnenlicht verborgen oder ist nur in der Morgen- und Abenddämmerung dicht am Horizont zu sehen. Die Venus mit ihren Phasen (die im Übrigen auch Merkur hat) wirkt, durch ein optisches Teleskop betrachtet, nahezu nichtssagend. Wir wissen inzwischen, dass das an einer dicken Wolkenschicht liegt, die sämtliche Merkmale ihrer Oberfläche verdeckt.

Eine Besonderheit dieser beiden inneren Planeten ist, dass sie in regelmäßigen Abständen genau zwischen Erde und Sonne hindurchwandern. Diese Ereignisse nennt man Transite. Während eines Transits sieht man beide Planeten als kleine Punkte oder Schatten, die langsam vor der Sonne vorbeiwandern. Bei der Venus ist eine Kombination von zwei Transiten zu beobachten, die im Abstand von rund acht Jahren stattfinden – dieses Muster wiederholt sich alle 243 Jahre. Die nächsten beiden Venustransite werden sich 2117 und 2125 ereignen.[3] Merkur passiert die Sonne weit häufiger, nämlich etwa ein Dutzend Mal in jedem Jahrhundert (der nächste Merkurtransit wird 2032 stattfinden). Aus der Zeit vor der Erfindung des Teleskops existieren nur höchst umstrittene Belege für Transitbeobachtungen, doch im 17. Jahrhundert erkannte man, wie nützlich die Beobachtung solcher Ereignisse und die Bestimmung ihres Zeitpunkts für die Verfeinerung der Modelle des Sonnensystems sein würden (siehe S. 210–211). Die ersten Berichte über Beobachtungen eines Venustransits stammen aus dem Jahr 1639, und spätestens seit dem Transitpaar von 1761 und 1769 war bekannt, dass die Beobachtungen des genauen Transitzeitpunkts, die sich je nach dem geografischen Standort unterscheiden, dazu genutzt werden könnten (zusammen mit trigonometrischen Berechnungen und den damals schon ausgezeichneten mathematischen Modellen der Bahnen von Venus und Erde), die Entfernung zwischen Erde und Sonne zu messen. Auch wenn wir heute andere Methoden haben, um die Entfernung zur Sonne zu messen, bleibt dies ein wichtiger Meilenstein in der Geschichte der Astronomie.

RECHTS

Venustransit

Bildmontage des Venustransits, erstellt vom Solar Dynamics Observatory der NASA am 5. Juni 2012. Die unter UV-Licht aufgenommene und zusammengesetzte Fotografie zeigt das Vorbeiziehen der Venus vor der Sonne.

[3] Ich hatte das Glück, den Venustransit von 2004 als Doktorandin an der Cornell University (USA) erleben zu können, und habe versucht, den Transit von 2012 von Portsmouth (GB) aus zu beobachten, was aber durch Wolken vereitelt wurde. Das sind die einzigen beiden Venustransite, die in meine Lebenszeit fallen.

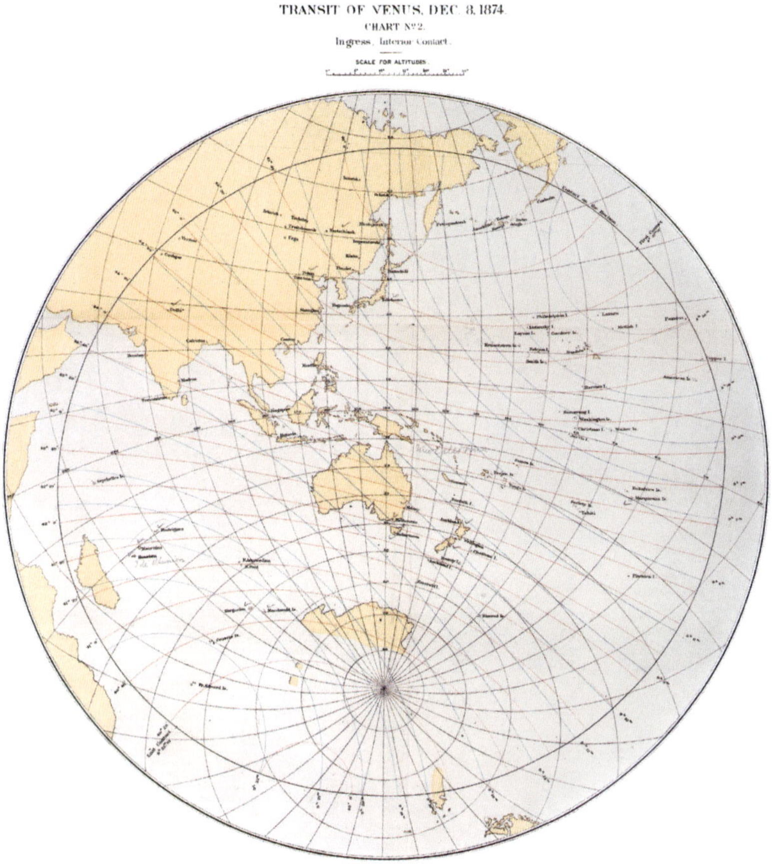

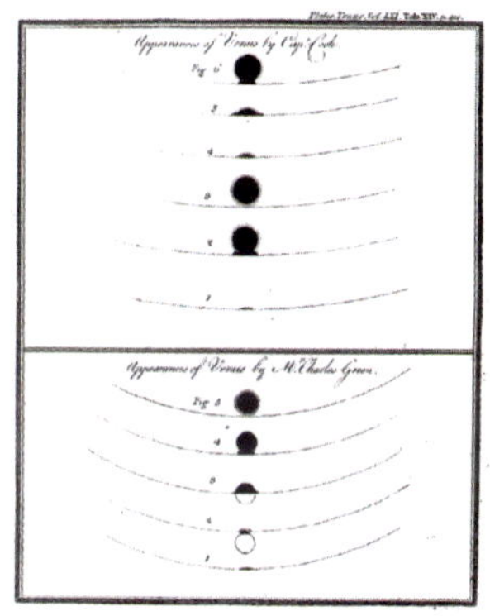

Transit of Venus

Dieses Büchlein mit Texten in sieben verschiedenen indischen Sprachen (Kannada, Malayalam, Marathi, Sanskrit, Tamil, Telugu und Urdu) sowie Englisch wurde 1874 veröffentlicht, dem Jahr des ersten der beiden Venustransite im 19. Jahrhundert (9. Dez. 1874 und 6. Dez. 1882). Der Autor, Chinthamani Ragoonatha Chary (1822/1828–1880), war das erste indische Mitglied der britischen Royal Astronomical Society. Er wurde 1822 oder 1828 in Madras geboren, und seine Vorfahren sollen große Hindu-Astronomen gewesen sein. Chary kam 1840 ans Observatorium von Madras, wo er zunächst als einfacher Arbeiter tätig war, bis er 1864 zum «Astronomen» befördert wurde.

In seinem Buch appellierte er an die indischen Astronomen (seinerzeit wohl allesamt männlich), mehr Interesse an der Beobachtung der Transite zu entwickeln, und erklärte eine einfache Methode, mit der sich der Abstand zwischen Erde und Sonne auf der Basis dieser Beobachtungen schätzen ließ.

LINKS UND RECHTS

Venustransit

Darstellung des Venustransits am 8./9. Dezember 1874, Eintrittsphase 2 (innerer Kontakt).

Diese klassische Skizze des Venustransits, beobachtet von Captain Cook und 1809 in den *Philosophical Transactions of the Royal Society of London* veröffentlicht, veranschaulicht das sogenannte Tropfenphänomen (Black-Drop-Effekt) – eine optische Täuschung, die die Bestimmung des exakten Beginns und Endes des Transits erschwert.

4. Kometen

Kometen faszinieren die Menschheit schon sehr lange. Das Wort «Komet» stammt aus dem Griechischen und bedeutet so viel wie «Haarstern» oder «Schweifstern», was das Aussehen dieser oft als Vorboten kommenden Unheils gedeuteten Himmelskörper sehr treffend beschreibt. Kometen unterscheiden sich stark von sämtlichen anderen Himmelskörpern und bieten, wenn sie hell genug sind, einen wunderschönen Anblick. Diese sogenannten Großen Kometen (Kometen, die mit bloßem Auge gut sichtbar sind) sind nach menschlichen Zeitmaßstäben eher selten, nach astronomischem Zeitmaßstab jedoch recht häufig. Im 20. Jahrhundert gab es 12 solcher Ereignisse.

Unter einem Kometen versteht die moderne Astronomie einen kleinen Himmelskörper (im Durchmesser typischerweise einige Hundert Meter bis mehrere Kilometer groß) aus Gestein, Staub, Eis und gefrorenen Gasen – Material, das wahrscheinlich aus der Entstehungszeit der Planeten unseres Sonnensystems stammt. Wenn sich Kometen der Sonne nähern, beginnen das Eis und die im Innern gebundenen Gase zu verdampfen und bilden eine spektakuläre, «Koma» genannte diffuse Hülle und einen Schweif, die manchmal an unserem Himmel zu sehen sind. Die Unvorhersagbarkeit des Erscheinens von Kometen ist auf diesen Prozess zurückzuführen, denn es ist nicht immer klar, wie viel Gase freigesetzt werden und wie gut das Sonnenlicht zur Erde zurückreflektiert wird.

Da helle Kometen im Leben eines Astronomen oder einer Astronomin nur wenige Male zu beobachten sind, enthalten die meisten veröffentlichten Kometen-Sammlungen Zeichnungen, die auf Beschreibungen beruhen, oder Berichte aus zweiter Hand von Menschen, die das Glück hatten, diese Kometen mit eigenen Augen zu sehen.

RECHTS

Der Wandteppich von Bayeux

Der Halleysche Komet (wie wir ihn heute nennen) auf dem Wandteppich von Bayeux, der nach dem Erscheinen des Kometen im Jahr 1066 angefertigt wurde.

Cometa orientalis

Das Jahr 1618 war ein ungewöhnliches Kometenjahr, denn es erschienen gleich drei mit bloßem Auge sichtbare Kometen am Himmel. Der dritte, der «Große Komet von 1618», war der spektakulärste. Berichte über sein Erscheinen sind aus der ganzen Welt überliefert. Einer trug den Titel *Cometa orientalis: Kurtze und eygentliche Beschreibung deß newen Cometen, so im November deß abgelauffenen 1618. Jahrs in Orient, oder gegen Auffgang der Sonnen allhie erschienen* und stammte von einem deutschen Lehrer namens Gothard Arthusius. Arthusius behauptete, dieser Komet sei ein Vorbote des Jüngsten Gerichts, und führte einige seiner Meinung nach eindeutige Beweise für den Zusammenhang zwischen dem Erscheinen eines Kometen und dem Auftreten diverser Naturkatastrophen an. Das Buch hat jedoch ein wunderschön illustriertes Titelblatt (siehe S. 102).

De cometis

De cometis (Über Kometen) ist ein Buch des berühmt-berüchtigten englischen Astrologen John Gadbury (1627–1704), das einige schöne Illustrationen enthält. Gadbury hielt Kometen vor allem für böse Omen. Auf den simplen Titel folgt eine Beschreibung des Inhalts: «a discourse of the natures and effects of comets, as they are philosophically, historically & astrologically considered. With a brief (yet full) account of the III late comets [...] And what [...] they portend [...] (Eine Abhandlung über die Natur und die Wirkungen der Kometen, philosophisch, historisch und astrologisch betrachtet. Mit einem kurzen (doch vollständigen) Bericht über die III letzten Kometen [...] Und was sie [...] ankündigen [...])

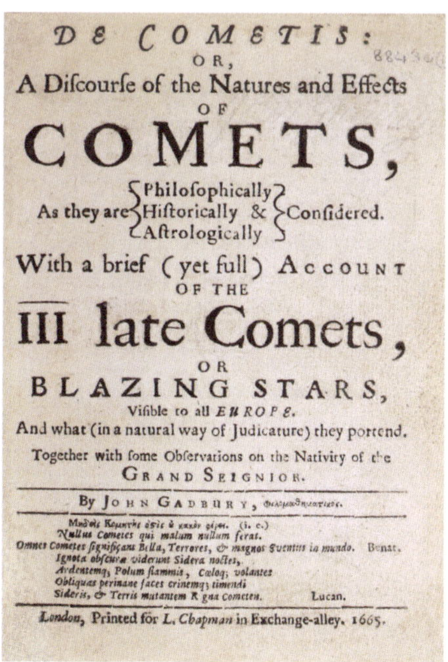

DE COMETIS:
OR,
A Discourse of the Natures and Effects
OF
COMETS,
As they are Philosophically, Historically & Astrologically Considered.
With a brief (yet full) Account
OF THE
III late Comets,
OR
BLAZING STARS,
Visible to all EUROPE.
And what (in a natural way of Judicature) they portend.
Together with some Observations on the Nativity of the
GRAND SEIGNIOR.

By JOHN GADBURY

Nullus Cometes qui malum nullum ferat.
Omnes Cometes significant Bella, Terrores, & magnos Eventus in mundo. Benat.
Ignota obscuræ viderunt Sidera noctes,
Ardentemq; Polum flammis, Cœloq; volantes
Obliquas perinane faces crinemq; timendi
Sideris, & Terris mutantem Regna Cometen. Lucan.

London, Printed for L. Chapman in Exchange-alley. 1665.

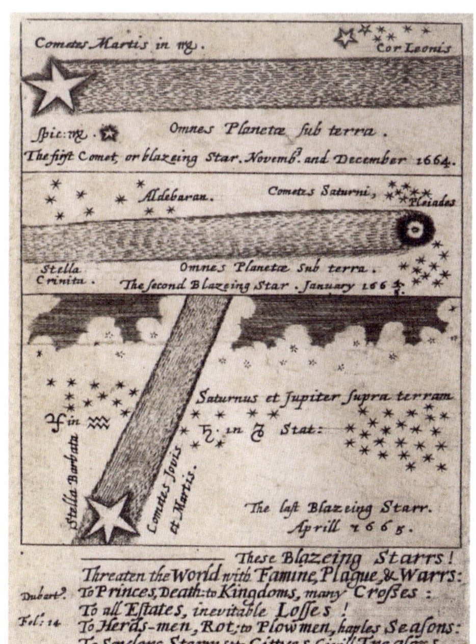

LINKS

De cometis

Die Titelseite des 1665 erschienenen Werks und eine Illustration daraus, auf der drei Kometen dargestellt sind.

OBEN UND UNTEN

Kometen in der Kulturgeschichte

Titelbild des Buches *Cometa orientalis* aus dem Jahr 1618.

Der «Große Komet von 1861», Illustration aus der zweiten Ausgabe von Edmund Weiss' *Bilder-Atlas der Sternenwelt* (1892, erstmals erschienen 1888).

Der erste Teil des Buches befasst sich mit Kometen im Allgemeinen, der zweite Teil enthält eine Geschichte der bedeutendsten Kometen sowie Einzelheiten zu den Ereignissen, deren «Vorboten» sie nach Meinung des Autors waren, einschließlich eines Abschnitts darüber, wie Kometen (via Astrologie) das Leben verschiedener Könige, Kaiser und anderer bedeutender Personen beeinflusst hätten. Kurz: eine faszinierende Mischung aus Astronomie und Astrologie, wie sie zu jener Zeit üblich war.

A Synopsis on the Astronomy of Comets

In diesem Buch aus dem Jahr 1705 veröffentlichte Edmond Halley (1656–1742) detaillierte mathematische Modelle für die Bahnen von 24 Kometen, die zwischen 1337 und 1698 beobachtet worden waren, darunter auch jener Komet, den er selbst 1682 genau beobachtet hatte und der später unter dem Namen «Halleyscher Komet» bekannt werden sollte.

Halley konnte die Gravitationsgesetze anwenden, die Isaac Newton nur wenige Jahre zuvor (1687; siehe S. 200–205) veröffentlicht hatte, um den Kometen, den er 1682 entdeckte, mit den belegten Kometensichtungen von 1456, 1531, 1607 in einen Zusammenhang zu bringen und eine Wiederkehr des Kometen im Jahr 1758 vorherzusagen.

Das Buch selbst ist sehr mathematisch. Es enthält Zahlentabellen und geometrische Zeichnungen, damit die Leserschaft nachvollziehen konnte, wie seine Vorhersage zustande kam. Mit «Astronomie der Kometen» sind hier ihre Bewegungen am Himmel gemeint; ihre physikalische Beschaffenheit wird nicht behandelt.

Edmond Halley war ein englischer Mathematiker und Astronom. 1720 wurde er zum Nachfolger des ersten königlichen Astronomen (Astronomer Royal) ernannt. Seine Karriere verlief anfangs recht abenteuerlich. Als Schüler wandte er sich schriftlich an John Flamsteed, den ersten Astronomer Royal, um Fehler in den Positionsbestimmungen von Jupiter und Saturn und in einigen Sternpositionsdaten von Tycho Brahe zu korrigieren. Noch vor dem Ende seines Studiums in Oxford reiste er in die südliche Hemisphäre, um die Sterne des Südhimmels zu kartografieren. Seine Ergebnisse fanden Eingang in zwei bemerkenswerte Sternatlanten, *Firmamentum Sobiescianum, sive Uranographia* von 1690 (siehe S. 41–44) und *Atlas coelestis,* veröffentlicht 1725 (siehe S. 45–49). Auch wenn er sich mit seinem Verhalten beim wissenschaftlichen Establishment nicht gerade beliebt machte, setzte er seine Studien über die Schwerkraft, über Kometen und über eine breite Palette weiterer astronomischer Themen fort. Berühmt geworden ist seine Vorhersage der Rückkehr «seines» Kometen im Jahr 1758, die er jedoch nicht mehr erlebte.

UNTEN

A Synopsis on the Astronomy of Comets

Auf diesen Seiten aus Halleys Buch *A Synopsis of the Astronomy of Comets* werden einige der mathematischen Operationen beschrieben, die notwendig sind, um das Erscheinen eines Kometen am Himmel vorherzusagen.

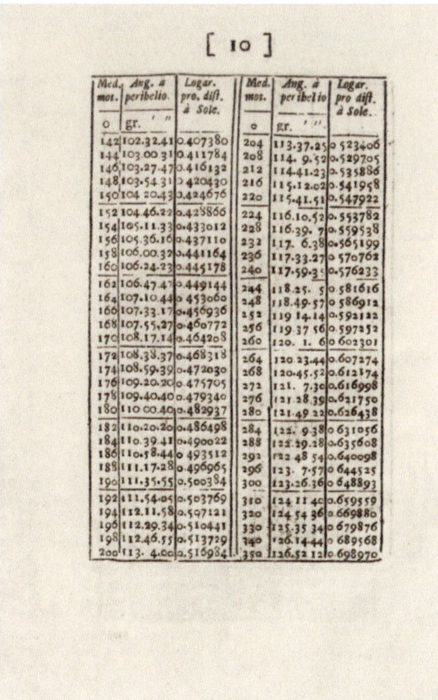

[10]

Med. mot.	Ang. à perihelio.	Logar. pro. dist. à Sole.	Med. mot.	Ang. à perihelio	Logar. pro dist. à Sole.
°	gr. ′ ″		°	gr. ′ ″	
142	102.32.41	0.407380	204	113.37.25	0.523406
144	103.00.31	0.411784	208	114. 9.52	0.529705
146	103.27.47	0.416132	212	114.41.23	0.535886
148	103.54.31	0.420430	216	115.12.02	0.541958
150	104.20.43	0.424676	220	115.41.51	0.547922
152	104.46.22	0.428866	224	116.10.52	0.553782
154	105.11.33	0.433012	228	116.39. 7	0.559538
156	105.36.16	0.437110	232	117. 6.38	0.565199
158	106.00.32	0.441164	236	117.33.27	0.570762
160	106.24.23	0.445178	240	117.59.35	0.576233
162	106.47.47	0.449144	244	118.25. 5	0.581616
164	107.10.44	0.453060	248	118.49.57	0.586912
166	107.33.17	0.456936	252	119.14.14	0.592122
168	107.55.27	0.460772	256	119.37.56	0.597252
170	108.17.14	0.464208	260	120. 1. 6	0.602301
172	108.38.37	0.468318	264	120.23.44	0.607274
174	108.59.39	0.472030	268	120.45.52	0.612174
176	109.20.20	0.475705	272	121. 7.30	0.616998
178	109.40.40	0.479340	276	121.28.39	0.621750
180	110.00.40	0.482937	280	121.49.22	0.626438
182	110.20.20	0.486498	284	122. 9.38	0.631056
184	110.39.41	0.490022	288	122.29.28	0.635608
186	110.58.44	0.493512	292	122.48.54	0.640098
188	111.17.28	0.496965	296	123. 7.57	0.644525
190	111.35.55	0.500384	300	123.26.36	0.648893
192	111.54.05	0.503769	310	124.11.40	0.659559
194	112.11.58	0.507121	320	124.54.36	0.669880
196	112.29.34	0.510441	330	125.35.34	0.679876
198	112.46.55	0.513729	340	126.14.44	0.689568
200	113. 4.00	0.516984	350	126.52.12	0.698970

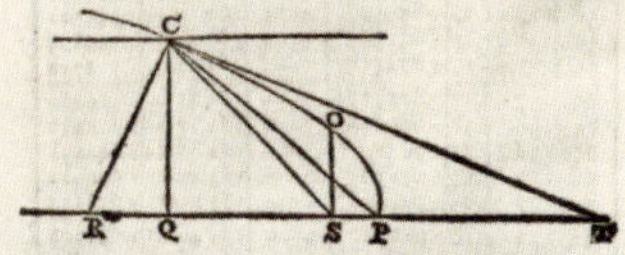

[12]

The Construction and Use of the general Table.

As the Planets move in *Elliptick* Orbs, so do the Comets in *Parabolick* ones, having the Sun in their common *Focus*, and describe equal *Area's* in equal *Times*. But now because all *Parabola's* are *similar* to one another, therefore if any determinate Part of the *Area* of a given *Parabola*, be divided into any Number of Parts at Liberty, there will be a *like* Division made in all *Parabola's*, under the same Angles, and the Distances will be proportional: And consequently this one Table of ours will serve for all Comets. Now, the Manner of the Calculation of this Table is thus: In the *Fig.*

Let S be the *Sun*, POC the Orbit of a Comet, P the *Perihelion*, O the Place where the Comet is 90 *gr.* distant from the Sun, C any other Place. Draw the Right Lines CP, CS, and make ST, SR, equal to CS; and then having drawn the Right Lines CR, CT, (whereof the one is a Tangent, and the other a Perpendicular to the Curve) let fall CQ perpendicular to the *Axis* PSR.

Now,

3

ASTRONOMIE UND KULTUR

Die Astronomie durchdringt und beeinflusst unser Leben Tag für Tag. Sogar der Tagesrhythmus basiert auf einer astronomischen Festlegung: Ein Tag (oder 24 Stunden) ist die Zeitspanne, die die Erde benötigt, um sich einmal um sich selbst zu drehen. Während sich die Erde um sich selbst dreht, bewegt sie sich zugleich in einer Umlaufbahn um die Sonne – die Vollendung eines Umlaufs entspricht der Dauer eines Kalenderjahres[1], während die Länge eines Monats oder «Mondes» wiederum in etwa mit der Dauer eines Mondphasenzyklus (29½ Tage) bzw. eines synodischen Monats übereinstimmt. Und die sieben Wochentage verdanken ihre Namen der Astronomie, besser gesagt einem astronomischen Zufall, der uns ermöglicht, von der Erde aus sieben bewegliche, ungewöhnlich helle Objekte am Himmel zu sehen – die Planeten Mars, Merkur, Jupiter, Venus und Saturn sowie die Sonne und den Mond. Im Germanischen und Altenglischen klingen die Namen für Mars, Merkur, Jupiter und Venus wie Dienstag, Mittwoch, Donnerstag und Freitag, während Samstag, Sonntag und Montag etymologisch ganz offensichtlich von Saturn, von der Sonne und vom Mond abgeleitet sind.

Während eines Großteils der Menschheitsgeschichte hing der Erfolg oder Misserfolg bei der Nahrungsbeschaffung von der Fähigkeit ab, die landwirtschaftliche Arbeit erfolgreich auf die Jahreszeiten abzustimmen und entsprechend zu planen. Die vier Jahreszeiten, denen alle Kulturen in den nichtäquatorialen Regionen der Erde unterworfen sind, lassen sich darauf zurückführen, dass die Rotationsachse der Erde nicht senkrecht zur Erdumlaufbahn steht, sondern leicht geneigt ist. Das bedeutet, dass die Halbkugel, auf der wir leben, zu bestimmten Zeiten des Jahres (wir nennen sie Sommer) der Sonne zugewandt und zu anderen Zeiten (Winter) von ihr abgewandt ist. Dies wirkt sich sowohl auf die Länge der Tage als auch auf die Durchschnittstemperaturen aus, und schon frühe Sternkundige fanden heraus, wie sie den Verlauf der Jahreszeiten mit den Mustern der Sterne, die sie am Himmel sahen, in Verbindung bringen konnten. Die frühen Menschen mussten astronomisch bewandert sein, um entscheiden zu können, wann die beste Zeit zum Pflanzen oder Ernten war.

Vielleicht ist die große Bedeutung der vier Jahreszeiten der Grund, weshalb viele frühe astronomische Karten oft vierteilig sind. Auch heute noch werden die Jahreszeiten durch astronomische Fixpunkte markiert. Frühlings- und Herbstbeginn sind durch die beiden Tagundnachtgleichen um den 21. März und den 22. September herum definiert. Viele Kulturen feiern bis heute die Mittsommernacht (die kürzeste Nacht des Jahres) oder den «ersten Tag des Sommers». Im Norden

[1] Die Erde benötigt 365¼ Tage, um die Sonne einmal zu umrunden. Deshalb haben die meisten Jahre 365 Tage. Um das Kalenderjahr besser auf das Sonnenjahr abzustimmen, das die Jahreszeiten bestimmt, wird alle vier Jahre ein sogenannter Schalttag eingeschoben. Schaltjahre haben deshalb 366 Tage.

LINKS UND GEGENÜBER-LIEGENDE SEITE

Blick aus dem Weltraum auf die Erde

Foto von Italien und Nordafrika bei Nacht, aufgenommen von der Internationalen Raumstation (ISS) im Jahr 2022.

Ein weiterer Blick auf die Erde. Dieses Foto wurde 1972 während des letzten bemannten Mondflugs von der Besatzung der Mission Apollo 17 aufgenommen.

geschieht dies um den 21. Juni herum, also zur Zeit der Sommersonnenwende oder des Solstitiums, «dem Moment, in dem die Sonne stillsteht». Die Erde befindet sich dann an einem Punkt ihrer Umlaufbahn, an dem die Nordhalbkugel sich am stärksten zur Sonne neigt, sodass diese auf dem Weg, den sie durch die Sternbilder nach Norden zurücklegt, kurz innezuhalten scheint, bevor sie sich wieder nach Süden wendet. Die letzte der vier Jahreszeiten beginnt mit der Wintersonnenwende um den 21. Dezember herum, in zeitlicher Nähe zu einigen traditionellen Winterfeierlichkeiten des Nordens.[2]

Auch viele Religionen haben sich von der Astronomie inspirieren lassen. Einige von ihnen haben Himmelskörper zu Gottheiten erhoben. So wird in vielen Kulturen Afrikas, Asiens, Europas und Amerikas die Sonne verehrt.

Es sollte nicht unerwähnt bleiben, dass die bedeutendsten Planeten in vielen Sprachen nach griechischen bzw. römischen Göttern benannt sind. Auch wenn der Himmel nicht direkt angebetet wird, verwenden die meisten Religionen astronomische Kalender. So sind zum Beispiel Lunisolarkalender – also Kalender, die sich sowohl am Zyklus des Mondes als auch am Sonnenjahr orientieren – erstaunlich weit verbreitet. Das wohl am weitesten verbreitete Fest, das auf diesem Kalendersystem beruht, ist das Fest zum Mond-Neujahr (im Westen oft als chinesisches Neujahrsfest bezeichnet, die Chinesen selbst nennen es Frühlingsfest), das in fast ganz Ostasien gefeiert wird. Der chinesische Lunisolarkalender existiert seit Jahrtausenden, und das Neujahrsfest findet in der Regel am zweiten Neumond nach der Wintersonnenwende statt (aus Gründen der Angleichung an das Sonnenjahr gelegentlich auch am dritten Neumond). Auch der jüdische Kalender ist ein Lunisolarkalender; hohe jüdische Feiertage richten sich größtenteils nach den Daten des Neumonds. So finden der jüdische Neujahrstag (Rosch ha-Schana) und das jüdische Frühlingsfest (Pessach) um den Neumond herum statt, der der Herbsttagundnachtgleiche

[2] Auf der Südhalbkugel ist es umgekehrt: Die Wintersonnenwende fällt auf den 21. Juni und die Sommersonnenwende auf den 21. Dezember.

bzw. der Frühlingstagundnachtgleiche am nächsten liegt (welche Wochentage dafür infrage kommen, unterliegt bestimmten Regeln). Ähnlich ist es beim christlichen Kalender: Ostern fällt immer auf den Sonntag nach dem ersten Frühlingsvollmond, und Weihnachten wird kurz nach der Wintersonnenwende gefeiert. Der islamische Kalender ist ein reiner Mondkalender, der sich noch immer an der Beobachtung des Mondes orientiert. Ein Monat beginnt jeweils bei Neulicht, wenn die Sichel des zunehmenden Mondes nach dem Neumond zum ersten Mal sichtbar ist. Das islamische Jahr ist deshalb 10–11 Tage kürzer als das Sonnenjahr, sodass sich der Fastenmonat Ramadan im gregorianischen Kalender langsam und in jedem Jahr aufs Neue gegenläufig zum Lauf der Jahreszeiten verschiebt.

In vielen Regionen entwickelte sich darüber hinaus der Glaube, dass die Bewegungen der Himmelsobjekte einen direkten Einfluss auf das menschliche Leben haben und ihre Beobachtung die Vorhersage der Zukunft ermöglicht (Astrologie). Tatsächlich gibt es eindeutige Beweise dafür, dass zumindest einige Himmelsobjekte das Leben auf der Erde beeinflussen. Die Jahreszeiten basieren auf der zyklischen Bewegung der Erde um die Sonne, die Gravitation des Mondes verursacht die Gezeiten, und Pflanzen richten sich nach dem

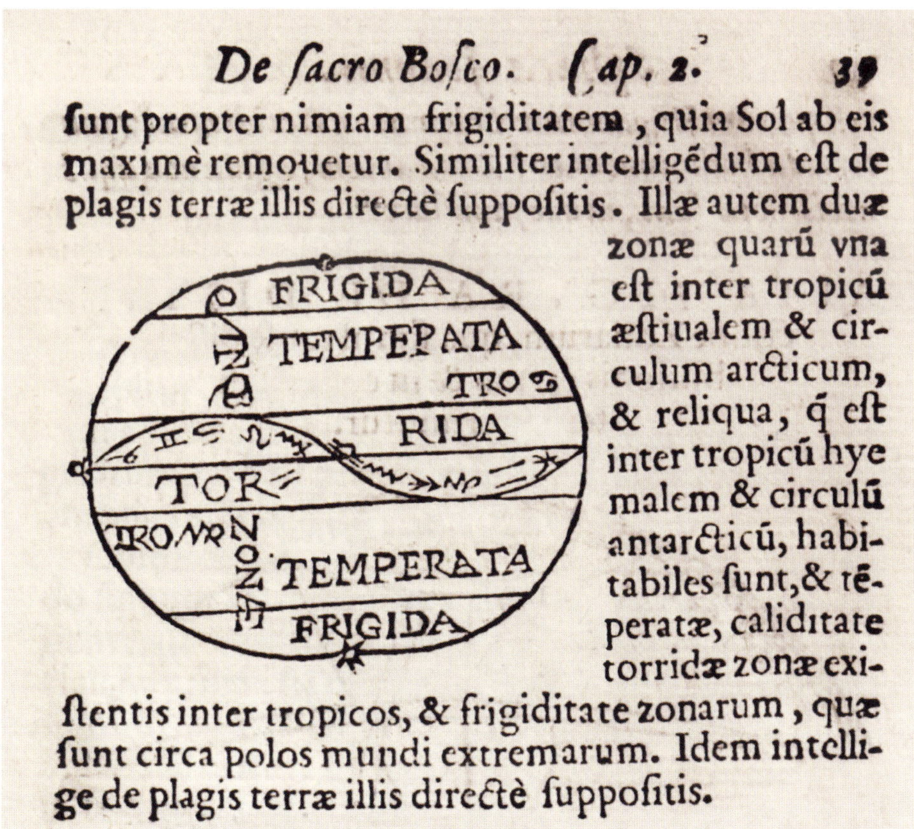
De ſacro Boſco. Cap. 2. 39

ſunt propter nimiam frigiditatem, quia Sol ab eis maximè remouetur. Similiter intelligẽdum eſt de plagis terræ illis directè ſuppoſitis. Illæ autem duæ zonæ quarũ vna eſt inter tropicũ æſtiualem & circulum arcticum, & reliqua, q̃ eſt inter tropicũ hyemalem & circulũ antarcticũ, habitabiles ſunt, & tẽperatæ, caliditate torridæ zonæ exiſtentis inter tropicos, & frigiditate zonarum, quæ ſunt circa polos mundi extremarum. Idem intellige de plagis terræ illis directè ſuppoſitis.

GEGENÜBERLIEGENDE SEITE UND UNTEN

Damals und heute

Dank spektakulärer Bilder hochmoderner Teleskope wird die Astronomie zu einem Teil unserer Alltagskultur. Eines dieser Bilder ist dieses farbenfrohe Foto von den «Säulen der Schöpfung», einer Art galaktischen Geburtsklinik für Sterne, aufgenommen vom James-Webb-Weltraumteleskop. Die Bilder der NASA sind gemeinfrei und wurden schon auf alle möglichen Gegenstände gedruckt, von Ohrringen und Kleidungsstücken bis hin zu Telefonhüllen und Kissen.

Eine Illustration aus Sacroboscos Buch *Compendium in sphaeram* (siehe Kap. 2), die den Zusammenhang zwischen dem Klima auf der Erde und dem Lauf der Sonne zeigt. Die Sternbilder der Tierkreiszeichen sind in der Äquatorialregion entlang einer Kurvenlinie eingezeichnet, die den Verlauf des Sonnenzenits während eines Jahres darstellt.

RECHTS UND GEGENÜBER-LIEGENDE SEITE

Kultur und Beobachtung

Mond-Neujahrsfest in New York im Februar 2023. Das Datum des Mond-Neujahrs (oder chinesischen Neujahrs) richtet sich nach dem Zyklus des Mondes.

Die Milchstraße, vom Olymp aus gesehen. Nachtaufnahme mit Langzeitbelichtung, entstanden in der Nähe der Berghütte Petrostrouga in Griechenland. Heute leben nur noch wenige Menschen an Orten ohne Lichtverschmutzung, an denen es nachts dunkel genug ist, um diesen schönen Anblick zu genießen.

Licht und damit nach der jahreszeitlichen und täglichen Drehung bzw. Position der Erde zur Sonne. Über Hunderte, wenn nicht Tausende von Jahren wurde die im historischen Mesopotamien entwickelte Astrologie («Lehre von den Sternen») nicht von der Astronomie («Ordnung der Sterne») unterschieden.[1] Anders als moderne Astronominnen und Astronomen haben viele historisch bedeutende Himmelsforscher – Galilei, Kepler, ja sogar Newton –, denen Sie in diesem Buch noch begegnen werden, noch Horoskope erstellt. Führt man sich vor Augen, wie beliebt entsprechende Handy-Apps sind, scheint die Astrologie heute genauso verbreitet zu sein wie zu der Zeit, als jeder Königshof einen Astrologen oder (möglich, aber nicht bekannt) eine Astrologin beschäftigte. Außerdem trugen das Interesse und der Glaube an die Astrologie im Lauf der Geschichte viel zur Gewinnung astronomischer Erkenntnisse bei. Die moderne Astrologie ist nicht ernst zu nehmen, hat die Wissenschaft doch längst nachgewiesen, dass die Planetenbewegungen keinen Einfluss auf das menschliche Leben haben. Dennoch wissen die meisten Menschen immer noch etwas über ihr astrologisches «Sternzeichen». Die 12 «Tierkreiszeichen» (Widder, Stier, Zwillinge, Krebs, Löwe, Jungfrau, Waage, Skorpion, Schütze, Steinbock, Wassermann und Fische) bilden am Himmel einen fast vollständigen Kreis. Das astrologische Sternzeichen ergibt sich aus der Sternzeichenposition der Sonne zum Zeitpunkt der Geburt eines Menschen. Astronomisch gesehen existiert jedoch kein Zusammenhang mehr zwischen dem (ursprünglich angenommenen) Sonnenlauf und den Sternbildern – durch die Präzession der Erdachse haben sich die Tierkreiszeichen gewissermaßen «verschoben». Ähnlich wie bei einem torkelnden Kreisel vollzieht die Erdachse eine Richtungsänderung und präzediert – im Laufe von etwa 26 000 Jahren – um eine senkrechte Raumachse. Im Januar Geborene gehören meist dem Sternzeichen

Steinbock an, doch im 21. Jahrhundert steht die Sonne den größten Teil des Januars im Zeichen des Schützen. Um die Sache noch komplizierter zu machen, fügte die moderne Astronomie der Sonnenbahn ein 13. Sternbild hinzu – den Schlangenträger (Ophiuchus). Auch entdeckt sie immer wieder neue Kleinplaneten.

In diesem Kapitel geht es um astronomische Zeugnisse aus der ganzen Welt. Sie zeigen, wie stark die Astronomie alle Kulturen weltweit beeinflusst hat. Viele Astronominnen und Astronomen fürchten heute, dass dieses kulturelle Erbe verloren geht, weil das Geschehen am Himmel für immer mehr Menschen kaum noch sichtbar ist. Menschen neigen dazu, Angst vor der Dunkelheit zu haben, und die Erhellung der Nacht durch künstliche Beleuchtung, insbesondere mit billigen, energieeffizienten blauen LEDs, verschärft das Problem der Lichtverschmutzung. Selbst im Umland von Städten ist der Nachthimmel dermaßen aufgehellt, dass schwächere Sterne nicht mehr sichtbar sind. Die allermeisten von uns erleben nachts keinen wirklich dunklen Himmel mehr. Und selbst an dunklen Orten sorgen immer mehr Satelliten dafür, dass es am Himmel immer heller wird. Als ich diesen Text geschrieben habe, befanden sich über 7000 aktive Satelliten im Weltraum, und jedes Jahr werden es mehr. Alte Bücher sind daher wertvolle Momentaufnahmen; sie zeugen von der großen Faszination, die der Himmel auf uns Menschen ausübt.

[1] Meiner Erfahrung nach werden Astrologie und Astronomie auch heute noch häufig verwechselt – wie oft wurde ich schon als «Astrologin» vorgestellt!

1. Astronomie im Nahen Osten/islamische Astronomie

Das Goldene Zeitalter des Islam reicht vom 8. bis etwa zum 14. Jahrhundert. In dieser Zeit erlebten Wissenschaften, Kultur und Wirtschaft der islamischen Welt eine Blüte. Bildung genoss einen hohen Stellenwert. Geografisch gesehen erstreckten sich die vom Islam beherrschten Gebiete von der heutigen Westgrenze Indiens westwärts über den Nahen Osten und Nordafrika bis zum Atlantik und von der Iberischen Halbinsel im Norden bis über die Arabische Halbinsel im Süden. Zwei Drittel des heutigen Spanien standen unter islamischer Herrschaft. Im ersten Kapitel (Sternatlanten) ging es bereits um aṣ-Ṣūfīs *Buch der Fixsterne,* nun stellen wir Ihnen einige weitere Werke aus dieser Zeit vor.

Kašf al-ġummah fi nafa al-ummah

Eine bedeutende Quelle unseres heutigen Wissens über die historische islamische Welt sind die Timbuktu-Handschriften. In Timbuktu, einer Oasenstadt im heutigen Mali, die seinerzeit mehr oder weniger am westlichen Ende der islamischen Welt lag, kreuzten sich wichtige Handelsrouten durch die Sahara. Dort wurden Tausende von Manuskripten gesammelt, die entweder auf dem Wissen einheimischer afrikanischer Gelehrter beruhten oder aus der gesamten arabischen Welt eingeführt wurden. Jahrhundertelang lagerten sie sicher in Bibliotheken und Privathaushalten, doch seit einigen Jahren bemüht man sich sehr um ihre Digitalisierung und versucht sie aus Timbuktu herauszuschmuggeln, um sie vor dem Zugriff der dschihadistischen Milizen zu schützen.

RECHTS UND GEGENÜBERLIEGENDE SEITE

Kašf al-ġummah fi nafa al-ummah

Geschrieben von an-Nāṣir ad-Dīn Abū al-ʿAbbās Aḥmad ibn al-Ḥaǧǧ al-Amin at-Tawaṯi al-Ġalawi und erstmals um 1000 n. Chr. in Timbuktu, Mali, veröffentlicht.

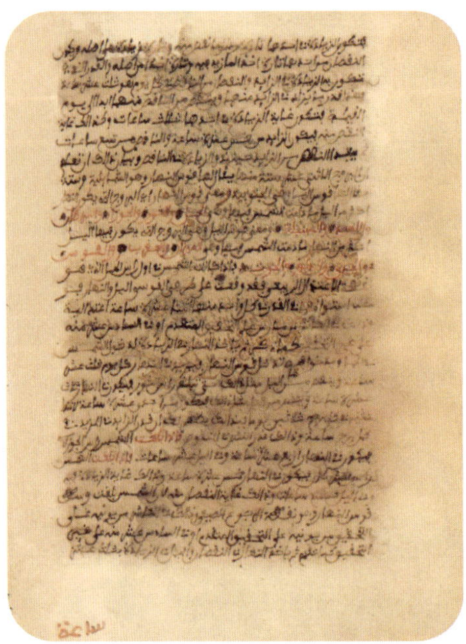

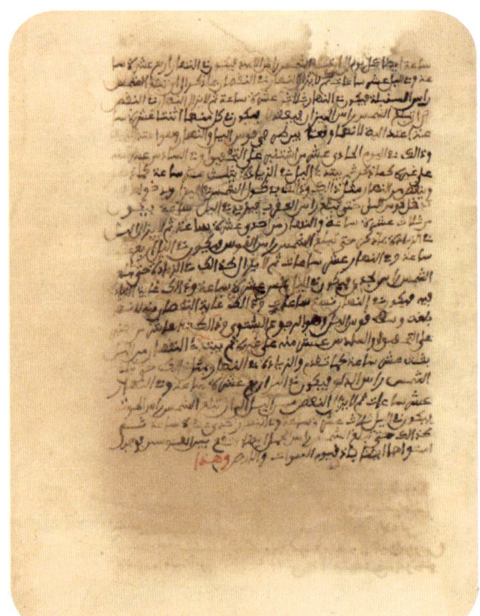

Eines dieser Manuskripte ist das *Kašf al-ġummah fi nafa al-ummah* (Die wichtigen Sterne unter der Vielzahl der Himmel). Es scheint um 1000 n. Chr. als eine Art Lehrbuch für Astronomie geschrieben worden zu sein: Die Leserschaft sollte die Bewegungen der Sterne verstehen lernen, vermutlich, um Daten für den Wandel der Jahreszeiten zu berechnen und Horoskope zu erstellen. Das Buch enthält eine einzige Abbildung von einem in Viertel unterteilten Kreis, der wahrscheinlich die vier Jahreszeiten oder Himmelsrichtungen darstellen soll, und weist den Ja'ar (vermutlich den Schüler) an, den Blick nach «Dukur» (Mekka) zu richten, um die Grafik nach Norden auszurichten.

UNTEN UND GEGENÜBERLIEGENDE SEITE

Kitāb 'Aǧā'ib al-maḫlūqāt wa-ġarā'ib al-mawǧūdāt

Das von al-Qazwīnī (1203–1283) in arabischer Sprache verfasste Buch *Kitāb 'Aǧā'ib al-maḫlūqāt wa-ġarā'ib al-mawǧūdāt* – oft einfach *Die Wunder der Schöpfung* genannt – wurde auch ins Persische und Türkische übersetzt. Hier abgebildet sind (von links nach rechts) die Mondphasen, das geozentrische Modell des Universums und einige beispielhafte Sternbilder.

Kitāb 'Aǧā'ib al-maḫlūqāt wa-ġarā'ib al-mawǧūdāt

Als Abhandlung über die «Wunder der Schöpfung und die Merkwürdigkeiten der existierenden Dinge» berichtet die im 13. Jahrhundert entstandene Kosmografie *Kitāb 'Aǧā'ib al-maḫlūqāt wa-ġarā'ib al-mawǧūdāt* (meist einfach *Die Wunder der Schöpfung* genannt) unter anderem über die damalige Astronomie. Der Verfasser, Abū Yahyā Zakariyā' ibn Muḥammad al-Qazwīnī, war sehr gebildet und arbeitete viele Jahre lang als Richter in Persien und Bagdad, bevor er sein umfassendes Wissen in den verschiedensten Disziplinen in zwei Bücher goss: in *Die Wunder der Schöpfung* und in ein geografisch-historisches Lexikon. Ersteres ist besonders bemerkenswert, da es den Versuch darstellt, das gesamte Wissen über den Himmel (Astronomie) und die Erde (Tiere, Planeten, Wetter) zusammenzutragen und zusammenzufassen.

Wie damals üblich, wurden astronomische und religiöse (oder astrologische) Inhalte miteinander vermengt. Der erste Abschnitt des Buches enthält die Schöpfungsgeschichte, eine Erörterung über Engel und Vergleiche zwischen islamischen und römischen Kalendern auf der einen und dem persischen Kalender auf der anderen Seite. Al-Qazwīnīs Modell des Universums ähnelt dem des Ptolemäus: Die Erde steht im Zentrum und wird von Planeten, dem Mond, der Sonne und den Fixsternen umkreist. Kunstvolle Illustrationen, die Sternbilder zeigen, ergänzen den Text.

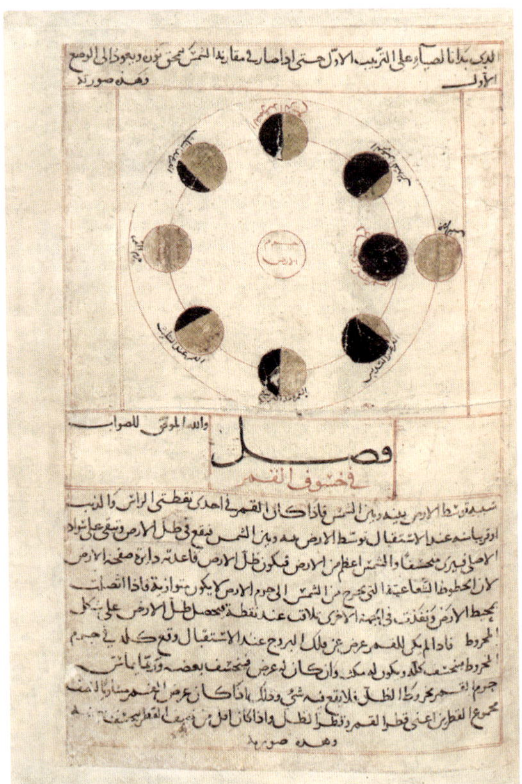

Al-Qabīsīs Abhandlung über die Prinzipien der judiziarischen Aſtronomie

Abū ṣ-Ṣaqr ʾAbd al-ʿAzīz ibn ʾUṯmān al-Qabīsī (latinisiert Alkabitius) war ein berühmter islamischer Astrologe, Astronom und Mathematiker, der im 10. Jahrhundert während der Blütezeit des Islam in Aleppo (heute Syrien) lebte.

In seiner Abhandlung zur «judiziarischen Astronomie» geht es eigentlich um Astrologie, doch damals wurde nicht zwischen Astronomie und Astrologie unterschieden. Das Buch war so beliebt, dass es häufig kopiert wurde, und noch heute gibt es Dutzende von Exemplaren in arabischer Sprache und Hunderte von lateinischen Übersetzungen. Den Begriff «judiziarische» oder «urteilende Astronomie» verwendete man im Mittelalter für jenen Bereich der Astrologie, der sich mit der Vorhersage menschlichen Verhaltens befasste. Die katholische Kirche verurteilte diese Praxis später als Häresie. Im Gegensatz dazu stand die «natürliche Astrologie», die sich zum Beispiel mit der Vorhersage des Wetters und von Krankheiten beschäftigte und als einigermaßen wissenschaftlich galt.

Die hier abgebildeten Seiten entstammen einer lateinischen Ausgabe, die von dem Astronomen Johannes Danck de Saxonia kommentiert und um 1519 in Lyon veröffentlicht wurde. Von Sachsen lebte zwischen dem 13. und 14. Jahrhundert überwiegend in Paris und widmete einen großen Teil seiner Laufbahn der Übersetzung und Erläuterung von Werken zur antiken und islamischen Astronomie. So übersetzte er zum Beispiel auch den *Almageſt* des Ptolemäus (siehe Kap. 4).

Alkabitius Astronomie iudiciarie principia tractãs cũ Joannis saxonij cõmẽtario ordine textus nuperrime disticto. Additis annotatiõibus et in margine ⁊ in textu atq; glossa per magistrum Petrũ turrellum Astrophiluz diuioñ. gymnasij rectorem: cum tractatulo de cognoscendis infirmitatibus apprime Medicis necessario e multis authorib⁹ per eũdez extracto. sine quo revera sepi⁹ q̃ nauta sine remo medicus hebet omis: quo habito urinã videre nõ opus est.

Eiusdem rectoris distichon.
Que pater omnipotens nitidis signauerit astris:
Author in hoc paruo codice noster habet.

RECHTS UND GEGENÜBERLIEGENDE SEITE

Judiziarische Astronomie

Diese Ausgabe von al-Qabīsīs *Abhandlung über die Prinzipien der judiziarischen Astronomie* wird Johannes Danck de Saxonia (Wirkungszeit 1327–1355) zugeschrieben und wurde um 1519 in Frankreich veröffentlicht.

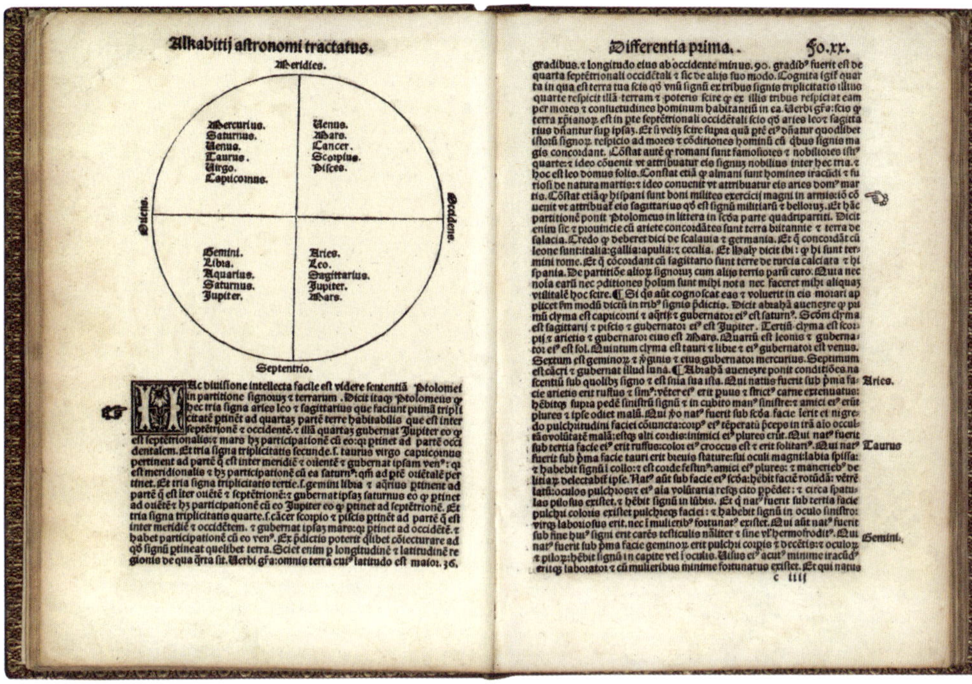

Alkabitij astronomi tractatus.
Meridies.
Mercurius.
Saturnus.
Venus.
Taurus.
Virgo.
Capricornus.
Venus.
Mars.
Cancer.
Scorpius.
Pisces.
Oriens.
Occidens.
Gemini.
Libra.
Aquarius.
Saturnus.
Jupiter.
Aries.
Leo.
Sagittarius.
Jupiter.
Mars.
Septentrio.
Differentia prima.
Fo.xx.
Aries.
Taurus
Gemini.

Alkabitij astronomi tractatus.
Circu. artic.
Circu. cācri.
Equinoctialis.
Circul. capcorni.
Circu. ātartic.
Differentia prima.
Fo.vij.
Diuisio.
Subdiuisio.

2. Indische Astronomie

Die Blütezeit der indischen Astronomie begann möglicherweise schon um 1500 v. Chr. und erreichte ihren Höhepunkt zwischen dem 14. und 16. Jahrhundert, als die Schule für Astronomie und Mathematik in Kerala florierte. Die geografische Lage Indiens ermöglichte Kontakte zu Gelehrten aus Griechenland, China und der islamischen Welt, doch die indische Astronomie entwickelte sich in Teilen auch unabhängig. Sie leistete bedeutende Beiträge zur Weiterentwicklung der sphärischen Trigonometrie und zur Erarbeitung eines einzigartigen hinduistischen Kalenders, der auf einem geozentrischen Modell des Universums basiert.

Vedanga jyotisha

Das *Vedanga jyotisha* gehört zu den frühesten Texten der indischen Astrologie und ist vielleicht sogar der älteste. Forschende gehen davon aus, dass er irgendwann zwischen 1200 und 1400 v. Chr. veröffentlicht wurde. Es handelt sich um einen Grundlagentext zur indischen Astrologie und Zeitmessung (Jyotisha).

Zwei Exemplare des Werks sind bis heute erhalten. Sie unterscheiden sich in Details, setzen sich aber beide mit der Frage auseinander, wie man die Bewegung astronomischer Objekte (Sonne, Mond und Planeten) für die Zeitmessung nutzen und wie man mithilfe der Trigonometrie und anderer mathematischer Methoden die Bewegung der Planeten anhand ihrer Bahnen vorhersagen kann. Das *Vedanga jyotisha* gibt für den längsten im Text erwähnten astronomischen Zyklus eine Dauer von bis zu 4,32 Mrd. Jahren an. Dieser Zeitraum kam heutigen Erkenntnissen zum Alter des Universums (etwa 14 Mrd. Jahre) sehr viel näher als alle anderen zeitgenössischen Berechnungen.

LINKS UND RECHTS

Indische Astronomie

Eines der beeindruckenden astronomischen Instrumente des im 18. Jh. errichteten Jantar-Mantar-Observatoriums in Jaipur.

Ein farbenfroher Hindu-Kalender aus der Library of Congress in Washington D.C.

Aryabhatiya

Dieses von dem indischen Mathematiker Aryabhata (476–550 n. Chr.) verfasste Buch wurde irgendwann im 5. Jahrhundert in Indien veröffentlicht. Es propagiert ein geozentrisches Modell des Sonnensystems und enthält detaillierte Berechnungen zur Bewegung der Planeten. Laut Aryabhata ist die Rotation der Erde der Grund für den täglichen Lauf der Sterne. Das Leuchten des Mondes und der Planeten führte er auf reflektiertes Sonnenlicht zurück, und er erklärte, dass Mond- und Sonnenfinsternisse auf Schatten beruhten, die entweder von der Erde geworfen werden oder auf sie fallen. Auch berechnete er die Länge des siderischen Tages und Jahres sehr genau.

Tantrasamgraha

Das um 1501 veröffentlichte *Tantrasamgraha* (wörtlich «Zusammenstellung des Systems») ist ein für die damalige Zeit hochmodernes Werk zur hinduistischen Astronomie der Schule von Kerala. Mehrere, meist auf Palmblätter in Malayalam-Schrift geschriebene Kopien des Manuskripts haben bis in die Neuzeit überdauert.

Der Autor, Nilakantha Somayaji (1444–1545), war ein indischer Astronom und Mathematiker. Das *Tantrasamgraha* machte ihn berühmt. Das Buch zeugt nicht nur von den astronomischen, sondern auch von den herausragenden mathematischen Kenntnissen des Verfassers, da es Reihenentwicklungen für trigonometrische Funktionen beschreibt, die heute alle fortgeschrittenen Studierenden der Mathematik kennen. Für Fortschritte in der Astronomie (siehe Kap. 4), die sich naturgemäß mit den komplexen Aspekten der sphärischen Trigonometrie (Winkel und Abstände auf Kugeln) befasst, sind solch herausragende Kenntnisse unerlässlich. Somayaji nutzte sein Wissen, um vorhandene Modelle für die Bewegung der Planeten Merkur und Venus zu verfeinern. Sein Ausgangspunkt war ein hybrides geozentrisches Modell, demgemäß alle bekannten Planeten (außer der Erde) die Sonne umkreisen, die wiederum um die Erde kreist.

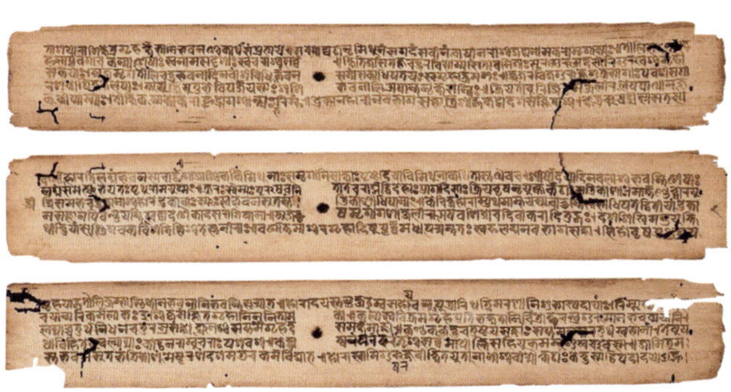

OBEN UND UNTEN

Indische Astronomie

Eine Statue des berühmten indischen Mathematikers Aryabhata.

Seiten aus dem *Brihajjataka*, einem Werk des indischen Astrologen Varâhamihira. Sie stammen aus einer um 1399 angefertigten Kopie.

3. Mesoamerikanische Astronomie

Mesoamerika ist ein historisch bedeutendes Kulturgebiet, das sich über den südlichen Teil Nordamerikas und einen Großteil Mittelamerikas erstreckt. Die dort ansässigen präkolumbischen Völker pflegten komplexe kulturelle und religiöse Praktiken, und ihre Zivilisationen überdauerten teilweise Jahrtausende. Sie entwickelten wissenschaftliche Theorien und bauten große Städte. Durch die spanische Kolonisierung, die Ende des 15. Jahrhunderts begann und sich im 16. Jahrhundert intensivierte, kamen schätzungsweise 80 Prozent der einheimischen Bevölkerung um, hauptsächlich durch die Verbreitung von Infektionskrankheiten, aber auch infolge von Zwangsarbeit, Sklaverei, Umsiedlung und militärische Gewalt. Ich habe zwei Bücher ausgewählt, die das astronomische Wissen der mesoamerikanischen Völker repräsentieren: ein Buch der Maya und eines der Nahua.

RECHTS

El Caracol

Das Observatorium von Chichén Itzá, einer ehemaligen Maya-Stadt, deren Reste im heutigen Mexiko zu finden sind. Es wurde um 906 n. Chr. erbaut.

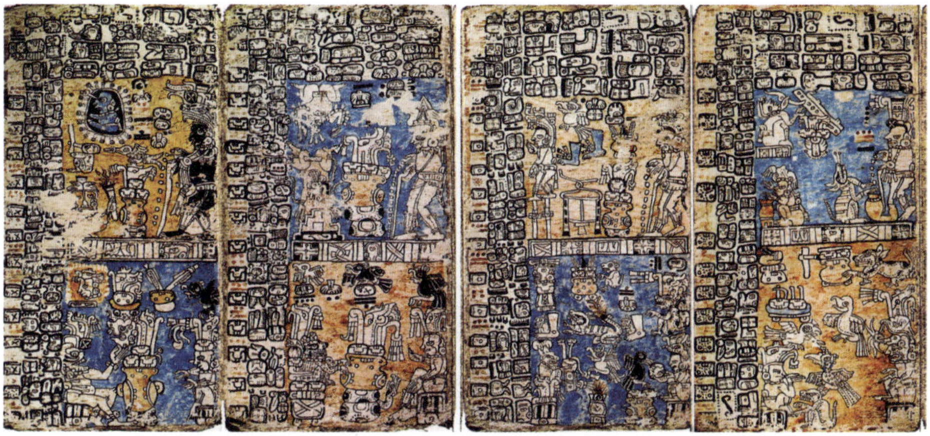

LINKS

Madrider Kodex

Viele in diesem Teil der Welt verfasste Texte wurden während und nach der Kolonialzeit nach Europa gebracht. Der *Madrider Kodex* oder *Codex Tro-Cortesianus* ist ein Maya-Buch aus präkolumbischer Zeit.

Dresdner Kodex

In der Welt der Astronomie sind die Maya berühmt. Sie leben in einem Gebiet, das sich über den Südosten Mexikos, Belize, Guatemala und die westlichen Teile von Honduras und El Salvador erstreckt. Die astronomischen Kenntnisse der frühen Maya-Zivilisation waren herausragend. Ihre Gelehrten entwickelten einen Kalender, fertigten Aufzeichnungen zu den Bewegungen der Planeten an und sagten Sonnen- und Mondfinsternisse voraus.

Die Bücher der präkolumbischen Maya werden Kodizes (Plural für Kodex) genannt. Sie bestehen aus Rindenbastpapier (Huun-Papier) und wurden wie Leporellos gefaltet. Als die spanischen Kolonialtruppen im 16. Jahrhundert Mesoamerika eroberten, wurden unzählige dieser Kodizes verbrannt, sodass unfassbar viel Wissen verloren ging. Nur vier Kodizes überlebten diese Zeit und gerieten über die Jahrhunderte in Vergessenheit. Sie wurden nach den Orten ihrer späteren Wiederentdeckung benannt: Dresden, Madrid, Paris und Grolier. Ihre Herkunft geht also nicht einmal aus ihren Titeln hervor. Alle vier erhaltenen Kodizes enthalten astronomische Daten, wobei der Dresdner Kodex im Allgemeinen als der wichtigste gilt. Bis vor Kurzem hielt man ihn außerdem für das älteste erhaltene Buch des amerikanischen Kontinents, doch inzwischen glaubt man, dass der *Grolier-Kodex*, der heute *Mexico Maya Codex* genannt wird, älter sein könnte.

Wann genau er entstanden ist, ist nicht bekannt. Unter Expertinnen und Experten gehen die Meinungen auseinander, aber es wird vermutet, dass er zwischen dem 12. und 14. Jahrhundert in oder in der Nähe von Chichén Itzá geschrieben wurde, einer Maya-Stadt auf der Halbinsel Yucatán, zu der auch ein heute berühmtes Observatorium gehörte. Womöglich wurde der Kodex 1519 von den spanischen Kolonialtruppen zusammen mit anderen Gegenständen der Maya-Kultur als Geschenk für Kaiser Karl V. nach Europa geschickt. Warum er, anders als viele andere Maya-Kodizes, nicht zerstört wurde, bleibt ein Rätsel. 1739 erwarb ein Dresdner Bibliothekar den Kodex von einem Privatmann. Seither befindet er sich in Dresden. Im Zweiten Weltkrieg wurde er bei der Bombardierung der Stadt schwer beschädigt.

Der Kodex enthält eine Reihe astronomischer Tabellen, die die Bewegungen von Venus und Mond beschreiben, und sagt die Daten künftiger Sonnenfinsternisse voraus. Maya-Ziffern wurden mit Folgen von Punkten und Balken zur Basis 5 angegeben (ein Balken entsprach der Zahl 5, zwei Balken der Zahl 10 usw.). Ein Großteil des *Dresdner Kodex* besteht aus Zahlentabellen, die von schönen Illustrationen und Hieroglyphen unterbrochen sind.

Die Lange Zählung des Maya-Kalenders ist unter modernen Astronominnen und Astronomen ziemlich berüchtigt, zum Teil deshalb, weil sie indirekt für die Vorhersagung des Weltuntergangs am 21. Dezember 2012 verantwortlich gemacht wurde. Dieses Datum markierte das Ende des 13. *bak'tun* und damit das Ende eines langen Zyklus. Im Vorfeld des Geschehens wurde das Internet mit Informationen über den mutmaßlich bevorstehenden Untergang der Welt geflutet, vor allem weil das genannte Datum mit der Wintersonnenwende und einer angeblichen Ausrichtung der Sonne auf das Galaktische Zentrum zusammenfiel. Es gibt jedoch keinerlei Beweise dafür, dass die Maya selbst mit dem Weltuntergang rechneten, und es war wahrscheinlich nur ein Zufall, dass das Datum mit der Wintersonnenwende zusammenfiel.

GEGENÜBERLIEGENDE SEITE: LINKS UND RECHTS

Dresdner Kodex

Teil der Sonnenfinsternis-Tabellen. Man sieht, wie die Schlange den «Tag» frisst.

Ausschnitt einer Tabelle, die festhält, wie viele Tage zwischen dem Erscheinen der Venus als Morgenstern, ihrem Verschwinden hinter der Sonne, ihrem Erscheinen als Abendstern und ihrem erneuten Verschwinden hinter der Sonne vergehen. Die Punkte und Balken der Maya-Ziffern sind etwas undeutlich, aber sie summieren sich zu 584 Tagen, was dem mit modernen Mitteln berechneten Venus-Zyklus (583,92 Tage) sehr nahekommt. Er bemisst sich danach, wie lange die Venus braucht, um die Erde auf ihrer Umlaufbahn um die Sonne zu überholen (es ist die Zeitdauer zwischen zwei «unteren Konjunktionen» der Venus, d. h., wenn sie zwischen Erde und Sonne vorbeizieht).

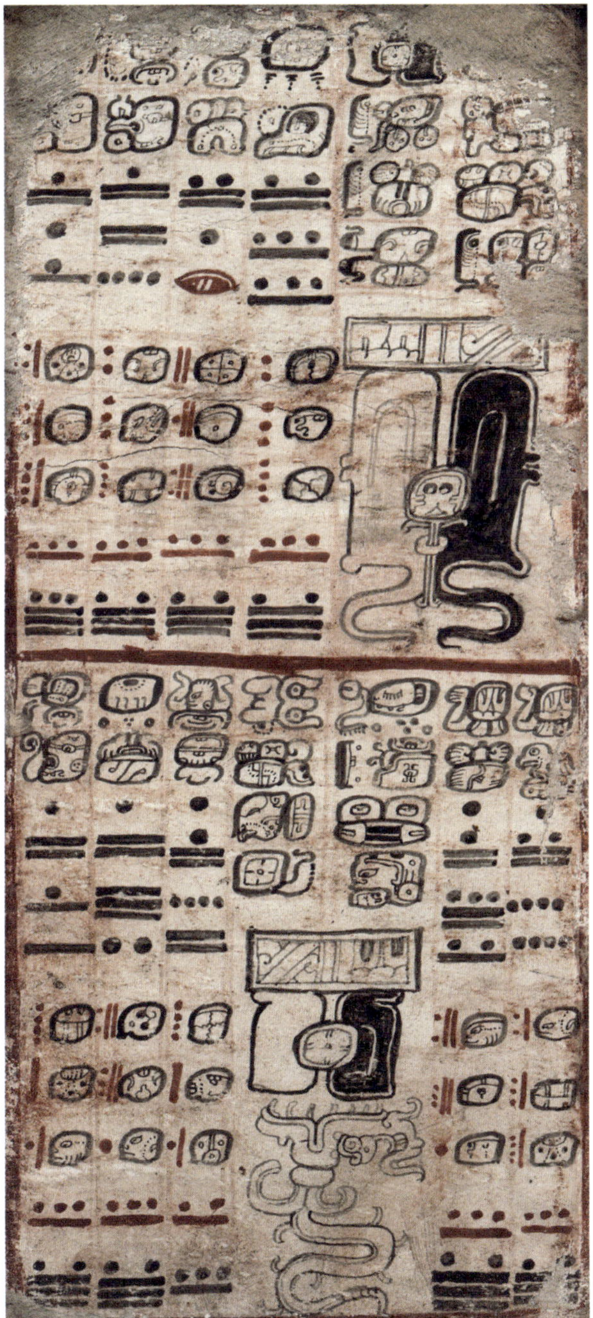

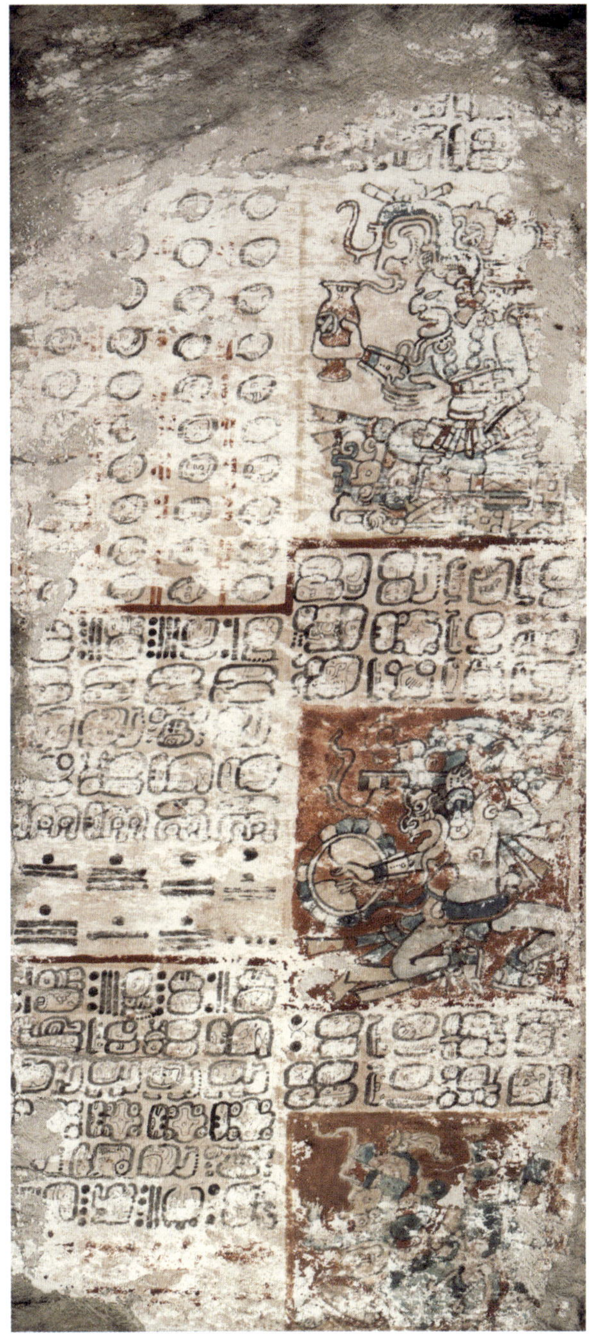

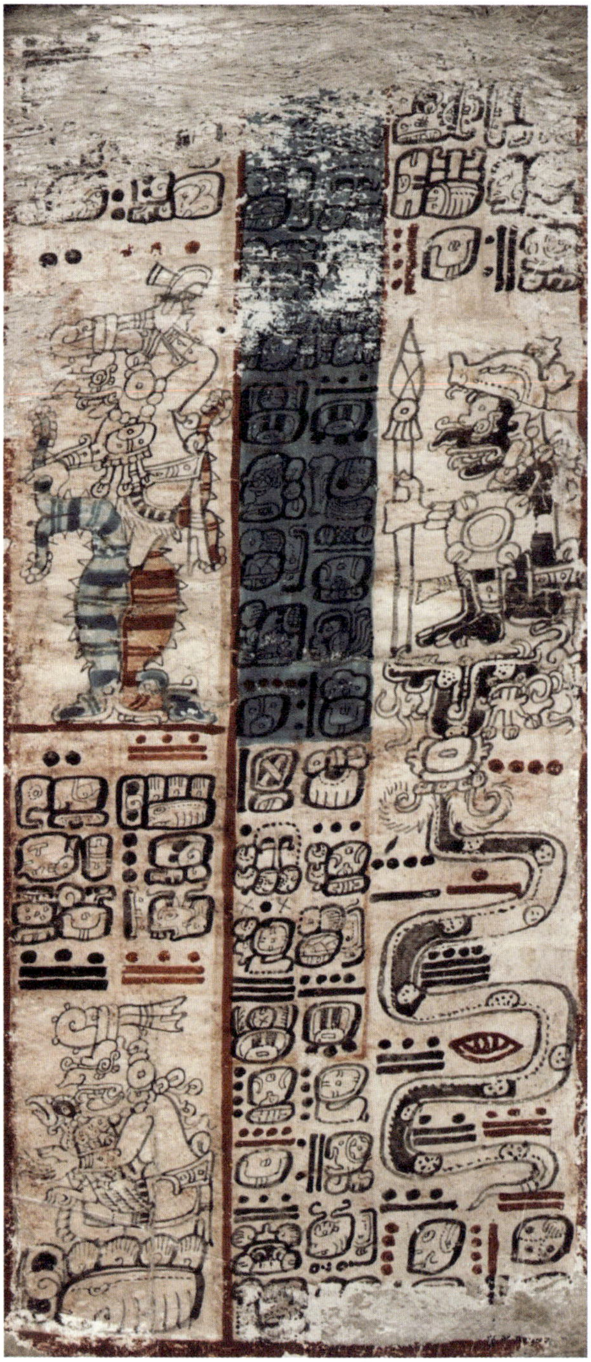

GEGENÜBERLIEGENDE SEITE UND UNTEN

Dresdner Kodex

Der Kodex ist inhaltlich ebenso faszinierend wie informativ und zeugt von der hoch entwickelten Kultur der Maya.

Die Maya verehrten viele Gottheiten, doch Itzamná, der Sonnengott, zählte zu den wichtigsten. Von daher versteht es sich fast von selbst, dass sie versuchten, die Bewegung der Sonne zu verfolgen. Der *Dresdner Kodex* enthält Tabellen mit den Daten von Sonnenwenden und Tagundnachtgleichen, denen zufolge die Maya wussten, dass das Jahr in Wirklichkeit länger war als ihr traditionelles Sonnenjahr *(Haab')*. Außer für astrologische Zwecke waren Tabellen zum Lauf der Jahreszeiten auch für die Landwirtschaft von Nutzen.

Wie viele Kulturen maßen die Maya Sonnenfinsternissen (wenn der Mond zwischen Sonne und Erde steht) – die sie vorhersagen konnten – große Bedeutung zu, denn sie galten als gefährliche Ereignisse, die Katastrophen nach sich ziehen konnten. Im *Dresdner Kodex* wird dieser Umstand durch eine Schlange dargestellt, die die Hieroglyphe für «Tag» frisst (siehe S. 123). Zudem enthält der Kodex sehr genaue Berechnungen für Mondfinsternisse (wenn die Erde zwischen Sonne und Mond steht).

In der Maya-Astronomie war die Venus (*Noh Ek'* oder «der große Stern») das zweitwichtigste Objekt am Himmel. Anders als viele frühe Sternkundige, die den «Abendstern» und den «Morgenstern» oft für zwei unterschiedliche Objekte hielten, erkannten die Maya, dass es sich hierbei um einen einzigen Planeten handelt, und hielten fest, dass zwischen seinem zyklischen Erscheinen als Abendstern und Morgenstern und seinem Verschwinden immer 584 Tage liegen (alle 584 Tage zieht die Venus zwischen Erde und Sonne vorbei, man bezeichnet dies als «untere Konjunktion»).

In weiteren Tabellen sind die Bewegungen von Merkur und Mars festgehalten, einschließlich der sogenannten Planetenschleifen des Mars (wenn der Mars sich in Relation zu den Fixsternen rückwärts durchs Weltall zu bewegen scheint). Der Kodex zeugt von einem so umfangreichen astronomischen Wissen der Maya, dass man sich kaum vorzustellen vermag, welchen Verlust die Zerstörung weiterer Schriftzeugnisse zur Astronomie in nachkolumbischer Zeit bedeutete.

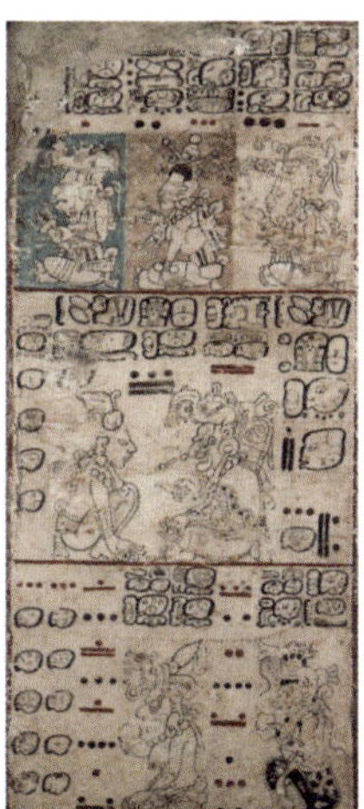
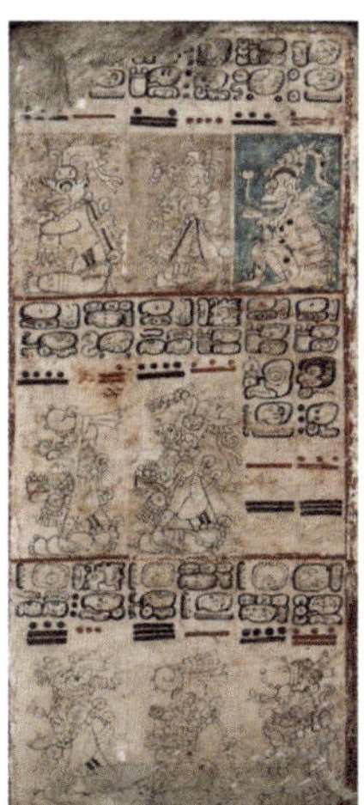

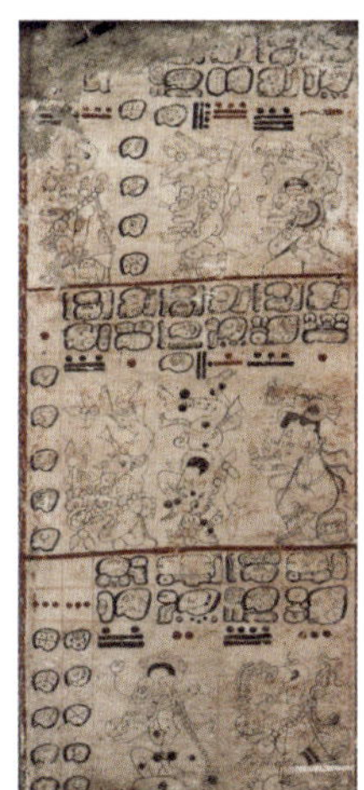

Historia general de las cosas de la Nueva España

Die Nahua sind eine indigene Volksgruppe, die in Mexiko, El Salvador, Guatemala, Honduras und Nicaragua lebt, zu ihnen gehörten auch die Azteken. Die *Historia general de las cosas de la Nueva España* (Allgemeine Geschichte über die Dinge Neuspaniens) ist ein umfangreiches Werk aus dem 16. Jahrhundert, das die Kultur der Nahua im Stil einer Enzyklopädie beschreibt.

Im Grunde war sie das Ergebnis eines ethnologischen Feldforschungsprojekts, das der Franziskanermönch und Missionar Bernardino de Sahagún (1499–1590) in Mesoamerika durchführte. Mit Anfang dreißig war er nach Südamerika aufgebrochen – und kehrte nie wieder in seine Heimat zurück. Über 60 Jahre lang lebte er in Neuspanien. Er sprach fließend Nahuatl, die Sprache der Nahua (und der Azteken).

Seine Reise war von den spanischen Kolonialtruppen finanziert worden. Um die Einheimischen zum Katholizismus zu bekehren, unterrichtete Sahagún an der ersten auf dem amerikanischen Kontinent gegründeten Hochschule in Tlatelolco, heute ein Stadtteil von Mexiko-Stadt. Später unternahm er ausgedehnte Reisen durch das Land und arbeitete mit einigen seiner ehemaligen Schüler zusammen, um die Lebensweise der lokalen Kulturen zu dokumentieren.

Die *Historia* enthält vielfältige Informationen über die Nahua-Völker jener Zeit, von der Beschreibung religiöser und ritueller Bräuche bis hin zur Darstellung wirtschaftlicher und landwirtschaftlicher Gepflogenheiten. Sie wurde sowohl auf Nahuatl als auch auf Spanisch verfasst – in lateinischer Schrift. Die Namen der indigenen Mitverfasser sind nicht überliefert. Sahagún überprüfte ihre Einträge und übersetzte sie dann ins Spanische.

UNTEN

Historia general …

Diese Seite aus Band 7 zeigt das Mondkaninchen.

Zu den Texten kommen über 2000 wunderschöne, von Indigenen, deren Namen ebenfalls verloren sind, angefertigte Illustrationen. Die vollständigste Ausgabe der *Historia* wurde im 18. Jahrhundert in Biblioteca Medicea Laurenziana Florenz wiederentdeckt, weshalb sie häufig auch als «Florentiner Kodex» bezeichnet wird. Der Name geht auf Wissenschaftler zurück, die das Werk im 19. Jahrhundert ins amerikanische Englisch übersetzten und den wahren Ursprung des Textes zu tilgen versuchten, ganz im Sinne der damaligen Wissenschaftstradition.

Zwei der insgesamt 12 Bände der *Historia* lassen Rückschlüsse auf das bedeutende astronomische Wissen und die Praktiken der Nahua im 16. Jahrhundert zu. Das ist einmal Band 4, in dem es hauptsächlich um Wahrsagerei geht, und zum anderen Band 7, der sich ausschließlich mit Astronomie beschäftigt und über die Schöpfungsgeschichten und die Zeitrechnung der Nahua Auskunft gibt.

Band 7 enthält unter anderem eine Legende über die Erschaffung der fünften Sonne – nachdem die Welt bereits vier Zyklen von Schöpfung und Zerstörung durchlaufen hatte. Diese Geschichte erklärt auch, warum die Nahua glaubten, bei Vollmond die Umrisse eines Kaninchens auf der Mondscheibe zu sehen. Wir wissen heute, dass Strukturen wie diese durch die Geländebeschaffenheit beziehungsweise von der Sonne beschienene Höhen und verschattete Täler verursacht werden,

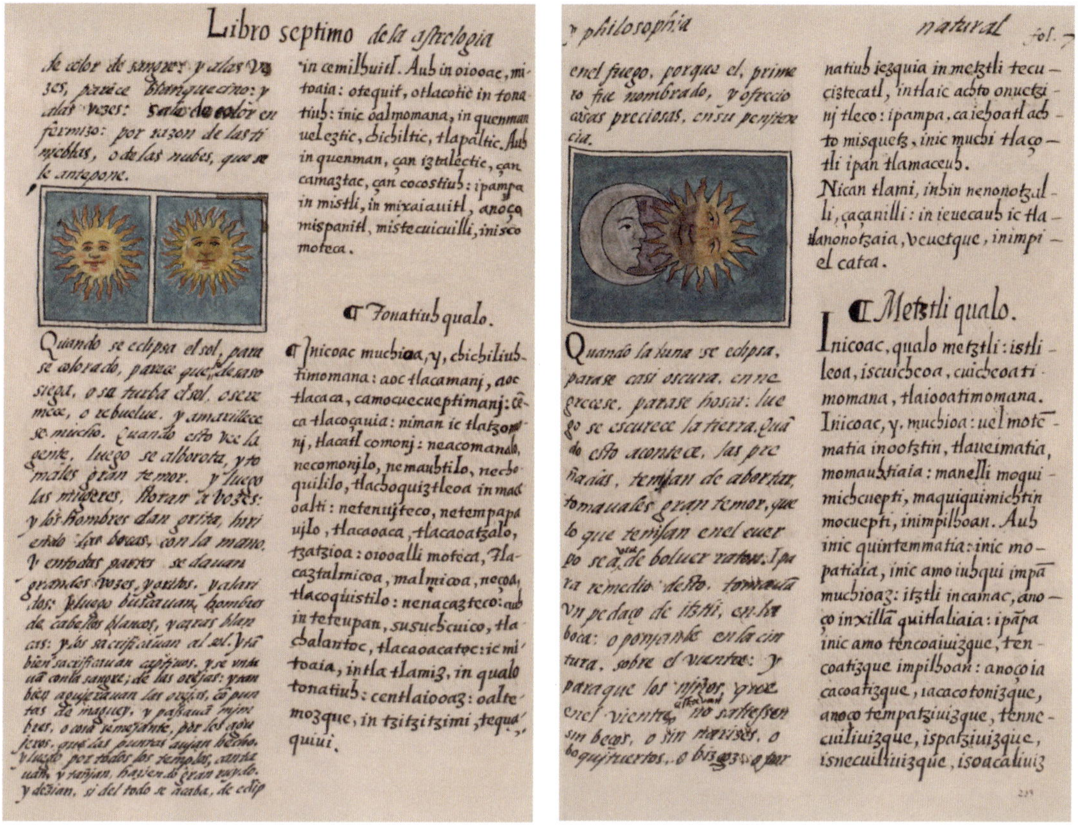
Libro septimo de la astrologia y philosophia natural fol. 7

Tonatiuh qualo.

Metztli qualo.

doch überall auf der Welt gibt es dazu Mythen mit kulturspezifischen Erklärungsansätzen. Die Geschichte der Nahua beginnt damit, dass die Götter überlegten, wer von ihnen die fünfte Sonne werden solle. Sie entschieden sich für Tecciztecatl, der reich und stark war, und lehnten den armen und kranken Nanahuatzin ab. Um zur Sonne zu werden, musste Tecciztecatl sich opfern, indem er in ein Feuer sprang. Als die Zeit gekommen war, war er zu ängstlich, um den Sprung zu wagen, aber Nanahuatzin stürzte sich bereitwillig ins Feuer. Tecciztecatl folgte ihm voller Scham. Daraufhin erschienen eine Zeit lang zwei Sonnen am Himmel. Doch die meisten Götter waren entweder von Tecciztecatls Feigheit angewidert oder fanden, dass zwei Sonnen am Himmel zu viel seien. Sie warfen der zweiten Sonne ein Kaninchen ins Gesicht, und diese wurde dann zum Mond.

LINKS UND RECHTS

Historia general …

Zwei Seiten aus Band 7. Die beiden Sonnen (links) könnten sich auf den Schöpfungsmythos der Nahua beziehen.

Wie die Maya beschäftigten sich auch die Nahua ausgiebig mit der Vorhersage von Sonnenfinsternissen (wenn der Mond direkt zwischen Erde und Sonne steht). Die Illustration auf dieser Seite könnte eine Sonnenfinsternis zeigen.

RECHTS

Historia general …

In Band 7 werden unter anderem Wettermuster beschrieben. Die Texte sind mit Kometen, Wolken und einem Regenbogen schön illustriert. Wahrscheinlich glaubten die damaligen Gelehrten, dass es sich bei Kometen um atmosphärische Phänomene wie Wolken und Regenbogen handelte.

Band 7 enthält darüber hinaus Erklärungen zum aztekischen Jahreskalender und die jeweiligen Zeichen für jedes Jahr. Abschließend wird die sogenannte «Jahresverknüpfung» beschrieben, auch «Zeremonie des neuen Feuers» genannt. Da nach Ablauf eines 52-jährigen Zyklus das Ende der Welt drohte, musste dieses Ritual durchgeführt werden, um den Weltuntergang abzuwenden. Es war ziemlich grausam. Alle Feuer wurden gelöscht, dann wurde in der Körperhöhle eines Gefangenen ein neues Feuer entzündet. Der Zeitpunkt des Rituals war mit dem Erscheinen bestimmter Sternbilder verbunden.

libro 7.º dela Astrologia y philosophia

la tomauan, por buen aguero: al principio del tiempo, que comencaua a aparecer por el oriente.

¶ Capitulo quarto de las cometas.

Llamaua esta gente, a la cometa, citlalin popoca, que quiere dezir, estrella que humea: tenian la por prenostico de la muerte, de algun principe, o rey, o de guerra, o de hambre. La gente vulgar, dezia: esta es nuestra hambre.

A la inflamacion de la cometa, llamaua esta gente, citlalin tlamina, que quiere dezir, la estrella tira saeta: y dezian, que siempre, que aquella saeta, caya sobre alguna cosa biua, liebre, o conejo, o otro animal, y donde heria, luego se criaua, vn gusano. Por lo qual aquel animal, no era de comer: por esta causa, procuraua esta gente, de abrigarse de noche, porque la inflamacion de la cometa no cayese sobre ellos.

çotica in mamalti, contlatzitzicuiniliaia, contlatlatlaxiliaia, contlaiiauiliaia.

Inic naui Capitulo, itechpa tlatoa: in cicitlaltin.

Citlalin popoca. Mitoa: tlatocatetzauitl, ie tlatocamicoaz, aço aca uey tlaçopilli iemiquiz: yoan noquitoaia, aço cana ieoatl motzacoaz, aço ie oliniz teuatl tlachinolli: yoan anoço iemaianaloz. Quitoaia in maceoalti: aço tapizzi, aço apiztli quitoa.

Citlalin tlamina, Mitoa: amo nenquiça, amo neuetzi, initlaminaliz: tlaocuillotia. Auh in tlamintli, mitoa citlalminqui, ocuillo, aocmo qualo, maubcaitto, tlaelitto, hihiello, tetlaieltia. Auh in iooaltica vel nemalhuilo; neololo, netlapacholo, nequentilo, netlalpililo: imacaxo initlaminaliz citlalin.

El arco del cielo, e… de arco de canteri… parencia, de diu… quando aparece… de serenidad.

¶ Aiauhcoçamalotl.

Iuhquin uitoliuhqui: tlauitoltic, coltic, inic oalmoquetza, tlatlatlapalpoalli, motlatlapalpouh initlachieliz. In centlamantli tlapalli, itech neci: xoxoctic, quiltic, quilpaltic, iiapaltic, quilpalli, iiapalli: yoan coztic, xopaltic, xochipalli: niman ic chichiltic, tlapaltic: yoan tlaztaleoaltic, tlaztaleoalli: yoan texotic, texotli, matlaltic, matlalli. Auh quitoa, in icoac oalmoquetza: quinestia, quiteittitia, quineztaiotia, ic macho, ic machizti, ic itto: in amo quiauiz, amo tlaelquiauiz, amo tilaoaz: çan quimomoiaoaz in mistli, quipopoloa, quetlelia, quiiacatzacuilia in quiiauitl, in tlaelquiiauitl. in tepaltili, in techacoani, in teçoquitili. Intla cenca omotlatlali mistli, inouel cuicuicheoac, inonouiian tlatlaiooac: çan quipopoloa. Intlanel quiaui, aocmo cenca tilaoa, aocmo molhuia: ça aoachquiaui, aoach-

235

de pino, luego la lleuauanla al templo del ydolo de vitzilobuchtli, y ponjanla, en vn candelero, hecho de cal y canto, puesto delante del ydolo: y ponjan en el, mucho en cienso de copal. I de alli tomauã y lleuauan al aposento, de los sacerdotes, que se dizẽ mexicanos: y despues a otros aposentos, de los dichos ministros. de ydolos: y de alli tomauan, y lleuauan todos los vesinos, de la ciudad. I era cosa de ver, a aquella multitud de gente, que venjan por la lumbre: y ansi hazian hogueras grandes, y muchas, en cada barrio, y hazian muy grandes regozijos.

Lo mesmo hazian, los otros sacerdotes, de otros pueblos: porque lleuauan, la dicha lũbre, muy apriessa, y a porfia.

ic motlaloa: ipampa inic iciuhca, caxitiliuetziz que tletl imaltepeuh ipan: ca achtopa ic nenemachtiloia, muchichioaia in tlecuioani: itoca tlepilli. Auh ic ehoatl, ic quioalaxitiaia in tlenamacaque: oc ie achto, vmpa quitlecauiaia, quitlamelaoaltiaia iniicpac teucalli: in vmpa mopieia ixiptla vitzilobuchtli, tlequazco contlaliaia: niman ic contepeoa, contoxaoa iniztac copalli. Auh niman ic oaltemo, oc ie no achto, vmpa quitqui, quitlamelaoaltia in calmecac, itocaioca mexico: ic çatepan moiaoa, tletletlalilo, innouiian cacalmecac, cacalpulco: niman ic ic iauh, in nouiian tetelpuchcalli. Ie vncan inisquich onxoquiui, on motepeoa, ontapaliui macehoalli, in motlecuilia: icoac ic nouiian, tepan moiaoatiuetzi in tletl netletletlalililo, neioiollalilo. Çano iuh quichioa, inisquich altepeoa tlenamacac: inic quitquia, quinenemitiaia tletl, ce-

4. Europa im Mittelalter

Die Zeit zwischen dem Untergang des Römischen Reiches und dem «Anbruch» der Renaissance wird in Europa als Mittelalter bezeichnet (etwa 500–1500 n. Chr.). Während Kultur und Wissenschaften in dieser Zeit in weiten Teilen der Welt eine Blüte erlebten, gilt das mittelalterliche Europa gemeinhin als Hort der «Unwissenheit und des Aberglaubens». Der Zusammenbruch wichtiger Regierungs- und Verwaltungsfunktionen und ein Rückgang der Bevölkerung werden oft als Gründe für den Mangel an Fortschritt und wissenschaftlichem Denken angeführt. Heute sind einige Historikerinnen und Historiker jedoch der Meinung, dass die kulturellen und wissenschaftlichen Eliten der Renaissance das Ausmaß an Aberglauben und Unwissenheit übertrieben, um sich von dieser Epoche abzugrenzen. Auf jeden Fall sind aus dem Mittelalter bemerkenswerte Bücher zur damaligen Astronomie (und Astrologie) erhalten geblieben. Viele dieser Werke demonstrieren ein klares Streben nach Wissen und Erkenntnis – und keineswegs nur Aberglauben.

De responsione mundi et de astrorum ordinatione

De responsione mundi et de astrorum ordinatione (Von der Antwort der Welt und der Anordnung der Sterne), oft einfach *De natura rerum* (Von der Natur der Dinge) genannt, ist ein Buch des spanischen Gelehrten und Priesters Isidor von Sevilla (um 560–636). Es bündelte das astronomische Wissen, das im spätrömischen bzw. frühmittelalterlichen Spanien noch vorhanden war. Isidor von Sevilla stammte aus einer spanisch-römischen Adelsfamilie. Viele Historikerinnen und Historiker bezeichnen ihn als den «letzten Gelehrten der Antike», und tatsächlich bestand seine Arbeit vor allem aus dem Sammeln klassischer Texte, die im Mittelalter sonst wohl verloren gegangen wären.

De responsione mundi et de astrorum ordinatione wurde in ganz Europa als Quelle für astronomisches Wissen herangezogen und von einigen Kirchenvertretern als Referenz für das Alter der Erde betrachtet. Im 15. Jahrhundert wurden Kopien mit Tinte gedruckt und anschließend von Hand mit Initialen und Illustrationen geschmückt (siehe gegenüberliegende Seite). Sie gehören zu den frühesten europäischen Druckerzeugnissen zum Thema Astronomie. Als Isidors Buch entstand, wurde noch kaum oder gar nicht zwischen Astronomie und Astrologie unterschieden. Insbesondere die medizinische Wissenschaft beruhte damals auf astrologischen Grundlagen und den Lehren von den verschiedenen menschlichen Temperamenten oder Säften und ihren Wechselwirkungen mit den vier Elementen (Feuer, Erde, Wasser und Luft). Die medizinische Astrologie war ein bedeutendes Fach, das an den ersten Universitäten gelehrt und weiterentwickelt wurde. Angehende Ärzte (seinerzeit war Medizin eine Männerdomäne) mussten die Planetenpositionen zum Zeitpunkt der Geburt eines Menschen berechnen und mit den Konstellationen zum Zeitpunkt wichtiger Ereignisse vergleichen lernen. *De natura rerum* enthält Grafiken, die die zugrunde liegenden Überzeugungen und Berechnungen erläutern, und beschäftigt sich en détail mit der Einteilung der Zeit in Stunden, Tage, Wochen, Monate und Jahre. Eine Grafik zeigt den Aufbau des geozentrischen Sonnensystems mit Kreisen für «Luna, Mercurius, Lucifer [den Morgenstern bzw. die Venus], Sol, Vesper [den Abendstern, womit hier vermutlich der Mars gemeint ist], Foethon (Jupiter) und Saturnus» zusammen mit Schaubildern zu den Mondphasen und einer Zeichnung von der Sonne.

Ideo autem equinoctialis circulus inhabitabilis est· qa sol per medium celum currens nimium his locis facit feruorem· ita ut ne fruges ibi nascantur· propter exustam terram· nec homines propter ipm ardorem habitare permittantur. At contra septen/trionales & australes circuli non habitantur· quia a cursu solis longe positi nimio celi frigore ventorumq; gelidis flatibus contabescunt. Solsticialis vero circulus qui in oriente inter septen/trionalem & estiualem est collocatus· vel iste qui in occidente inter estiuum et australem positus est· ideo temperati sunt· eo qp ex vno circulo frigus ex altero calorem habeant. De quibus virgilius. Has inter mediamq; due mortalibus egris. Concesse sunt munere diuum. Sed qui proximi sunt estiuo circulo ipsi sunt ethiopes nimio calore perusti. De. Partibus mundi. Ca·xii

Partes mūdi sunt quatuor· ignis· aer· aqua· terra· quarum haec est natura. Ignis tenuis acutus ac mobilis. Aer mobilis acutus & crassus. Aqua crassa obtusa & mobilis. Terra crassa obtusa immobilis. Quae & iam ita sibi inuicem cōmiscētur. Terra quidem crassa obtusa & immobilis cum aquae crassitudine & obtusitate conligatur. Deinde aqua aeri in crassitudine & mobilitate coniungitur. Rursus aer igni communione acute & mobili conligatur. Terra autem et ignis a se separantur sed a duobus medius aque & aere iungunt. Hec itaq; ne confusa minus conligātur subiecta expressa sunt figura

Ceterum sanctus. Ambrosius hec elemēta per qualitates qbus sibi inuicem quadam nature communione cōmiscentur· ita his verbis distinguit. Terra inquit arida & frigida est. Aqua frigida atq; humida est. Aer calidus & humidus. Ignis calidus est

OBEN UND UNTEN

De responsione mundi …

Einige Seiten aus dem von Isidor von Sevilla verfassten und wahrscheinlich erstmals um 600 n. Chr. in Sevilla veröffentlichten Buch.

Dieses Porträt Isidor von Sevillas (Ausschnitt) entstand um 1700 und ist in der Kathedrale von Sevilla zu sehen.

RECHTS UND GEGENÜBER-
LIEGENDE SEITE

De responsione mundi …

Auszüge aus einer um 1470 in Deutschland gedruckten Ausgabe des Buches.

Grafiken zur Zeitmessung und/oder Astrologie, darunter zwei Abbildungen, die die 12 Monate des Jahres in einem Kreis darstellen (oben links und unten rechts). Die Abbildung oben rechts zeigt die vier Himmelsrichtungen, das Bild unten links die vier Elemente Feuer, Luft, Wasser und Erde, von denen man annahm, dass sie mit den Jahreszeiten und den menschlichen Temperamenten zusammenhängen.

Grafische Darstellung des im Mittelalter vorherrschenden geozentrischen Modells vom Universum mit der Erde im Mittelpunkt. Mond, Merkur, Venus (Lucifer), Sonne, Mars (Vesper), Jupiter (Foethon) und Saturn sind kreisförmig um sie herum angeordnet.

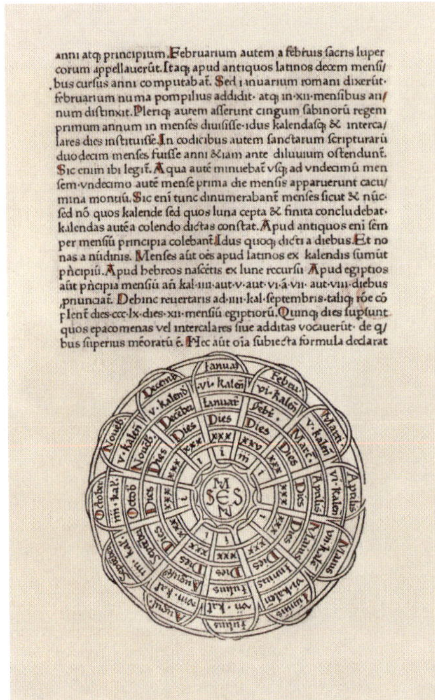

anni atq; principium. Februarium autem a februis sacris luper corum appellauerūt. Itaq; apud antiquos latinos decem mensi/bus cursus anni computabat. Sed ianuarium romani dixerūt· februarium numa pompilius addidit· atq; in·xii·mensibus an/num distinxit. Pleriq; autem asserunt cingum sabinorū regem primum annum in menses diuisisse·idus kalendasq; & interca/lares dies instituisse. In codicibus autem sanctarum scripturarū duodecim menses fuisse anni &iam ante diluuium ostendunt. Sic enim ibi legit. Aqua autē minuebat vsq; ad vndecimū men sem·vndecimo autē mense prima die mensis apparuerunt cacu/mina montiū. Sic eni tunc dinumerabant menses sicut & nūc· sed nō quos kalende sed quos luna cepta & finita concludebat· kalendas autēa colendo dictas constat. Apud antiquos eni sem per mensiū principia colebant. Idus quoq; dicti a diebus. Et no nas a nūdinis. Menses aūt oēs apud latinos ex kalendis sumūt pncipiū. Apud hebreos nascētis ex lune recursu. Apud egiptios aūt pncipia mensiū an kal·iiii·aut·v·aut·vi·a·vii· aut·viii·diebus pnunciat. Dehinc reuertaris ad·iiii·kal·septembris·taliq; rōe cō plent dies·ccc·lx·dies·xii·mensiū egiptiorū. Quinq; dies supsunt quos epacomenas vel intercalares siue additas vocauerūt· de q/bus superius mēoratū ē. Hec aūt oia subiecta formula declarat

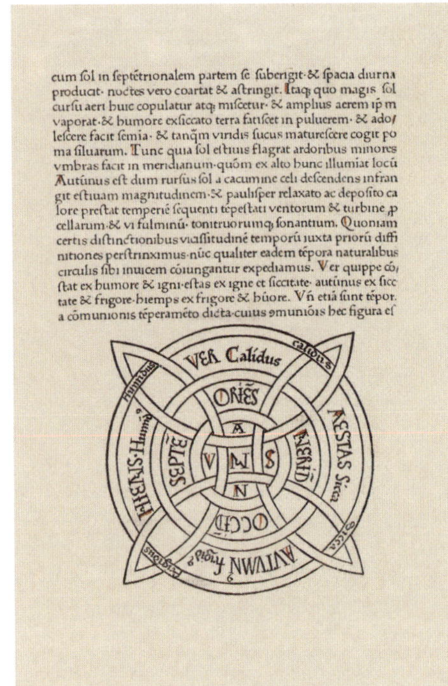

cum sol in septētrionalem partem se suberigit· & spacia diurna producit· noctes vero coartat & astringit. Itaq; quo magis sol cursu aeri huic copulatur atq; miscetur· & amplius aerem ip m vaporat· & humore exsiccato terra fatiscet in puluerem· & ado/lescere facit semia· & tanq̃m viridis sucus maturescere cogit po ma siluarum. Tunc quia sol estiuis flagrat ardoribus minores vmbras facit in meridianum·quōm ex alto hunc illumiat locū Autūnus est dum rursus sol a cacumine celi descendens infran git estiuam magnitudinem· & paulisper relaxato ac deposito ca lore prestat temperiē sequenti tēpestati ventorum & turbine p cellarum· & vi fulminū· tonitruorumq; sonantium. Quoniam certis distinctionibus vicissitudinē temporū iuxta priorū diffi nitiones perstrinximus·nūc qualiter eadem tēpora naturalibus circulis sibi inuicem cōiungantur expediamus. Ver quippe cō/stat ex humore & igni·estas ex igne et siccitate· autūnus ex sicc tate & frigore·hiemps ex frigore & hūore. Vñ etiā sunt tēpor a cōmunionis tēperamēto dicta·cuius ɔmuniōis hec figura e

atq; siccus. Per has enim innectibiles qualitates sic sibi singula commiscentur. Terra enim cū sit arida cōiungitur aque pp̄ter cognationem qualitatis frigide. Rursus aqua aeri per humorē quia humida est. Aqua vero quasi q̄busdam duobus brachiis frigoris atq; humoris altero terram·altero aerem videt cōplecti· frigido quidem terram·aerem humido. Ipse quoq; aer medius inter duo pugnantia per naturam hoc est inter aquā & ignem vtrumq; illud elementum sibi conciliat· quia aquis humore & igni calore cōiungitur. Ignis quoq; cum sit calidus & siccus ca/lore aeri annectitur·siccitate autem in cōmunione terre sociatur atq; ita sibi per hunc circuitum quasi per quandam horū con/cordiam societate conueniunt. Vnde & grece eona dicitur·que latine elementa vocantur· eo q; sibi conueniant & cōcinnantur Quorū distinctā ɔmunionē subiecti circuli figura declarat ista

vice relaxat floresq; pducit. Affricus qui dicit eclipe ex zephiri dextro latere intonās. Hic generat tempestates & pluuias facit· & nubium conlisiones· & sonitus tonitruū et crebrescentiū ful/gorum visus· & fulminum impulsus. Eurus qui & agrestis ex sinistra parte fabonii adspirans·eo flante in orientē nubila sunt in india serena. Quosdam autē tranquillus pprios locoꝝ flatus certis appellat vocabulis· q; ex numero sunt. In siria sirus·carba/sus in cilia. In ppontide tracias·ciron. In galatia circius. In ispa/nia sogronensis. Sunt pterea quidā innumerabiles ex flumibus aut stagnis· aut finibus nominati. Duo sunt tamen extra hos vbiq; spiritus magis q̃ venti·aura & altanus.

De. Signis tempestatis & serenitatis Ca·xli

Tempestas turbo ē diuini iudicii. Sicut. Propheta ait Deus in tēpestate & turbine vie eius. Serenitas autē gaudiū est lucis eterne. Signa autē tempestatū nauigantibus. trāquillus in parte sic dicit mutationem tempestatis expectandā in asperius. Cum in nocturna nauigatiōe scintillat ad remos & ad gubenacula·aqua in austro venti mutatio est.

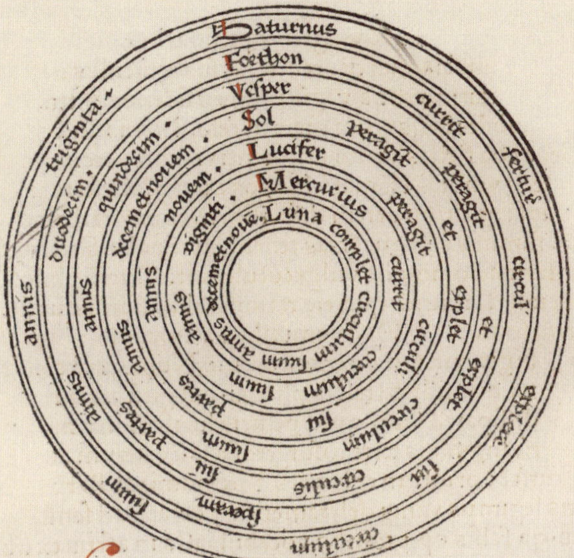

¶ De. Lumine stellarum ¶ ca. xviii

Stellas non habere ꝓprium lumen· sed a sole inlumi
nari dicuntur. Nec eas vnquã de celo abscedere. Sed
veniente sole celari. Omnia enim sidera obscurantur
sole oriente sed non cadunt. Nam dum sol ortus sui signa pmi/
serit· omnis stellarũ ignis sub ei9 luminis fulgore euanescit. Ita
ut pter solis ignem nullius sideris splendor videatur. Hinc etiã
& sol appellatus eo ꝙ solus appareat obscuratis cũctis siderib9
Nec mirum hoc de sole intelligere cum luna plena & tota nocte
fulgente pleraq; astra non luceant. Esse autem stellas p diem in
celo ꝓbantur solis deliquio· ꝙ qñ sol obiecto orbe lune fuerit
obscuratus· clariora astra in celo videantur. Stelle autem scđm
misticũ sensum sancti viri intelliguntur. De quibus dictũ est.
Qui numerat multitudinẽ stellarũ. Sicut eni omnes stelle a so/
le illuminant. Ita sancti a cristo gloria celestis regni glorificant.
Et sicut p fulgore solis & vim maxima luminis ei9 sidera obtu/
duntur. Ita & õnis splendor sanctorũ in cõparatione glorie xpi
quodam mõ obscuratur· & quemadmodũ stelle sibi defferunt

De temporum ratione

De temporum ratione (Von der Berechnung der Zeit) wurde im Jahr 725 von dem angelsächsischen Mönch Beda Venerabilis (um 673–735) verfasst. Er stammte aus dem Königreich Northumbria, einer Region, die heute zu Nordengland gehört, und wird manchmal auch «Beda der Ehrwürdige» genannt. Mit etwa sieben Jahren wurde er ins Kloster geschickt und verbrachte dort den größten Teil seines Lebens. Er entwickelte sich zu einem großen Lehrer und Gelehrten und wurde deshalb 1899 von Papst Leo XIII. heiliggesprochen und zum «Kirchenlehrer» ernannt. Es gibt insgesamt nur 37 katholische Kirchenlehrer, und Beda ist der einzige gebürtige Angelsachse unter ihnen.

Beda ist außerdem der Verfasser der *Historia ecclesiastica gentis Anglorum (Kirchengeschichte des englischen Volkes),* eines wichtigen Dokuments zur angelsächsischen Geschichte des Mittelalters. Möglicherweise begann er sich während seiner Arbeit daran für die Zeitmessung und die Erstellung von Kalendern mithilfe astronomischer Methoden zu interessieren. Sein besonderes Augenmerk galt dem «computus», der Ermittlung des Osterdatums nach dem Lunisolarkalender (Ostern fällt auf den ersten Sonntag nach dem Vollmond am oder nach dem 21. März), einer Methode, die die genaue Berechnung der Mondphasen und des Sonnenjahrs erfordert.

Schon vor seiner Abhandlung über die Berechnung der Zeit hatte Bedas Arbeit Auswirkungen auf Kalender und Zeitmessung in ganz Europa. Er machte die christliche Jahreszählung, die mit Christi Geburtsjahr beginnt, populär. Damals wurden in den verschiedenen Regionen oft unterschiedliche Methoden der Jahreszählung verwendet, und obwohl Beda nicht der Erste war, der das Jahr des Herrn – «Anno Domini» – als Bezugspunkt vorschlug, ist es ihm zu verdanken, dass diese Zählung, die wir auch heute noch verwenden, im Abendland übernommen wurde.

De temporum ratione enthält Bedas gesamtes Wissen über die Zeitmessung und die Erstellung von Kalendern. So verglich er zum Beispiel unter anderem den jüdischen, ägyptischen, römischen, griechischen und angelsächsischen Kalender, in erster Linie, um

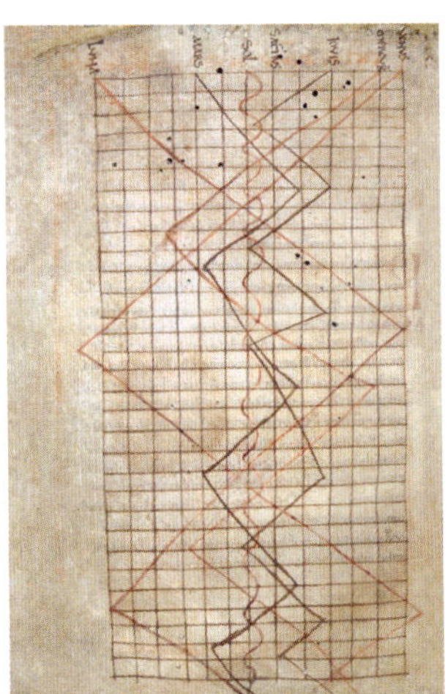

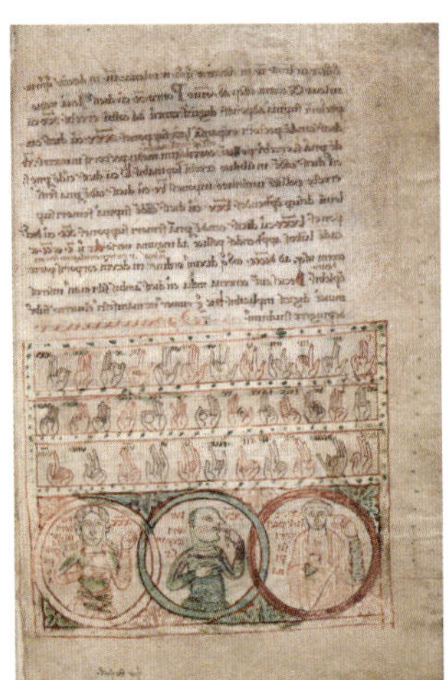

UNTEN UND GEGENÜBERLIEGENDE SEITE

De temporum ratione

Beispielseiten aus Bedas Werk, das erstmals um 725 in England veröffentlicht wurde.
Links: Grafische Darstellung der Bewegung der Sonne und der Planeten am Himmel über einen bestimmten Zeitraum.
Mitte: Illustration zur Methode des Fingerrechnens. Die Zahlen sind sowohl mit Fingersymbolen als auch mit römischen Ziffern angegeben. Zum Schätzen großer Zahlen können die Arme symbolisch verwendet werden.
Rechts: Beispiel für eine schön illustrierte Seite.

«Der heilige Johannes diktiert Beda Venerabilis». Dieses Blatt aus einer alten Handschrift hebt die große Wertschätzung hervor, die Beda erfuhr.

astronomisches Wissen in Bezug auf die Zeitmessung mit der Chronologie biblischer Ereignisse in Einklang zu bringen. Ein großer Teil des Buches widmet sich den Methoden zur Ermittlung des Osterdatums. Dazu gehörten Berechnungen zum Auftreten des Vollmonds und zur Bewegung von Sonne und Mond durch die Sternbilder des Tierkreises. Es endet mit einer Chronologie der Erdgeschichte seit der Zeit Adams. In diesem Zusammenhang erörterte Beda auch die Prophezeiungen zur Wiederkunft Christi und zum Tag des Jüngsten Gerichts. Die Erschaffung der Erde datierte er auf das Jahr 3952 v. Chr. – was ihm den Vorwurf der Ketzerei einbrachte, weil es nicht mit dem zuvor von Isidor von Sevilla veröffentlichten Datum übereinstimmte (siehe S. 130–131).

Neben den Ausführungen zur Zeitmessung und zum christlichen Verständnis der Erdgeschichte enthält das Buch auch Passagen zur physikalischen Astronomie. So äußerte sich Beda etwa zur Gestalt der Erde, die er als «nicht kreisförmig wie ein Schild oder ausgebreitet wie ein Rad» beschrieb. Vielmehr gleiche sie «einer Kugel, die in allen Richtungen gleichmäßig rund ist». Anhand dieses Modells und eigener Beobachtungen zum jährlichen Sonnenlauf erklärte er die jahreszeitlichen Schwankungen des Tageslichts, die im Norden seiner Heimat Northumbria besonders ausgeprägt waren. Außerdem erörterte er, wie der tägliche Lauf des Mondes sich auf die Zeiten der täglich zweimal auftretenden Flut auswirkte, und erläuterte den Zusammenhang zwischen der Höhe der Flut und den Jahreszeiten bzw. dem Jahreslauf des Mondes.

De temporum ratione war über Jahrhunderte in Europa sehr populär, vielleicht, weil das Werk als Lehrbuch konzipiert war und viele Beispiele enthielt, die Lehrer mit ihren Schülern besprechen konnten. Als Zeugnis der mittelalterlichen angelsächsischen Astronomie ist es von unschätzbarem Wert.

5. Ostasiatische Astronomie

Historische Zeugnisse, meist in Form von Schriftrollen, lassen darauf schließen, dass im alten Asien reiche, hochgebildete und vielfältige Gesellschaften existierten. Das bei Weitem größte Land der Region war und ist China; deshalb wird hier vor allem die chinesische Astronomie behandelt. Andere Länder wie Japan und Korea standen lange unter dem Einfluss Chinas, entwickelten aber dennoch eigene kulturelle Praktiken rund um die Astronomie. Im ersten Kapitel über Sternatlanten wurde bereits erwähnt, dass der älteste Sternatlas auf Papier aus der frühen chinesischen Tang-Dynastie (7. Jh.) stammt. Das älteste Observatorium Ostasiens, das Cheomseongdae (siehe gegenüberliegende Seite), steht in Südkorea und wird etwa auf die gleiche Zeit datiert. Die *Cheonsang Yeolcha Bunyajido,* eine in Stein gravierte Sternkarte aus der koreanischen Joseon-Dynastie (14. Jh.), zeigt die Sternbilder, die damals in Korea zu sehen waren (siehe S. 20). Auch aus Japan sind bedeutende astronomische Texte überliefert, die aus der Edo-Zeit (17. Jh.) stammen.

Divination by Astrological and Meteorological Phenomena

Im alten China schrieb man unter anderem mit Bambusstiften auf Holz. Die Holzplatten waren schwer und ließen sich schlecht transportieren. Nach der Entwicklung des Haarpinsels wurden zunehmend Seidenstoffe als Beschreibmaterial verwendet, auch wenn sie teuer waren. Dem chinesischen Hofbeamten Cai Lun (etwa 60–121 n. Chr.) wird die Erfindung des Papiers auf der Basis von Holzfasern zugeschrieben. Dennoch erscheint es mir wichtig, eines der traditionellen chinesischen Seidenmanuskripte vorzustellen.

Meine Wahl fällt auf das Buch *Divination by Astrological and Meteorological Phenomena* (Wahrsagerei durch astrologische und meteorologische Phänomene), das oft einfach als das «Buch der Seide» bezeichnet wird und zur Zeit der westlichen Han-Dynastie (ca. 200 v. Chr.–0) veröffentlicht wurde. Es enthält Zeichnungen von 29 Kometen (oder *hui xing* – «Besensterne»), die von chinesischen Astronomen (möglicherweise auch von Astronominnen) über einen Zeitraum von 300 Jahren gesichtet wurden. In den Begleittexten werden die einzelnen Kometen mit bestimmten – unheilvollen – Ereignissen auf der Erde in Verbindung gebracht, etwa Seuchen, Kriegen oder meteorologischen Katastrophen. Das Buch gilt als erster echter Kometenatlas und deshalb als sehr bedeutend.

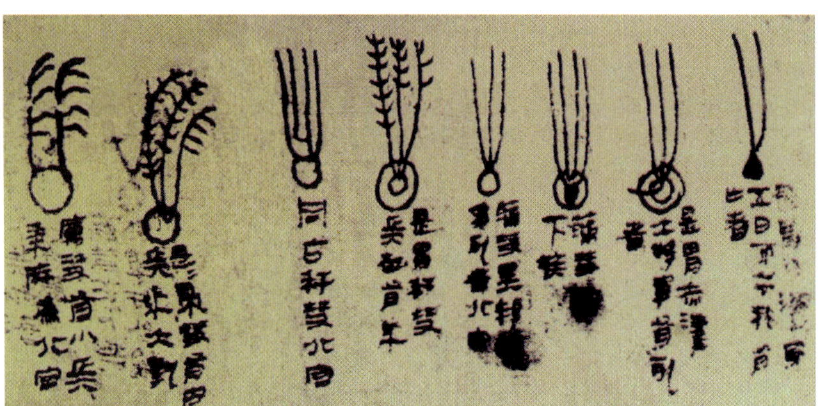

UNTEN

Das «Buch der Seide»

Kometendarstellungen mit Begleittexten. Das Buch wurde zur Zeit der westlichen Han-Dynastie um 200 v. Chr.–0 veröffentlicht.

Die Sternkarte von Dunhuang

Die *Sternkarte von Dunhuang*, eine Schriftrolle aus dem 7. Jahrhundert, ist die bisher älteste vollständige Sternkarte der Welt und für die Geschichte der Astronomie von besonderer Bedeutung. Sie ist nach dem Ort benannt, an dem sie gefunden wurde: einem Handschriftenversteck in einer Wüstenhöhle bei Dunhuang im Nordwesten Chinas.

Neben der Sternkarte (siehe S. 18) entdeckte man dort noch einige andere astronomische Dokumente mit detaillierten Angaben zu chinesischen Kalendern und Jahrbüchern. Bei den meisten Funden handelte es sich jedoch um buddhistische Texte. Die astronomischen Dokumente befassen sich mit alten chinesischen Sternbildern aus drei verschiedenen astronomischen Schulen (die von den Astronomen Gan De, Shi Shen und Wu Xian geleitet wurden) und enthalten Ausführungen zur Übereinstimmung des Mondzyklus mit den Jahreszeiten. Auch wird der chinesische Tierkreiskalender beschrieben, der jedem Jahr ein bestimmtes Tier zuordnet. Der daraus resultierende 12-Jahres-Zyklus fußt auf der Beobachtung der Umlaufbahn des Planeten Jupiter. Für einen Umlauf um die Sonne benötigt der Jupiter 11,86 Jahre. Im alten China wurde diese Umlaufzeit auf 12 Jahre aufgerundet. Pro Jahr durchläuft der Jupiter also eines von 12 Sternzeichen; ein Zyklus, der sich alle 12 Jahre wiederholt. In China hieß der Jupiter daher früher Suixing – «Jahresstern».

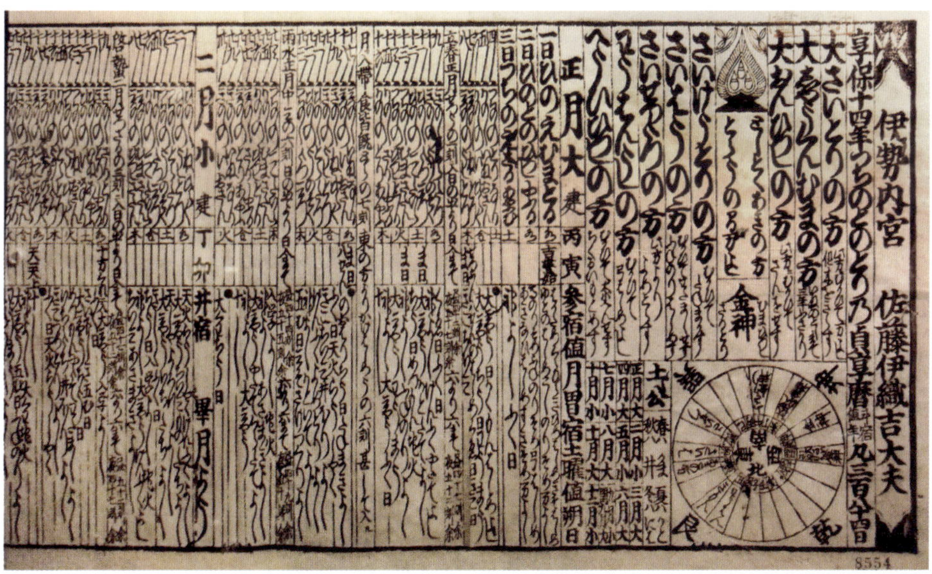

LINKS

Jōkyū-Kalender

Ausgabe aus dem Jahr 1729, ausgestellt im Nationalmuseum der Naturwissenschaften in Tokio.

Jōkyū-Kalender

Dieser Kalender aus dem Jahr 1684 – kein echtes Buch, aber fast eines – basiert auf den Korrekturen, die der Astronom Shibukawa Shunkai in der Edo-Zeit am japanischen Lunisolarkalender vornahm. Er korrigierte die Länge des Sonnenjahres auf 365,2417 Tage.

Introduction to the Study of Astronomy

Diese Einführung in das Studium der Astronomie, die Anfang des 18. Jahrhunderts von dem japanischen Gelehrten Baba Nobutake (?–1715) verfasst und 1706 erstmals veröffentlicht wurde, resümiert das astronomische Wissen der Edo-Zeit. Der Autor war sehr produktiv und schrieb über 30 Bücher, in denen er sich zum Beispiel mit den Praktiken der Wahrsagerei, der Militärgeschichte, mit Zaubertricks und Astronomie auseinandersetzte. Hier befasste er sich mit Sonnenfinsternissen, magnetischen Kräften als Ursache für Gezeiten und stellte das nach Tycho Brahe benannte tychonische Weltmodell vor, das Elemente des geozentrischen und heliozentrischen Weltbilds vereint (siehe Kap. 4).

Die Edo-Zeit war eine Zeit des Isolationismus, in der die militärischen Führer Japans fürchteten, die europäische Kultur werde einheimische Traditionen zerstören. Die Einfuhr europäischer Bücher war verboten. Das galt auch für wissenschaftliche Werke. Doch etwa zur gleichen Zeit, als Nobutake sein Astronomiebuch veröffentlichte, interessierte sich der Astronom Nishikawa Joken (1648–1724) explizit für die Fortschritte, die auf seinem Gebiet in Europa erzielt worden waren. Im Jahr 1712 publizierte er das Werk *Tenmon Giron* (Erörterung der Astronomie), und 1720 referierte er vor der militärischen Führung des Landes daraus, was vermutlich dazu beitrug, dass diese sich überzeugen ließ, die Vorschriften für die Einfuhr von Büchern zu lockern.

UNTEN UND GEGENÜBERLIEGENDE SEITE

Ostasiatische Astronomie

Aus Baba Nobutakes Einführung in das Studium der Astronomie.

Teil der Ruine des Cheomseongdae-Observatoriums in Südkorea, des ältesten erhaltenen Observatoriums in Ostasien. Es wurde im 7. Jh. erbaut.

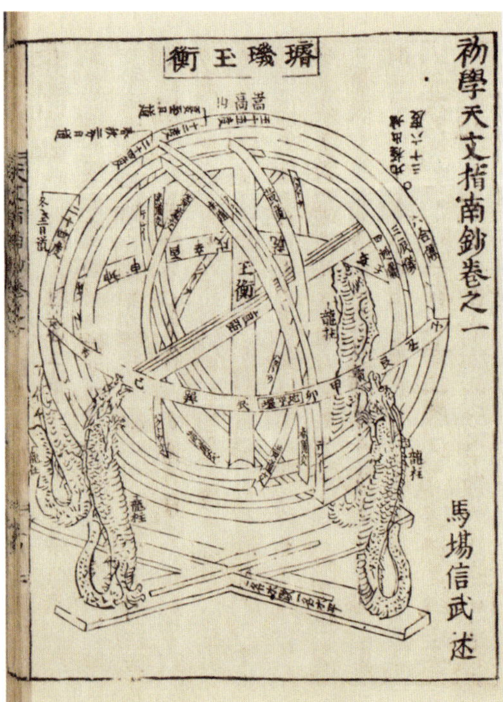

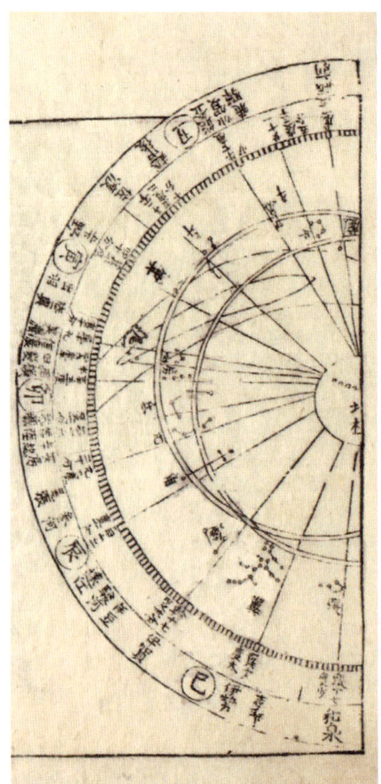

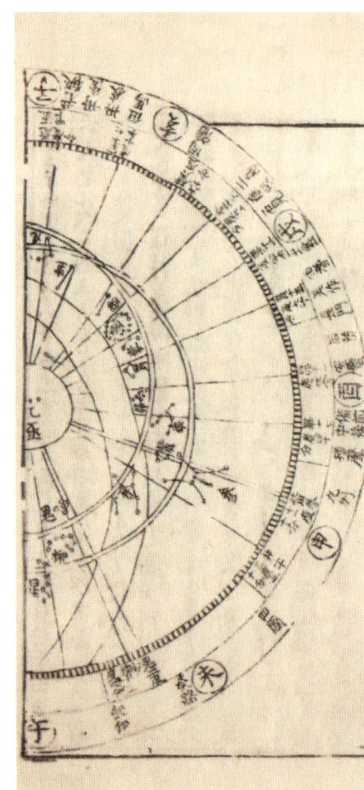

4

WIE SICH UNSER MODELL DES UNIVERSUMS ENTWICKELTE

In diesem Kapitel werden einige Bücher vorgestellt, die dokumentieren, wie sich unser Verständnis des Universums entwickelt hat.

Unsere alltägliche Erfahrung legt zunächst die Annahme nahe, dass wir auf einer Scheibe leben, über der sich die Sonne, der Mond, die Planeten und Fixsterne in einer «Himmelskugel» drehen. Sieht man jedoch ein wenig genauer hin, wird deutlich, dass die Erde eine Kugel sein muss. Das hatte bereits Aristoteles vermutet (siehe S. 150–151), und aus den astronomischen Lehrtexten des Mittelalters (siehe Sacrobosco, S. 109 und 228) geht hervor, dass die annähernd kugelförmige Gestalt der Erde zu diesem Zeitpunkt bereits bekannt war.

Das geozentrische (erdzentrierte) Modell des Universums zu kippen, erwies sich schon als schwieriger. Es hat ja tatsächlich den Anschein, als würde der Himmel uns umkreisen, und sogar genaue Vorhersagen der Bewegungen von Sonne, Mond, Planeten und Sternen sind in einem geozentrischen Modell möglich (obwohl die Details dann einige Schwierigkeiten bereiten). Um die Menschheit von der erstaunlichen Tatsache zu überzeugen, dass sich die Erde um die Sonne dreht, bedurfte es einer wissenschaftlichen Revolution, die in den ersten Jahrzehnten des 16. Jahrhunderts von Kopernikus (siehe S. 164–167) in Gang gebracht und von Astronomen wie Kepler (siehe S. 168–171) und Galilei (siehe S. 176–183) im 17. Jahrhundert weiter vorangetrieben wurde.

Doch das Universum endet nicht an den Grenzen unseres Sonnensystems, und die Entwicklung besserer Teleskope und mathematischer Verfahren öffnete den Astronomen und Astronominnen die Augen für neue Planeten (1781 wurde der Uranus entdeckt, 1846 der Neptun) und für ein ganzes Meer von Sternen. Die Sterne waren nicht länger nur Lichtpunkte auf einer festen «Himmelssphäre», sondern riesige Lichtkugeln wie unsere Sonne, die sich in riesigen Entfernungen befanden. Im Jahr 1785 unternahm das deutsch-englische Geschwisterpaar Caroline und Wilhelm Herschel (1750–1848 bzw. 1738–1822) einen ersten Versuch, die gigantische «Sternenansammlung» um uns herum zu kartografieren, auch wenn ihr Modell noch von einer deutlich kleineren Milchstraße ausging und die Sonne in deren Zentrum setzte (was nicht den Fakten entspricht). Die ersten Distanzmessungen (um 1832) zeigten, wie weit die Sterne entfernt waren, und setzten erste Maßstäbe für das Verständnis der enormen Ausmaße des Universums.

Dank der verbesserten Teleskope entdeckte man bald auch «Spiralnebel». Zwar waren diese Objekte schon in den allerersten Sternkarten aufgetaucht (zum Beispiel im *Buch der Fixsterne* aus dem 10. Jahrhundert; siehe S. 22), doch für die ersten klaren Zeichnungen musste man bis zur Entwicklung sehr großer Teleskope warten (dazu zählte etwa das Teleskop «Leviathan of Parsonstown», mit dem 1845 die Whirlpool- oder Strudelgalaxie entdeckt wurde). Schon bald wurde über die Natur dieser Spiralnebel debattiert (z. B. in Proctors *Other Worlds Than Ours*

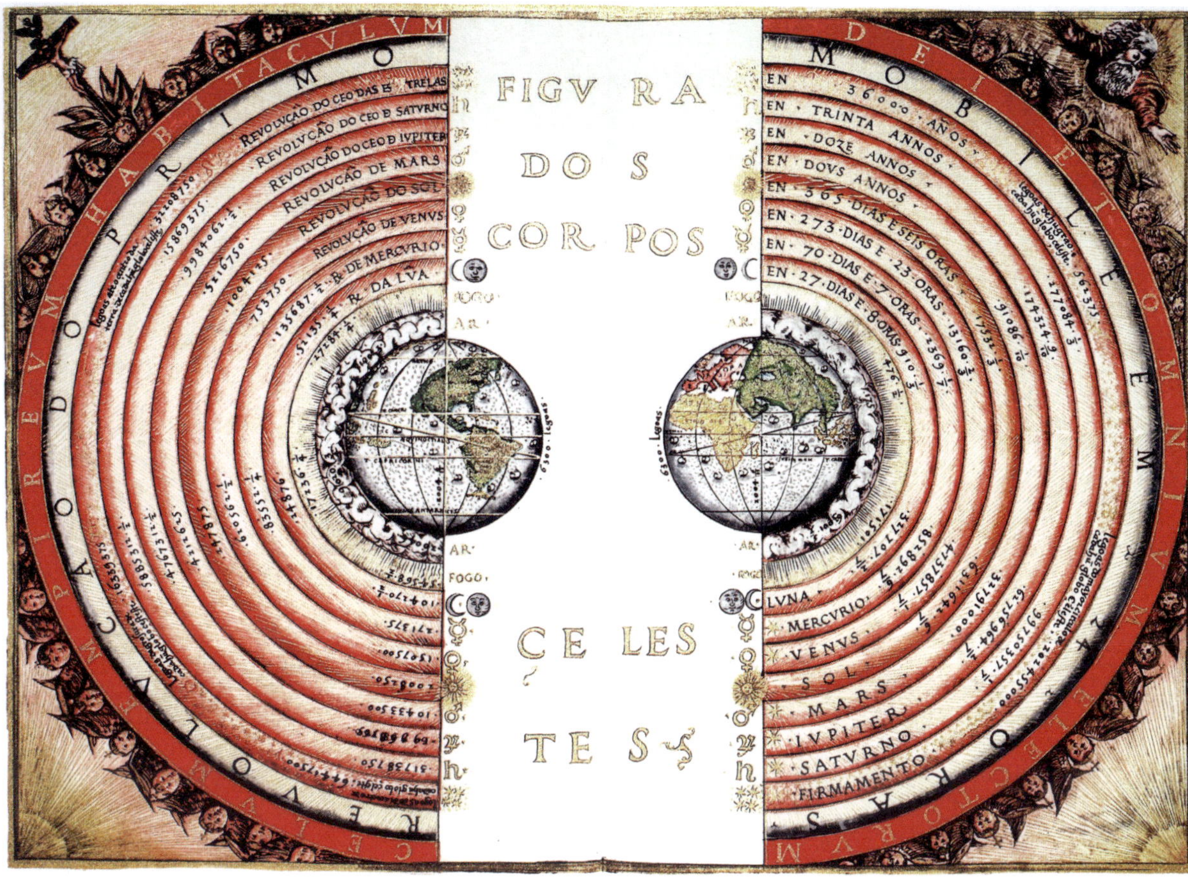

von 1878; siehe S. 92–95). Heute wissen wir, dass es sich wie bei unserer eigenen Galaxie um Ansammlungen von Sternen handelt, nur dass diese sehr viel weiter entfernt sind. Die Debatte endete erst in den 1920er-Jahren, als Henrietta Leavitt (1868–1921) eine Methode entwickelte, die für die Schätzung von Entfernungen zu externen Galaxien veränderliche Sterne nutzte. Mithilfe dieser Methode und unter Berücksichtigung der fast universellen «Rotverschiebungen» in den Spektren[1] externer Galaxien, deren Entdeckung auf Beobachtungen von Vesto Slipher (1875–1969) zurückgeht, stellte Edwin Hubble (1889–1953) fest, dass die Rotverschiebung mit der Entfernung der Galaxien zunimmt, und schloss daraus, dass wir in einem sich ausdehnenden Universum aus Galaxien leben.

GEGENÜBERLIEGENDE SEITE UND OBEN

Richtig und falsch

Diese mittelalterliche Illustration von Sacrobosco (siehe S. 109 und 228) zeigt, wie man durch die Beobachtung eines Schiffs auf See erkennen kann, dass die Erde eine Kugel ist.

Eine geozentrische (erdzentrierte) Karte des Universums aus dem Jahr 1568.

[1] Ein Spektrum ist eine Art fein gegliederter Regenbogen – das ist deshalb nützlich, weil Atome in fernen Galaxien Licht in einem bestimmten Muster innerhalb eines Spektrums erzeugen und dieses Muster gemessen werden kann. Als Doppler-Verschiebung tritt eine Verschiebung dieses Musters in Richtung Rot auf, wenn sich die Quelle vom Beobachtenden wegbewegt, und in Richtung Blau, wenn sich die Quelle auf diesen zubewegt. Fast alle Galaxien weisen eine Rotverschiebung auf.

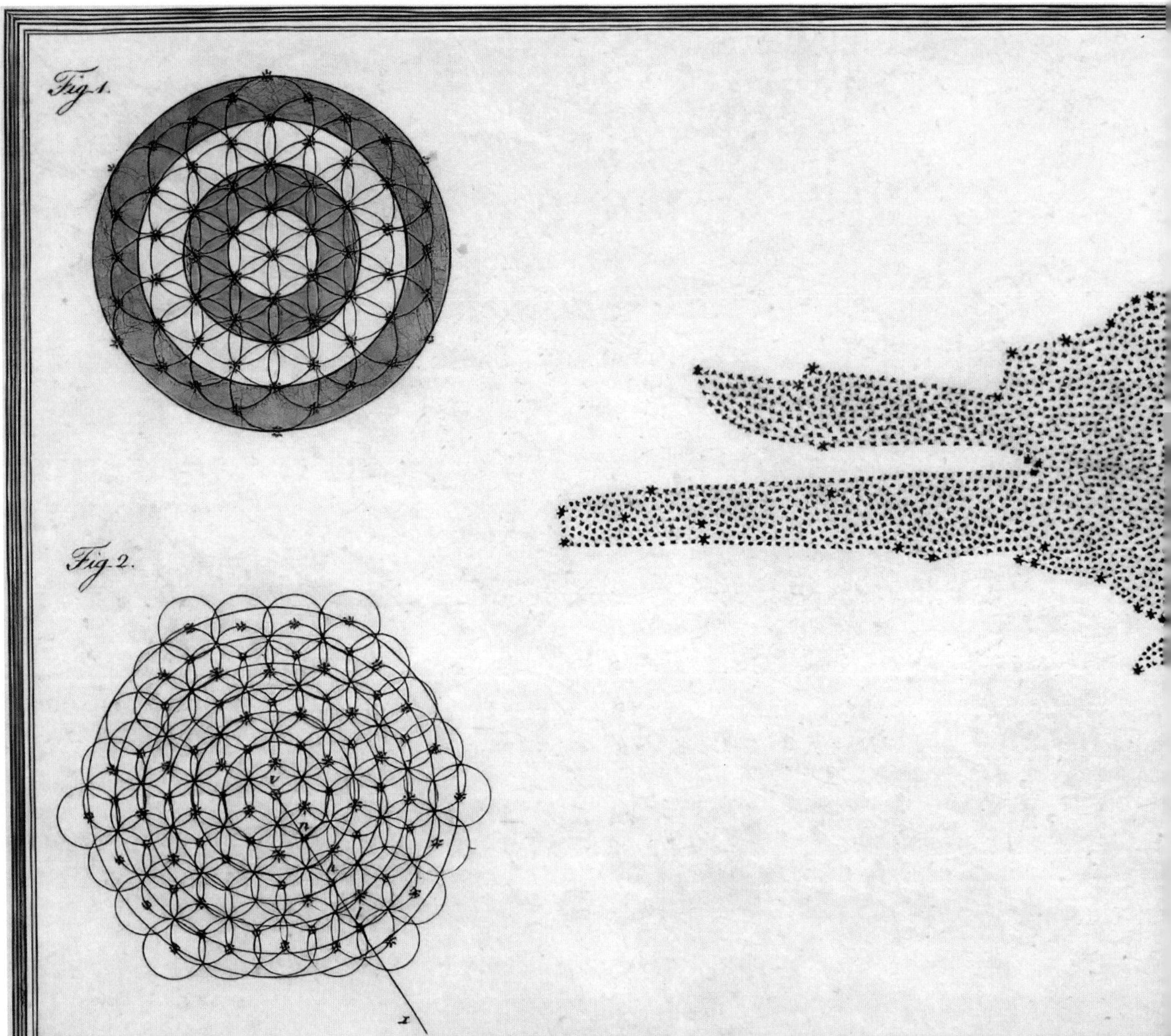
Fig. 1.
Fig. 2.

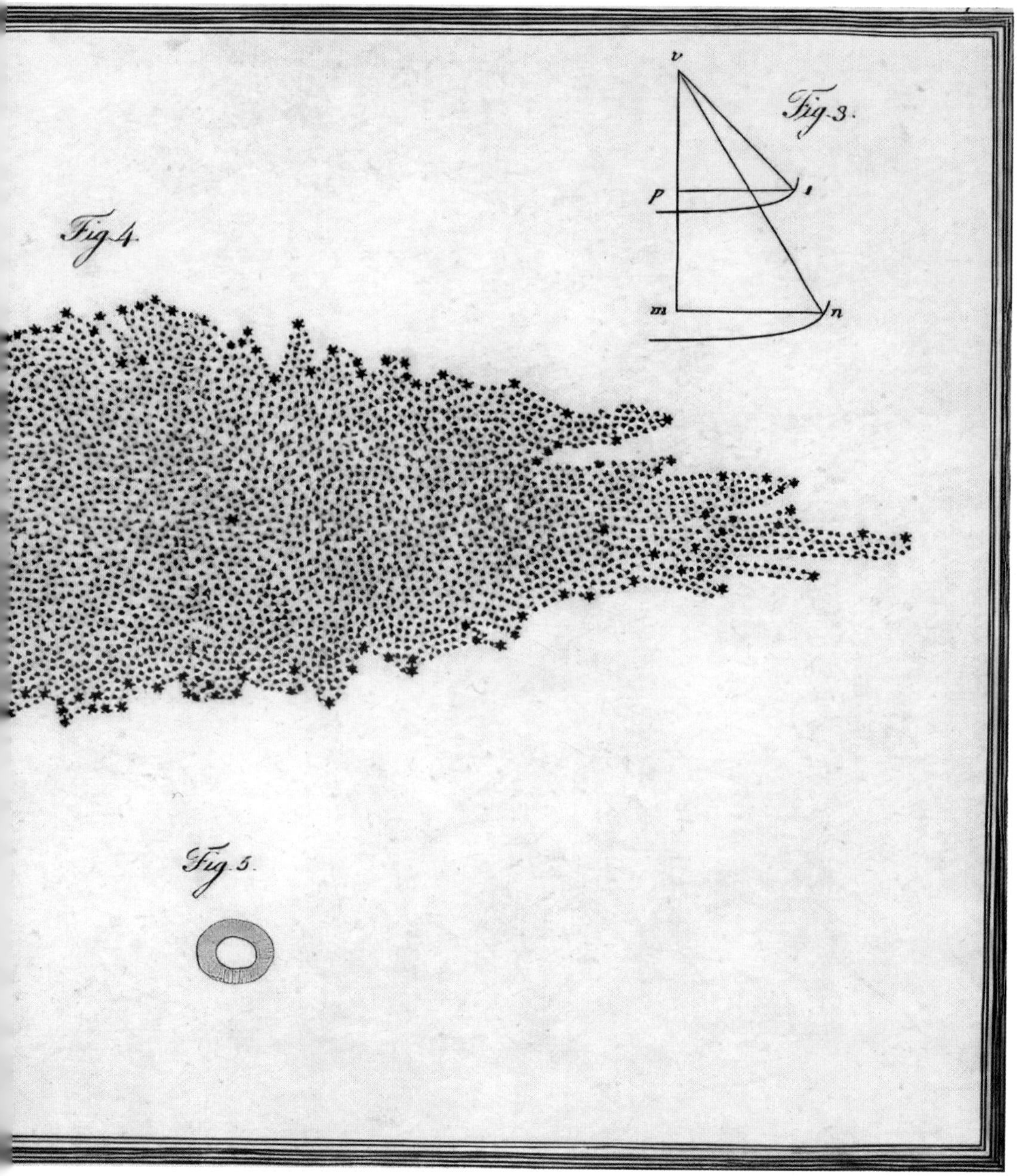

LINKS

Kartografie im galaktischen Maßstab

Die erste Karte unserer Galaxie stammte von Wilhelm Herschel und wurde 1785 in den *Philosophical Transactions of the Royal Society of London* veröffentlicht. Auch wenn, wie wir heute wissen, fast alles an dieser Karte falsch ist (sie ist zu klein und stellt die Sonne ins Zentrum), war die Kartierung des Sternensystems, in dem wir leben, ein großer konzeptioneller Sprung.

OBEN, GEGENÜBERLIEGENDE UND VORHERGEHENDE SEITE

In der Tiefe des Weltraums

Die Whirlpool-Galaxie; Zeichnung von Lord Rosse aus dem Jahr 1845.

Die tiefsten Blicke ins ferne Universum ermöglicht das James-Webb-Weltraumteleskop der NASA: Die erste Deep-Field-Aufnahme des Teleskops, die im Jahr 2022 entstand.

Eine hochauflösende Aufnahme der Whirlpool-Galaxie, angefertigt mit dem Hubble-Weltraumteleskop von NASA und ESA.

Heute wissen wir, dass das Universum Milliarden von Galaxien enthält, die jeweils aus Milliarden von Sternen bestehen. Um die meisten Sterne – vielleicht sogar um alle – kreisen zahlreiche Planeten. Dieses riesige Universum begann vor etwa 14 Mrd. Jahren mit einem Ereignis, das als «Urknall» bezeichnet wird. Beim Urknall war der Abstand zwischen zwei beliebigen Punkten gleich null. Seitdem hat sich der Abstand zwischen zwei beliebigen Punkten im Universum kontinuierlich vergrößert, und heute können die besten Teleskope der Welt in der Geschichte des Kosmos Milliarden von Lichtjahren zurück- und auf Galaxien an den äußersten Rändern des Universums blicken. Aus der Beobachtung der Sternbewegungen in Galaxien und Galaxienhaufen, interpretiert mit unserem Verständnis der Schwerkraft (das mit Newtons *Principia* begann, siehe S. 200–205), ergeben sich Hinweise auf eine geheimnisvolle «Dunkle Materie», die sich durch ihre Gravitationswirkung bemerkbar macht, aber nicht leuchtet. Detaillierte Beobachtungen der Expansionsrate des Universums zeigen außerdem, dass die Geschwindigkeit, mit der der Kosmos sich ausdehnt, sich beschleunigt, was die Annahme einer noch mysteriöseren «Dunklen Energie» als Antriebskraft hinter dieser Beschleunigung notwendig erscheinen lässt.

De caelo

Aristoteles (384–322 v. Chr.) war ein griechischer Philosoph, dessen Werk eine erstaunliche Bandbreite von Themen aus Wissenschaft, Philosophie, Kultur und Politik behandelt und europäische Wissenschaftler fast 2000 Jahre lang maßgeblich beeinflusste. Viele seiner Ideen aus verschiedenen Wissenschaftsfeldern, einschließlich der Astronomie, wurden erst im 17. und 18. Jahrhundert infrage gestellt.

Aristoteles' wichtigste noch erhaltene kosmologische Schrift, *Über den Himmel* (lat. *De caelo*), wurde um 350 v. Chr. verfasst. Darin schildert der Philosoph ein Universum, das eine unvollkommene und vergängliche Erde umgibt und mit «perfekten» Objekten gefüllt ist, die sich auf «perfekten» (das heißt sphärischen oder kreisförmigen) Bahnen bewegen – das klassische Modell eines geozentrischen (erdzentrierten) Universums. Aristoteles unterschied außerdem klar zwischen irdischen Körpern – die aus den vier Elementen Erde, Wasser, Luft und Feuer bestehen und dem Verfall und der Zerstörung unterliegen – und himmlischen Körpern, die unveränderlich und unvergänglich sind. Diese Vorstellung sollte sich in der Astronomie bis weit ins 16. Jahrhundert und darüber hinaus halten.

RECHTS UND LINKS

Das aristotelische Universum

Der natürliche Ort der Dinge – das aristotelische Konzept, das in *De caelo* beschrieben wird.

Ein geozentrisches Universum. Beide Illustrationen stammen aus dem 1614 veröffentlichten Werk *Disquisitiones mathematicae* von Christoph Scheiner.

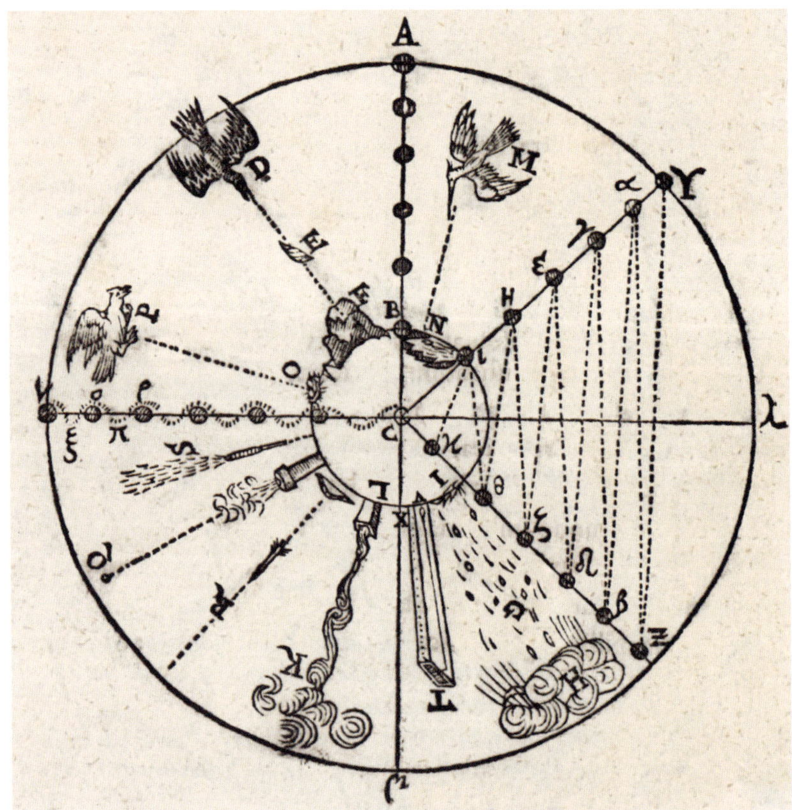

De magnitudinibus, et diſtantiis solis, et lunae

Der griechische Astronom und Mathematiker Aristarchos von Samos (310–230 v. Chr.) hat in seiner einzigen noch erhaltenen Schrift, deren lateinische Übersetzung den Titel *De magnitudinibus, et diſtantiis solis, et lunae* trägt und die 1854 auf Deutsch als *Ariſtarchos über die Grössen und Entfernungen der Sonne und des Mondes* erschienen ist, mithilfe der altgriechischen Trigonometrie eine Reihe von Berechnungen angestellt, um herauszufinden, wie weit die Erde von ihren nächsten Himmelsnachbarn, dem Mond und der Sonne, entfernt ist. Seine ausgeklügelten Methoden beruhen auf der (korrekten) Hypothese, dass das Licht des Mondes nichts anderes ist als reflektiertes Sonnenlicht. Das bedeutet, dass der Mond, wenn er sich in einer seiner Viertelphasen befindet (also genau zur Hälfte beleuchtet ist), mit Sonne und Erde ein rechtwinkliges Dreieck bildet. Mit der Strecke zwischen Erde und Mond als Basis des Dreiecks konnte Aristarchos, ausgehend von seinem Standpunkt auf der Erde, den Winkel zwischen Mond und Sonne zum Zeitpunkt des Halbmonds (in dem das Dreieck mondseitig exakt rechtwinklig ist) messen und daraus das Verhältnis der Sonnen- zur Mondentfernung und letztlich die Sonnenentfernung berechnen. Die Messung mit bloßem Auge ist nicht ganz einfach, deshalb war die von Aristarchos genannte Zahl (die Sonne ist ihm zufolge 19-mal weiter von der Erde entfernt als der Mond) um etliches kleiner als der tatsächliche Abstand, den wir heute kennen (die Sonne ist 400-mal weiter entfernt als der Mond), doch Aristarchos hatte auf diese Weise gezeigt, dass die Sonne sowohl weiter entfernt als auch größer ist als der Mond, da sie am Himmel gleich groß erscheinen und das weiter entfernte Objekt entsprechend größer sein muss. Weitere Daten lieferte die Beobachtung von Mondfinsternissen, einem Phänomen, bei dem der Mond den Erdschatten passiert. Die Zeitpunkte solcher Ereignisse bildeten die Grundlage für weitere Dreiecke im Weltraum. Dabei konnte Aristarchos belegen, dass der Mond kleiner ist als die Erde – laut seinen Schätzungen etwa ein Drittel so groß. Aus diesen beiden Ergebnissen schloss Aristarchos, dass die Sonne viel größer sein musste als die Erde, was ein geozentrisches Universum in seinen Augen sehr unwahrscheinlich machte. Doch sein einziger überlieferter Text schildert ein erdzentriertes Universum.

RECHTS UND LINKS

De magnitudinibus, et distantiis solis, et lunae

Grafik zur Verdeutlichung der Geometrie der Sonne (unten), der Erde (Mitte) und des Mondes (oben), wenn dieser aus dem als Dreieck dargestellten Schatten der Erde heraustritt.

Mit einem Cherub ausgeschmückte Initiale (das «L» von Lunam) auf der Titelseite der Ausgabe von 1572.

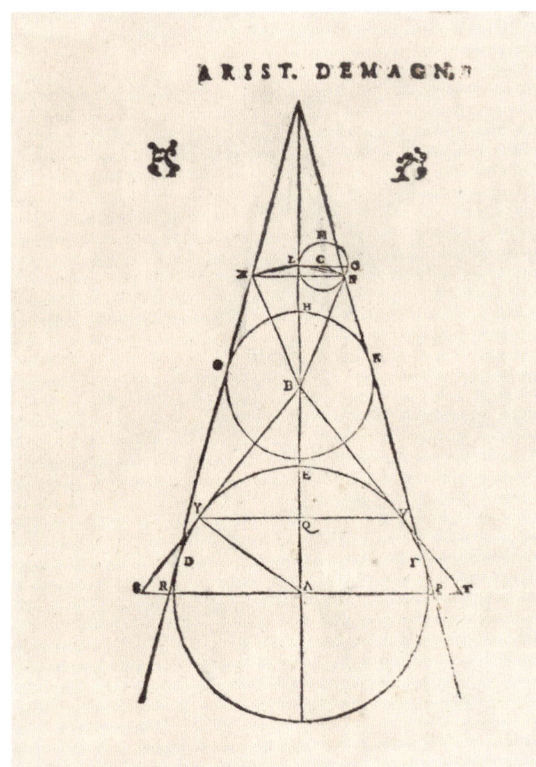

VNAM à Sole 1
lumen accipere.
Terram puncti, ac 2
centri habere rationem ad ſphæram lunę.
Cum luna dimidiata 3
ta nobis apparet,
vergere in noſtrũ

Almageſt

Der *Almageſt* von Claudius Ptolemäus (etwa 100–170 n. Chr.) ist eines der bedeutendsten Werke der Astronomiegeschichte. Obwohl das darin beschriebene geozentrische Weltbild, wie wir heute wissen, falsch ist (die Sonne steht im Zentrum des Sonnensystems), bildete es so über Jahrhunderte die Grundlage für die Astronomie in Europa und der islamischen Welt.

Der *Almageſt* wurde zunächst in griechischer Sprache unter dem Titel *Mathēmatikē Syntaxis* (Mathematische Abhandlung) in Ägypten veröffentlicht. Dass der Text bis in die Neuzeit erhalten blieb, ist vor allem seinen arabischen Kopisten und Kopistinnen zu verdanken. Im arabischen Raum wurde das Werk unter dem Titel *al-maǧisṭī* (Größte Zusammenstellung) bekannt, dessen phonetische Umschrift *Almageſt* man als Titel seiner lateinischen Übersetzung beibehielt.

Claudius Ptolemäus lebte in Alexandria in Ägypten. Vermutlich wurde er in Griechenland geboren und wählte später als Bürger des Römischen Reiches einen latinisierten Vornamen. Er ist vor allem als Astronom in die Wissenschaftsgeschichte eingegangen, aber wir verdanken ihm auch Beiträge zur Mathematik, Geografie, Optik, Musiktheorie und Philosophie.

Ptolemäus war nicht der erste Gelehrte der Antike, der ein geozentrisches Modell des Universums beschrieb. Aristoteles hatte rund 450 Jahre vor ihm sein Bild eines perfekten geozentrischen Universums präsentiert (siehe S. 150–151). Zudem gibt es Anhaltspunkte dafür, dass der griechische Astronom Hipparchos (um 190–120 v. Chr.) etwa 200 Jahre

RECHTS UND GEGENÜBERLIEGENDE SEITE

Almagest

Eine von Ptolemäus' «Handlichen Tafeln» mit Daten für astronomische Berechnungen. Diese, eines der ältesten erhaltenen Exemplare, entstand um 813 n. Chr.

Eine Darstellung des Tierkreises aus einer kolorierten Ausgabe des *Almagest* von 1528. Der äußere Ring zeigt die 12 klassischen griechischen Sternbilder, die die Sonne jährlich durchwandert.

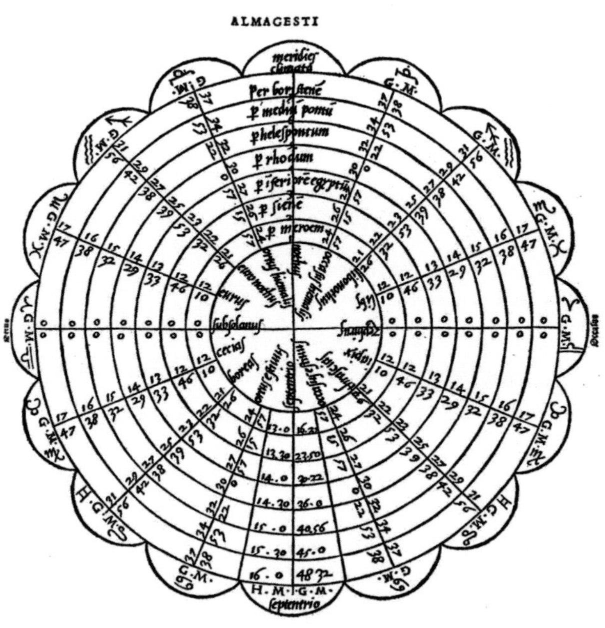

RECHTS

Almagest

Liste mit Sternpositionen aus einer Übersetzung des *Almagest* aus dem Jahr 1490.

zuvor ein geozentrisches Himmelsmodell beschrieben hatte, das auch zur Vorhersage der Planetenbewegungen verwendet werden konnte.

Hipparchos wird auch die Erfindung des astronomischen Magnitudensystems zugeschrieben, das die Helligkeit der am Himmel sichtbaren Sterne mithilfe einer Skala von 1 bis 6 einstuft. Generationen von Astronomiestudierenden (und Astronominnen und Astronomen) verfluchen die fortgesetzte Verwendung dieses Systems allerdings, weil es als umgekehrt numerische (und logarithmische) Skala für die Helligkeit von Sternen oft für Verwirrung sorgt. Da jedoch keine Texte von Hipparchos erhalten geblieben sind, wissen wir nur über Erwähnungen in anderen Schriften, etwa im *Almagest,* davon.

Im *Almagest* beschrieb Ptolemäus das klassische geozentrische Modell des Universums (das damals nur das Sonnensystem und die Fixsterne umfasste) und erläuterte detailliert, wie sich damit die Bewegungen der Planeten vorhersagen ließen. Für Ptolemäus bestand das Universum aus sich überlagernden Kreisbahnen, die er als Kugelformen bzw. Sphären beschrieb und deren festes Zentrum die Erdkugel bildete. Sein Modell folgte der von Aristoteles und Hipparchos vertretenen These, dass der Himmel aus Kugeln bestehen musste, weil die Kugel als die vollkommene Form galt. Entsprechend mussten die Himmelsbewegungen sphärisch oder kreisförmig verlaufen, während die Erde natürlich stillstand. Im Rahmen dieses physikalischen Modells erklärte Ptolemäus die täglichen Bewegungen der Sonne, des Mondes, der Sterne und der Planeten am Himmel und wie sich auf dieser Basis wichtige Daten und Zeiten berechnen ließen, zum Beispiel die Sonnenwenden und die Jahreslänge. Ein Abschnitt beschäftigte sich mit der Bewegung des Mondes und mit Sonnen- und Mondfinsternissen; den Bewegungen der verschiedenen Planeten («Wandersterne») vor dem Hintergrund der Fixsterne widmete Ptolemäus gleich mehrere Kapitel.

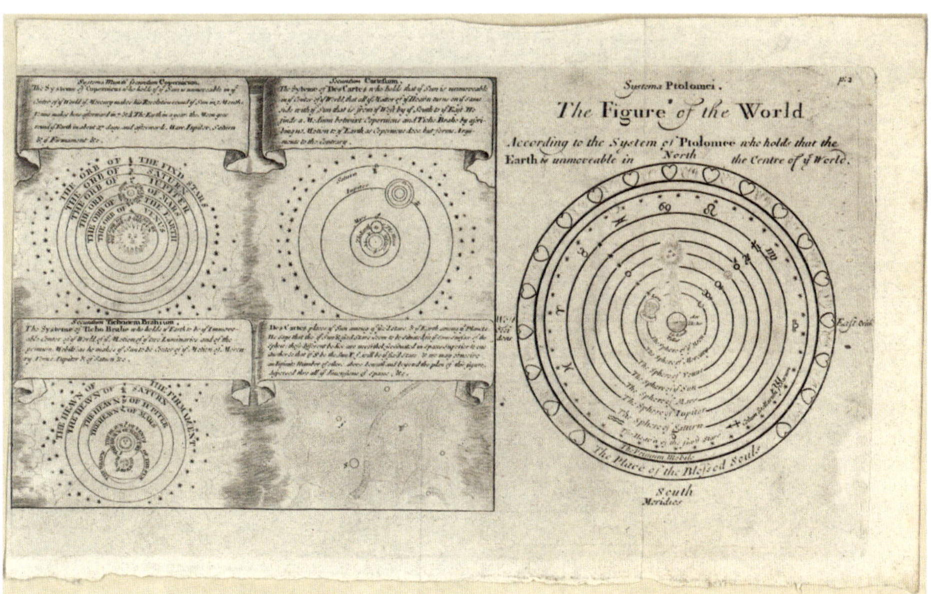

LINKS

«Das Bild der Welt»

Eine englischsprachige Karte, die das ptolemäische Weltbild zeigt.

RECHTS
Almagest

Diese sehr dekorative Sternbilderkarte stammt aus einer Ausgabe, die 1515 in Liechtenstein erschien.

Dieses Werk verdrängte ältere astronomische Texte so vollständig, dass diese meist nur noch in Gestalt einer Erwähnung in seinem und anderen Werken überliefert sind. Auch wenn keine Originalausgabe des *Almagest* erhalten ist, verfügen wir über zahlreiche Übersetzungen und Abschriften. Die meisten von ihnen weisen subtile Abweichungen auf, darunter Korrekturen, die sich vermutlich Bearbeitungen durch andere Gelehrte verdanken; außerdem verfassten viele Astronominnen und Astronomen Kommentare zu diesem Buch.

Eine bemerkenswerte Änderung wurde von Hypatia (um 350/370–415 n. Chr.) vorgenommen, einer bekannten Mathematikerin, Astronomin und Philosophin aus Alexandria, das damals zum Oströmischen Reich gehörte. Die heutige Forschung schreibt ihr die Korrektur von Details und Erklärungen im *Almagest* zu, die sich unter anderem auf die Berechnung der Bewegung der Sonne am Himmel beziehen. Hypatias Vater Theon, ebenfalls ein Gelehrter, berichtete in seinem Kommentar zu der von seiner Tochter herausgegebenen Fassung des *Almagest* von dieser Arbeit.

Hypatia wird zudem oft als die erste Mathematikerin der Geschichte bezeichnet. Sie soll an der Schule ihres Vaters Philosophie gelehrt, den *Almagest* herausgegeben und Astrolabien konstruiert haben.

In die Geschichte eingegangen ist sie jedoch vielleicht vor allem, weil sie in einer Zeit religiöser Unruhen in Alexandria durch einen christlichen Mob ermordet wurde. Um ihren Tod ranken sich zahllose Mythen und Geschichten, die im Laufe der Jahrhunderte von den verschiedensten Gruppen als Allegorie oder zur Verdeutlichung bestimmter moralischer Ansichten genutzt wurden. Dabei wurden häufig bestimmte Elemente herausgegriffen oder fiktive Details hinzugefügt. So wird ihr Tod manchmal mit der Zerstörung der großen Bibliothek von Alexandria in Verbindung gebracht, obwohl die beiden Ereignisse nicht zeitgleich stattfanden. Vielleicht werden wir die Wahrheit über Hypatias Leben und ihre Beiträge zur Astronomie nie herausfinden, aber es ist eine faszinierende Geschichte.

Die ältesten Versionen des *Almagest* enthalten meist keine größeren Zeichnungen, doch in frühen europäischen Druckwerken finden sich zahlreiche Illustrationen des geozentrischen Modells, weil es in der europäischen und der islamischen Astronomie mehr als 1000 Jahre lang die Basis des astronomischen Wissens bildete. Das ptolemäische Modell wurde erst zu Kopernikus' Zeiten (sprich: im 16. Jh.) ernsthaft infrage gestellt, also etwa 1400 Jahre nach der Erstveröffentlichung des *Almagest.*

AGINES CONSTELLATIONVM
AVSTRALIVM.
Orion
Eridanus
Cetus
Procyon
Via lactea
Canis maior
Lepus
Circul. antarct.
Capricorni
Polus antarcticus
Pisis notus
Circ. æquinoctialis
Hydra
Tropicus
Argo
Corona merid:
Crater
Coruus
Ara
Fera
Centaurus
2 Tabula

Astronomicum Caesareum

Das *Astronomicum Caesareum* wird oft als das schönste Astronomiebuch bezeichnet, das je geschrieben wurde, und das mit Recht. Es wurde von Peter Apian (1495–1552) – oder latinisiert: Petrus Apianus – verfasst und erstmals 1540 in Ingolstadt veröffentlicht.

Dieses Meisterwerk der Buchkunst enthält insgesamt 36 Holzschnitte, viele davon handkoloriert. Bei 21 dieser Illustrationen handelt es sich um sogenannte Volvellen, drehbare Scheiben aus Papier, die unter anderem zur Berechnung der Planetenbewegungen und des Zeitpunkts von Finsternissen verwendet werden konnten.

Peter Apian war ein deutscher Gelehrter, der vor allem für seine prachtvoll illustrierten astronomischen Werke bekannt ist. Neben dem *Astronomicum Caesareum* zählt dazu auch das früher erschienene *Cosmographicus liber* (manchmal auch als *Cosmographia* bezeichnet). Apian war ein Zeitgenosse von Kopernikus, vertrat jedoch anders als dieser eine geozentrische Perspektive. Seine Bücher erfreuten sich seinerzeit großer Beliebtheit.

Astronomicum Caesareum – der Titel wird meist mit «Astronomie des Kaisers» übersetzt – entstand unter der Schirmherrschaft von Kaiser Karl V. (Heiliges Römisches Reich) und dessen Bruder, der ihm als Ferdinand I. auf dem Thron folgen sollte. Zum Zeitpunkt der Veröffentlichung bestand das Publikum wahrscheinlich im Wesentlichen aus Hofastrologen, die präzise Horoskope für Herrschaftshäuser erstellen wollten, und vielleicht waren die fantasievollen Illustrationen auf den Papierscheiben, mit denen diese exakten Berechnungen durchgeführt werden konnten, vor allem für Apians herrschaftlichen Gönner gedacht. Die Auflage umfasste etwa 100 Exemplare, die an viele europäische Monarchen verschickt wurden, unter anderem an den englischen König Heinrich VIII. Einige dieser Exemplare existieren noch heute und werden meist in großen Bibliotheken aufbewahrt.

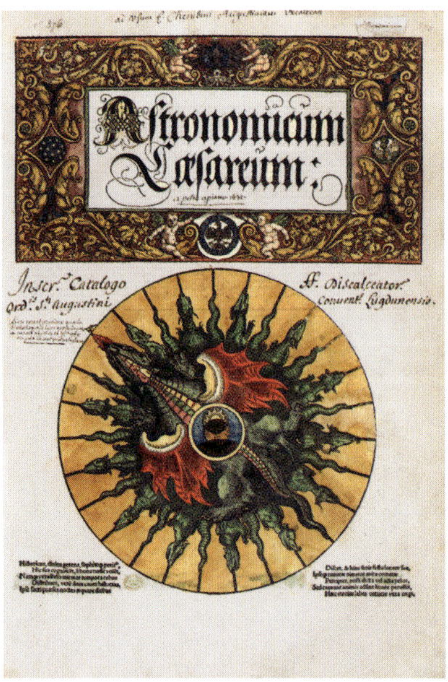

RECHTS

Astronomicum Caesareum

Titelseite der Ausgabe von 1540. Der große Drache rotiert in einem Kreis, bestehend aus 27 kleinen Drachenköpfen und -schwänzen, die sich auf die Bahn des Mondes um die Erde beziehen, wobei der große Drache die beiden Mondknoten anzeigt (die Stellen, an denen die Bahn des Mondes die Bahn der Sonne zu kreuzen schien).

Obwohl das Werk auch in astronomischer Hinsicht interessant ist, sind die meisterhaft gestalteten Volvellen das eigentlich Bemerkenswerte. Solche Papierscheibenmodelle tauchen in vielen Büchern auf, wurden aber vielleicht am häufigsten in astronomischen Werken verwendet, wo sie als eine Art Astrolabium fungieren. Astrolabien bestehen in der Regel aus drehbaren konzentrischen Metallscheiben, mit deren Hilfe astronomische Berechnungen durchgeführt werden können, während eine Volvelle Bestandteil einer Buchseite ist und aus konzentrischen und mit Ausschnitten versehenen Papierscheiben hergestellt wird. Volvellen wurden im 13. Jahrhundert entwickelt, aber natürlich sind nicht mehr viele Beispiele erhalten. Dass es nicht nur sehr aufwendig und kostspielig ist, Bücher mit Volvellen zu versehen, sondern auch ziemlich schwierig, sie zu konservieren, liegt auf der Hand. Apian schuf mehrere Bücher mit Volvellen, doch das *Astronomicum Caesareum* ist das bei Weitem aufwendigste und schönste.

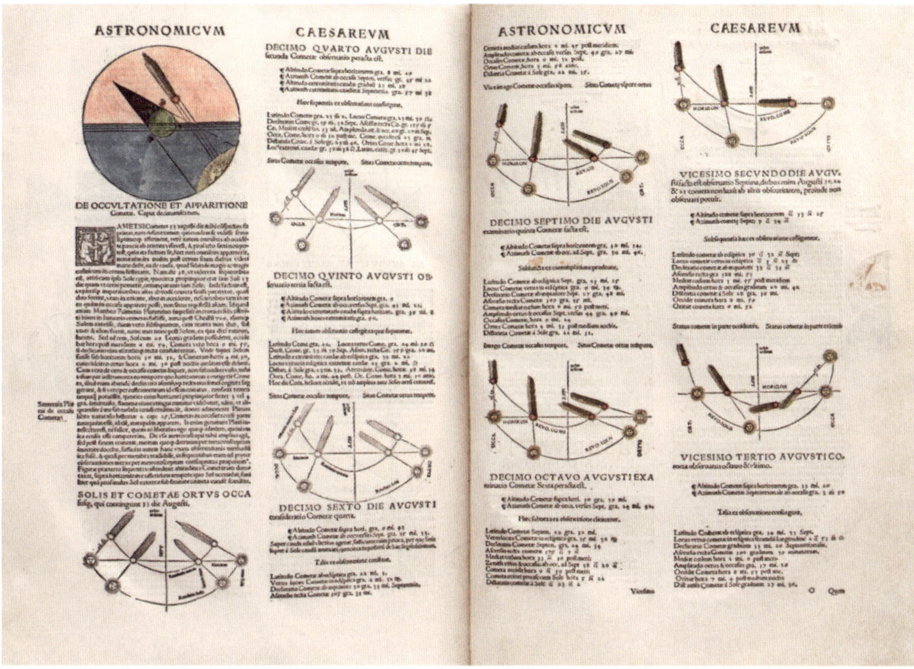

LINKS

Astronomicum Caesareum

Neben den Volvellen enthielt das Buch auch Grafiken zu Kometenbeobachtungen, in denen korrekt festgehalten wurde, dass die Schweife der Kometen stets von der Sonne wegzeigen.

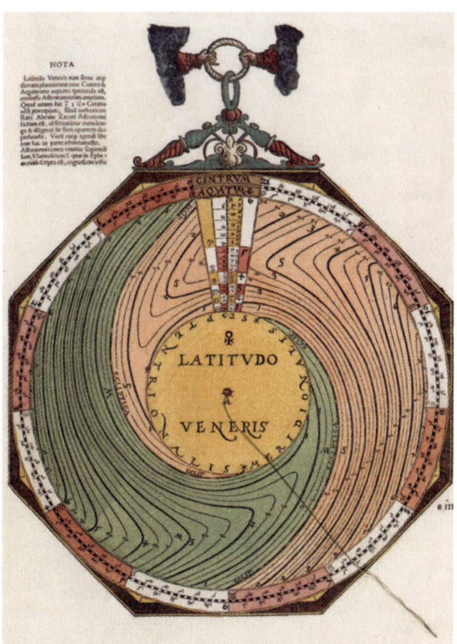

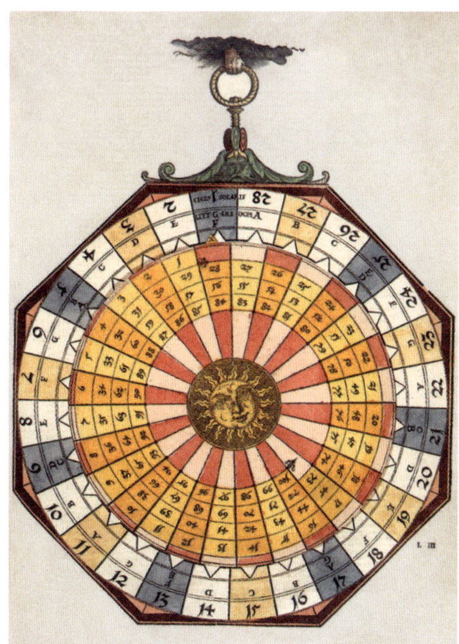

RECHTS

Astronomicum Caesareum

Die Diagramme auf dieser Doppelseite beziehen sich klar auf die jährliche Zeitmessung.

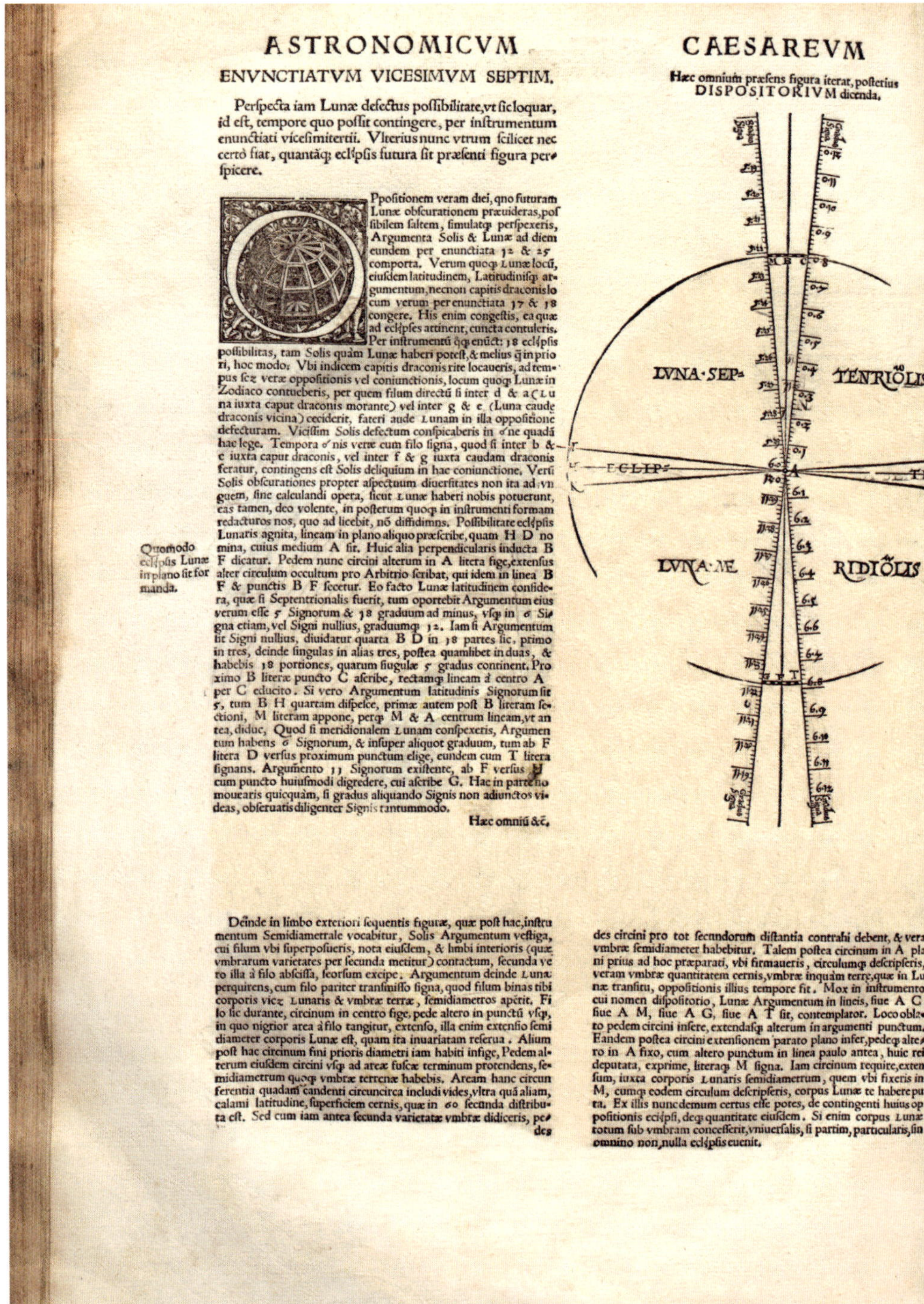

ASTRONOMICVM CAESAREVM

ENVNCTIATVM VICESIMVM SEPTIM.

Perspecta iam Lunæ defectus possibilitate, vt sic loquar, id est, tempore quo possit contingere, per instrumentum enunctiati vicesimitertii. Vlterius nunc vtrum scilicet nec certò fiat, quantâq; eclipsis futura sit præsenti figura perspicere.

OPpositionem veram diei, quo futuram Lunæ obscurationem præuideras, possibilem saltem, simulatq; perspexeris, Argumenta Solis & Lunæ ad diem eundem per enunctiata 12 & 25 comporta. Verum quoq; Lunæ locũ, eiusdem latitudinem, Latitudinisq; argumentum, necnon capitis draconis locum verum per enunctiata 17 & 18 congere. His enim congestis, ea quæ ad eclipses attinent, cuncta contuleris. Per instrumentũ q̃q; enũct: 18 eclipsis possibilitas, tam Solis quàm Lunæ haberi potest, & melius q̃ in priori, hoc modo: Vbi indicem capitis draconis rite locaueris, ad tempus scz veræ oppositionis vel coniunctionis, locum quoq; Lunæ in Zodiaco contueberis, per quem filum directũ si inter d & a (Luna iuxta caput draconis morante) vel inter g & e (Luna caudę draconis vicina) ceciderit, fateri aude Lunam in illa oppositione defecturam. Vicissim Solis defectum conspicaberis in ☌ne quadã hac lege. Tempora ☌nis veræ cum filo signa, quod si inter b & c iuxta caput draconis, vel inter f & g iuxta caudam draconis feratur, contingens est Solis deliquium in hac coniunctione. Verũ Solis obscurationes propter aspectuum diuersitates non ita ad vnguem, sine calculandi opera, sicut Lunæ haberi nobis potuerunt, eas tamen, deo volente, in posterum quoq; in instrumenti formam redacturos nos, quo ad licebit, nõ diffidimus. Possibilitate eclipsis Lunaris agnita, lineam in plano aliquo præscribe, quam H D nomina, cuius medium A sit. Huic alia perpendicularis inducta B F dicatur. Pedem nunc circini alterum in A litera fige, extensus alter circulum occultum pro Arbitrio scribat, qui idem in linea B F & punctis B F secetur. Eo facto Lunæ latitudinem considera, quæ si Septentrionalis fuerit, tum oportebit Argumentum eius verum esse 5 Signorum & 18 graduum ad minus, vsq; in 6 Signa etiam, vel Signi nullius, graduumq; 12. Iam si Argumentum sit Signi nullius, diuidatur quarta B D in 18 partes sic, primo in tres, deinde singulas in alias tres, postea quamlibet in duas, & habebis 18 portiones, quarum singulæ 5 gradus continent. Proximo B literæ puncto C ascribe, rectamq; lineam à centro A per C educito. Si vero Argumentum latitudinis Signorum sit 5, tum B H quartam dispesce, primæ autem post B literam sectioni, M literam appone, perq; M & A centrum lineam, vt antea, diduc, Quod si meridionalem Lunam conspexeris, Argumentum habens 6 Signorum, & insuper aliquot graduum, tum ab F litera D versus proximum punctum elige, eundem cum T litera signans. Argumento 11 Signorum existente, ab F versus H cum puncto huiusmodi digredere, cui ascribe G. Hac in parte no mouearis quicquàm, si gradus aliquando Signis non adiunctos videas, obseruatis diligenter Signis tantummodo.

Quomodo eclipsis Lunæ in plano sit formanda.

Hæc omniũ &c.

Hæc omnium præsens figura iterat, postetius DISPOSITORIVM dicenda.

Deinde in limbo exteriori sequentis figuræ, quæ post hac, instrumentum Semidiametrale vocabitur, Solis Argumentum vestiga, cui filum vbi superposueris, nota eiusdem, & limbi interioris (quæ vmbrarum varietates per secunda metitur) contactum, secunda vero illa à filo abscissa, seorsum excipe. Argumentum deinde Lunæ perquirens, cum filo pariter transmisso signa, quod filum binas tibi corporis vicz Lunaris & vmbræ terræ, semidiametros apèrit. Filo sic durante, circinum in centro fige, pede altero in punctũ vsq;, in quo nigrior area à filo tangitur, extenso, illa enim extensio semidiameter corporis Lunæ est, quam ita inuariatam reserua. Alium post hac circinum fini prioris diametri iam habiti infige, Pedem alterum eiusdem circini vsq; ad areæ fuscæ terminum protendens, semidiametrum quoq; vmbræ terrenæ habebis. Aream hanc circunferentia quadam candenti circuncirca includi vides, vltra quã aliam, calami latitudine, superficiem cernis, quæ in 60 secunda distributa est. Sed cum iam antea secunda varietatæ vmbræ didiceris, pedes circini pro tot secundorum distantia contrahi debent, & vera vmbræ semidiameter habebitur. Talem postea circinum in A plani prius ad hoc præparati, vbi firmaueris, circulumq; descripseris, veram vmbræ quantitatem cernis, vmbræ inquàm terrę, quæ in Lunæ transitu, oppositionis illius tempore fit. Mox in instrumento cui nomen dispositorio, Lunæ Argumentum in lineis, siue A C siue A M, siue A G, siue A T sit, contemplator. Loco oblato pedem circini insere, extendasq; alterum in argumenti punctum. Eandem postea circini extensionem parato plano infer, pedeq; altero in A fixo, cum altero punctum in linea paulo antea, huic rei deputata, exprime, literaq; M signa. Iam circinum require, extensum, iuxta corporis Lunaris semidiametrum, quem vbi fixeris in M, cumq; eodem circulum descripseris, corpus Lunæ te habere puta. Ex illis nunc demum certus esse potes, de contingenti huius oppositionis eclipsi, deq; quantitate eiusdem. Si enim corpus Lunæ totum sub vmbram concesserit, vniuersalis, si partim, particularis, sin omnino non, nulla eclipsis euenit.

SIGNA ET GRA

RECHTS UND GEGENÜBER-LIEGENDE SEITE

Astronomicum Caesareum

Der Drache aus dem Titelbild als Drachenzeiger der Volvelle: Indem man ihn dreht, kann man die Position der Mondknoten zu einem beliebigen Zeitpunkt bestimmen.

Diese bezaubernde Illustration zeigt die Sternbilder.

De revolutionibus orbium coeleſtium

Es gibt nicht viele Bücher, die für sich in Anspruch nehmen können, Auslöser einer wissenschaftlichen Revolution gewesen zu sein, doch *De revolutionibus orbium coeleſtium* (wörtlich übersetzt: Über die Umläufe der Himmelskreise), manchmal auch kurz *De revolutionibus* genannt, darf dies mit Fug und Recht von sich behaupten. Es wurde von Nikolaus Kopernikus (1473–1543) verfasst und erstmals 1543 in Nürnberg veröffentlicht.

Kopernikus wurde als jüngstes von vier Geschwistern in Thorn geboren, das heute als Toruń zu Polen gehört (1473 gehörte Thorn zu «Königlich Preußen»). Er war hochgebildet und beherrschte ein für unsereins geradezu unfassbar breites Spektrum wissenschaftlicher Disziplinen, von Altertumswissenschaften und Sprachen über Theologie und Mathematik bis hin zu Medizin. Außerdem verdanken wir ihm wichtige Beiträge zur Entwicklung von Wirtschaftstheorien und zur Astronomie.

In *De revolutionibus* erklärte Kopernikus, weshalb sich die Sonne im Zentrum des Universums befinden muss und nicht, wie bis dahin angenommen, die Erde. Er stellte ein Modell vor, bei dem sich alle Planeten auf der Oberfläche perfekter Kugelschalen (Sphären) kreisförmig um die Sonne drehen. Die nebenstehende Abbildung zeigt eine Skizze dieses Modells mit der Sonne im Zentrum, umgeben von den perfekten Kreisbahnen der sechs damals bekannten Planeten: Merkur, Venus, die Erde mit ihrem Mond, Mars, Jupiter und Saturn. Über dem äußeren Kreis des Systems stehen die Worte «Stellarum Fixarum Sphaera immobilis», wörtlich übersetzt: eine «feste Sphäre aus unbeweglichen Sternen», manchmal auch Himmelskugel genannt, die das übrige Universum darstellt. *De revolutionibus* war der Höhepunkt eines Lebenswerks – Kopernikus hatte über 30 Jahre lang an seinen Argumenten gearbeitet und lange gezögert, seine Sichtweise zu veröffentlichen: Er war besorgt, welche Resonanz diese in einer Zeit hervorrufen würde, in der viele Gelehrte die Idee, dass sich die Erde bewegen könnte, für lachhaft und unvereinbar mit ihren religiösen Überzeugungen hielten. Schließlich konnte er zur Publikation seines Werks überredet werden und erlebte, kurz bevor er starb, noch dessen Veröffentlichung.

UNTEN

De revolutionibus

Titelseite einer Ausgabe aus dem Jahr 1566.

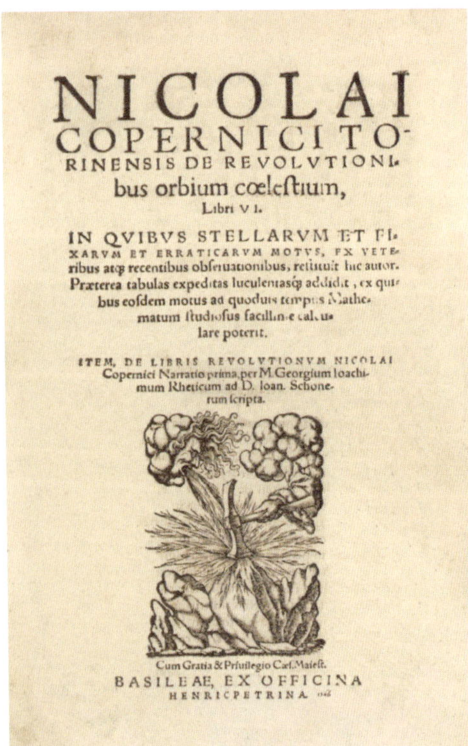
NICOLAI COPERNICI TO-
RINENSIS DE REVOLVTIONI-
bus orbium cœleſtium,
Libri VI.
IN QVIBVS STELLARVM ET FI-
XARVM ET ERRATICARVM MOTVS, EX VETE-
ribus atq; recentibus obſeruationibus, restituit hic autor.
Præterea tabulas expeditas luculentasq; addidit, ex qui-
bus eosdem motus ad quoduis tempus Mathe-
matum ſtudioſus facillime calcu-
lare poterit.
ITEM, DE LIBRIS REVOLVTIONVM NICOLAI
Copernici Narratio prima, per M. Georgium Ioachi-
mum Rheticum ad D. Ioan. Schone-
rum ſcripta.
Cum Gratia & Priuilegio Cæs. Maieſt.
BASILEAE, EX OFFICINA
HENRICPETRINA.

In den sechs Teilen (manchmal auch Bücher genannt) von *De revolutionibus* werden sowohl die philosophischen als auch die mathematischen Argumente für Kopernikus' These eines heliozentrischen Modells des Universums dargelegt. Kurioserweise liefert *De revolutionibus* nichts, was wir heute als wissenschaftlichen Beweis für die Richtigkeit des heliozentrischen Modells bezeichnen würden, was daran liegt, dass das Buch vor der Entwicklung einer wissenschaftlichen Methodik im modernen Sinne entstand. Tatsächlich ließen sich die Planetenbewegungen mit dem kopernikanischen Modell, das auf perfekt kreisförmigen Planetenbahnen bestand, schlechter vorhersagen als mit den geozentrischen Modellen, die es zu widerlegen versuchte. Kopernikus' Hauptargument war, dass es sinnvoll sei, die Sonne ins Zentrum des Sonnensystems zu stellen, da dies eine vollständigere und

LINKS

De revolutionibus

Seiten der Originalausgabe von 1543. Der Text und die Illustration erklären Kopernikus' heliozentrisches Modell des Universums.

elegantere Lösung darstelle. Das Buch enthielt auch lange, hochgradig mathematische Ausführungen über sphärische Trigonometrie sowie Details über die Umlaufbahnen der Erde, des Mondes und der anderen Planeten.

De revolutionibus löste eine wissenschaftliche Revolution aus, über die wir noch heute sprechen. Da sich wissenschaftliche Ideen damals nur langsam verbreiteten, vergingen buchstäblich Jahrzehnte, bis Kopernikus' Ideen allgemein anerkannt wurden. Weil erst spätere Änderungen an seinem Modell (die Widerlegung der Notwendigkeit kreisförmiger Umlaufbahnen) die Vorhersage der Planetenbewegungen einfacher und genauer machten, als es die geozentrischen Modelle taten, die es ablöste, wurde in manchen astronomischen Büchern und Modellen auch noch etliche Jahrzehnte nach *De revolutionibus* eine geozentrische Perspektive vertreten, obwohl sich Kopernikus' These, dass sich die Sonne im Zentrum zumindest des Sonnensystems befindet, längst als zutreffend erwiesen hatte.

Die größte von *De revolutionibus* angestoßene Revolution war die Degradierung der Erde vom Mittelpunkt des bekannten Universums zu einem unter mehreren Planeten, die um die Sonne kreisen. Deshalb sprechen wir bis heute von einem «kopernikanischen» Prinzip der Kosmologie, wenn es um die Vorstellung geht, dass wir das Universum von keinem irgendwie besonderen Ort aus betrachten – was beispielsweise bedeutet, dass die physikalischen Gesetze überall in gleicher Weise gelten sollten.

RECHTS

Harmonia macrocosmica

Das kopernikanische Sonnensystem in einer Illustration von Andreas Cellarius aus dem Jahr 1661. Weitere Informationen zu diesem Werk finden sich auf S. 35–40 und S. 188–191.

GRAPHIA
MATIS
NICANI
TAV
RVS
ARI
ES
ÆQVINOCTIVM
AVTVMNALE
MARS

1. Der Kepler-Effekt

Von Kepler wurden gleich drei Bücher in diese «Geschichte der Astronomie» aufgenommen. Seine Beiträge zum Verständnis der Gestalt unseres Sonnensystems und seine Gesetze der Planetenbewegung waren so bedeutend, dass sie noch heute Bestandteil aller Astronomie-Einführungsseminare sind. Doch Kepler fand auch die Astrologie und die geometrischen und musikalischen Harmonien des Universums höchst faszinierend.

Johannes Kepler (1571–1630) war ein namhafter deutscher Astronom, Physiker, Mathematiker und Astrologe. Geboren in Weil der Stadt, lebte und arbeitete er zeitweise auch in Österreich und in Prag. Einige Jahre lang forschte er gemeinsam mit dem beobachtenden Astronomen Tycho Brahe (siehe S. 172), dessen riesige Datensammlung über die Bewegungen der Planeten er nutzte, um die nach ihm benannten Planetengesetze zu entwickeln. Außerdem berichtete Kepler 1604 über die Beobachtung einer Supernova, die noch immer als «Keplers Supernova» bezeichnet wird und deren Überreste wir heute als schwachen Nebel beobachten können.

Myſterium cosmographicum

Myſterium cosmographicum war das erste Werk, das Kopernikus' heliozentrisches Modell des Universums stützte. Darin beschrieb der junge Johannes Kepler – zum Zeitpunkt der Veröffentlichung (1597) gerade einmal 26 Jahre alt – ein Universum, in dem die Bahnen der sechs damals bekannten Planeten durch Abstände getrennt sind, die den fünf «platonischen» Körpern entsprechen. Ein platonischer Körper ist im Wesentlichen ein dreidimensionaler Körper mit identischen Seitenflächen – es sind konkret folgende Polyeder: Tetraeder (4 Dreiecke), Würfel (6 Quadrate), Oktaeder (aus 8 Dreiecken), Dodekaeder (aus 12 Fünfecken) und Ikosaeder (20 Dreiecke). In Keplers Modell des Universums verlief jede Planetenbahn kreisförmig – auf einer Kugel, die jeweils einen dieser fünf platonischen Körper umschloss, der wiederum die nächste Kugel und darin den nächsten platonischen Körper umhüllte. Das Zentrum dieses Systems bildete die Sonne.

Das Modell funktioniert tatsächlich recht gut, wenn es darum geht, das Muster der Entfernungen zu den einzelnen Planeten vorherzusagen. Jeder der fünf Körper hat einen sogenannten Innenradius – den Durchmesser der Inkugel, einer Kugel, die alle Flächen des Polyeders berührt, also gerade noch in ihn hineinpasst – und einen Umfangsradius, also den Radius der Umkugel, die den Polyeder gerade eben umschließen kann. Unabhängig von der Größe des jeweiligen platonischen Körpers ist das Verhältnis der Radien von Innen- und Außenkugel gleich. Diese Eigenschaft lässt sich bei jedem platonischen Körper einigermaßen gut mit dem Verhältnis eines der Radien zwischen den benachbarten Bahnen der sechs hellen Planeten (Merkur, Venus, Erde, Mars, Jupiter und Saturn) in Bezug bringen. Kepler setzt beispielsweise zwischen die äußere Sphäre des Saturns und die des Jupiters einen Würfel. Das Verhältnis der Bahnradien dieser beiden Planeten beträgt 1,8 (Saturn umkreist die Sonne in einem Abstand, der 1,8-mal größer ist als der Abstand des Jupiters zur Sonne). Bei einem Würfel beträgt der Umfangsradius das 1,7-Fache des Innenradius (man kann einen Würfel in eine Kugel einpassen, die 1,7-mal größer ist als die größte Kugel, die in denselben Würfel passt). Wie man sehen kann, ist die Passung stimmig, wenn auch nicht perfekt. Kepler war sicher beeindruckt.

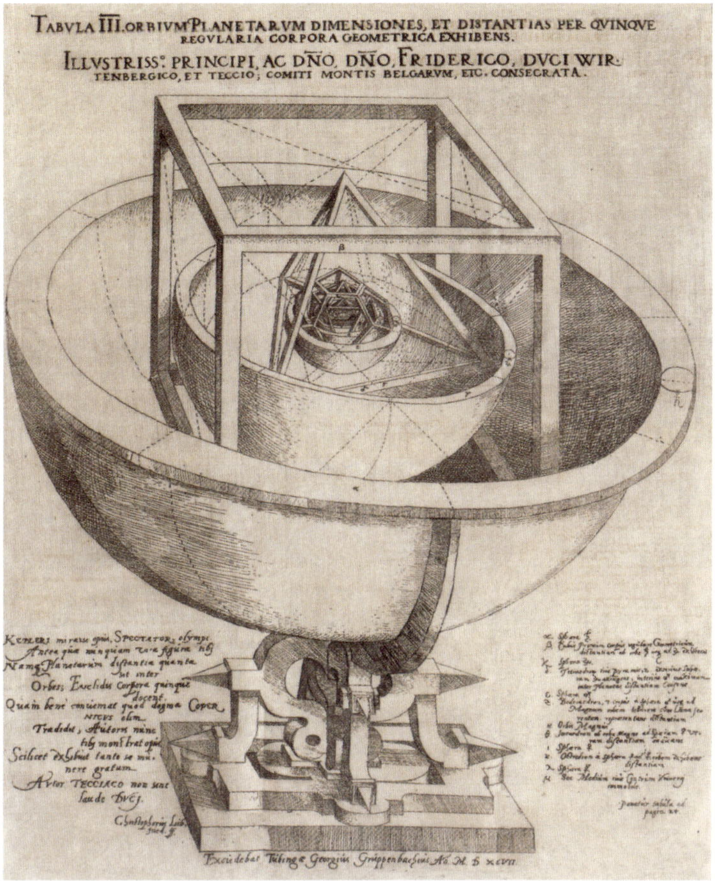

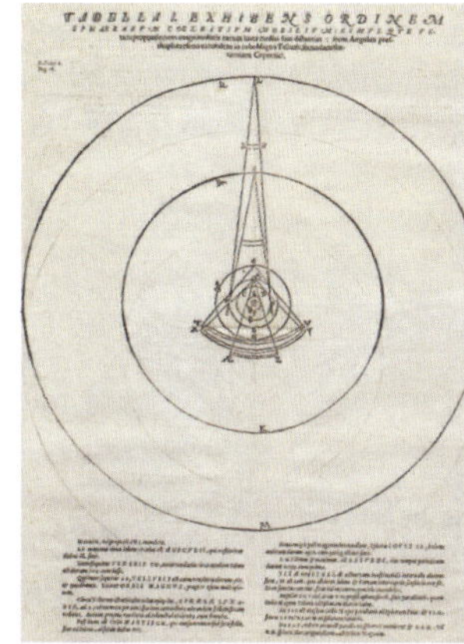

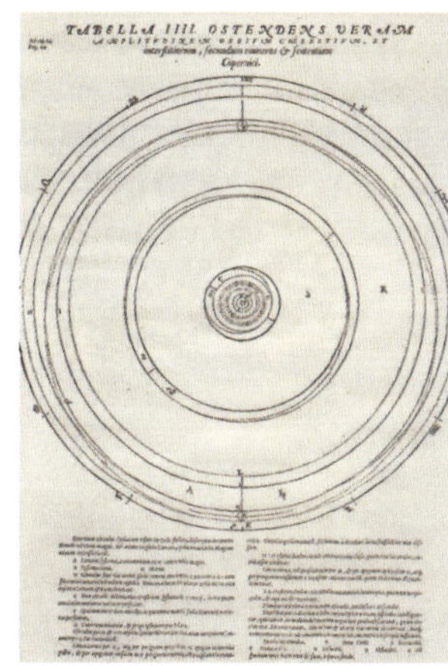

OBEN

Platonische Körper

Eine Auswahl bebilderter Seiten aus dem *Mysterium cosmographicum:* links eine Seite mit einer Grafik, die Keplers Theorie über die den Planetenabständen zugrunde liegenden platonischen Körper verdeutlicht, rechts Grafiken zur Veranschaulichung seiner berühmten empirischen Gesetze der Planetenbewegungen.

In seinem Buch schildert Kepler, wie er das «Weltgeheimnis» in «Gottes geometrischem Plan» enthüllt hatte. Auch wenn ein großer Teil dieser Ausführungen heute nicht mehr als relevant gilt, war dieses Buch Keplers erster Schritt zur Weiterentwicklung und Verfeinerung des einfachen kopernikanischen heliozentrischen Modells. Damit kam er dem, was wir heute noch zur Beschreibung unseres Sonnensystems verwenden, sehr nahe – nicht zuletzt deshalb, weil Tycho Brahe nach der Lektüre an Kepler schrieb und erklärte, dass sich die Geheimnisse des Universums nur durch die Beobachtung der Planetenbewegungen enthüllen ließen. Dieser Kommentar soll Kepler bewogen haben, Tycho Brahe aufzusuchen und mit ihm zusammenzuarbeiten – der Rest ist Geschichte.

Astronomia nova

Astronomia nova (Neue Astronomie) erschien 1609 und enthält die ersten beiden Gesetze der Planetenbewegung, die Kepler, damals Mitte dreißig, formuliert hatte. Zu diesem Zeitpunkt hatte Tycho Brahe die Ergebnisse seiner Beobachtungen zum Lauf des Mars mit ihm geteilt, die sehr deutlich wiederholte Schleifenbewegungen zeigten. Keplers revolutionäre Idee, die er in diesem Buch vorstellte, war, dass sich die Planeten (einschließlich der Erde) auf «orbitae», also Umlaufbahnen, statt auf festen Kugeln im Weltraum bewegten. Eine Zeit lang bemühte er sich, eine bestimmte Form für diese Bahnen zu finden, die es ihm ermöglicht hätte, eine Marsschleife, wie sie sich von der Erde aus darstellte, zu beschreiben, doch schließlich kam er auf die Idee, dass es sich um eine einfache Ellipse handeln müsse. Sein erstes Gesetz lautete daher: «Die Planeten bewegen sich auf elliptischen Bahnen, in deren einem Brennpunkt die Sonne steht», eine Idee, die er in seinem Buch am Beispiel von Mars und Erde demonstrierte.

Dieses neue Modell bedeutete, dass Planeten unterschiedliche Abstände zur Sonne haben. Den jeweils sonnennächsten Bahnpunkt bezeichnet man als Perihel, den sonnenfernsten als Aphel. Kepler war aufgefallen, dass sich sowohl der Mars als auch die Erde schneller bewegten, wenn sie sich nahe dem Perihel befanden, und langsamer, wenn sie das Aphel erreichten. Seiner Meinung nach war dies darauf zurückzuführen, dass die «Bewegungskraft der Sonne» mit zunehmender Entfernung schwächer wird – eine Annahme, die, obgleich nicht in moderner Wissenschaftssprache formuliert, dem heutigen Verständnis des Newtonschen Gravitationsgesetzes ziemlich nahekommt. Kepler gelang es, das bei der Beobachtung von Mars und Erde festgestellte Muster in eine einfache geometrische Regel zu fassen: «Die Verbindungslinie zwischen Sonne–Planet überstreicht in gleichen Zeiten gleich große Flächen» – dieser Satz wurde zum zweiten Gesetz der Planetenbewegung.

UNTEN

Astronomia nova

Grafiken zu verschiedenen geometrischen Berechnungen der Planetenbewegungen. Links ein Vergleich der Methoden anhand der Modelle von Kopernikus (heliozentrisch), Ptolemäus (geozentrisch) und Tycho Brahe (Hybridmodell).

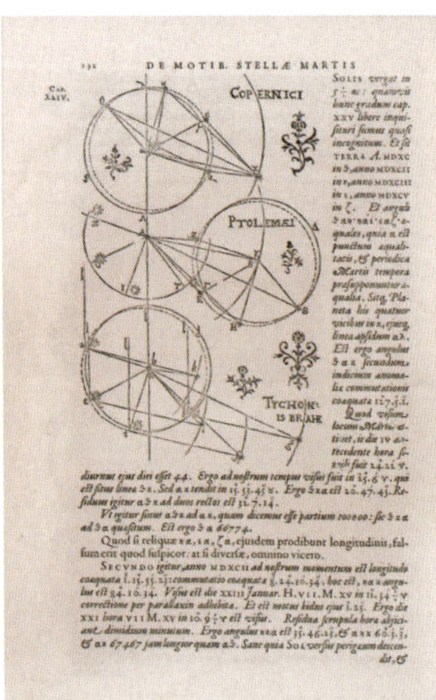

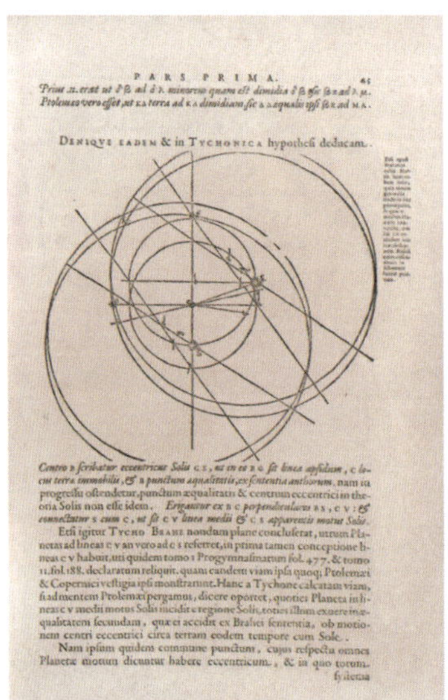

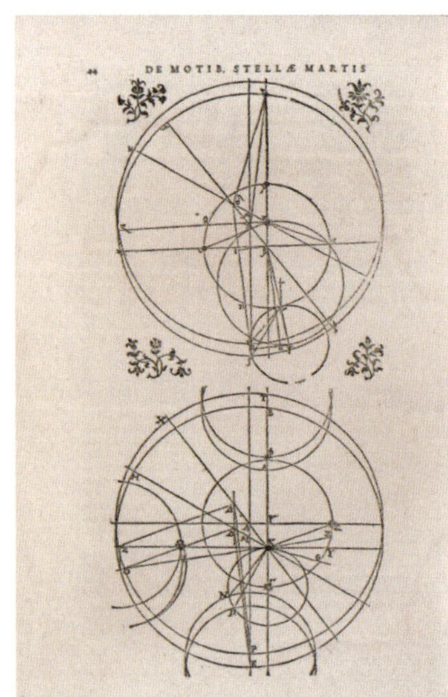

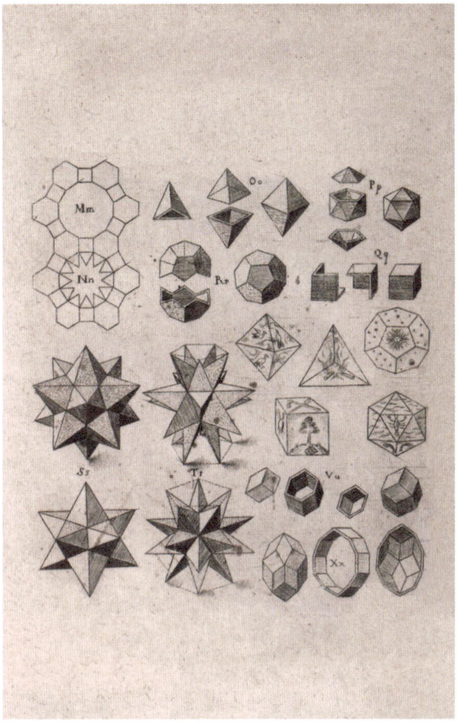

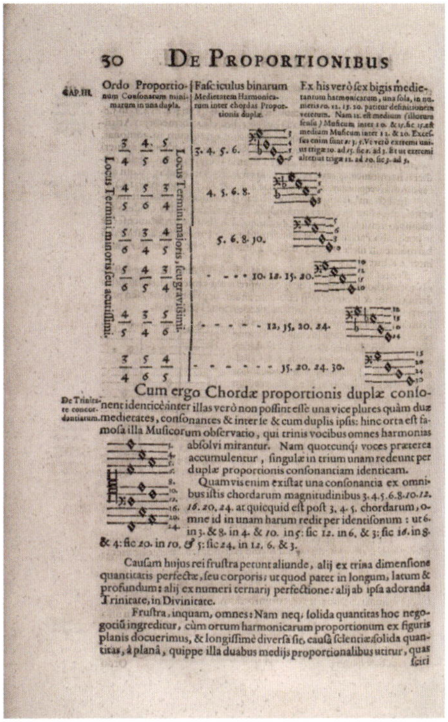

30 DE PROPORTIONIBUS

Cum ergo Chordæ proportionis duplæ conſonent identicè: inter illas verò non poſſint eſſe una vice plures quàm duæ medietates, conſonantes & inter ſe & cum duplis ipſis: hinc orta eſt famoſa illa Muſicorum obſervatio, qui trinis vocibus omnes harmonias abſolvi mirantur. Nam quotcunq; voces præterea accumulentur, ſingulæ in trium unam redeunt per duplæ proportionis conſonantiam identicam.

Quamvis enim exiſtat una conſonantia ex omnibus iſtis chordarum magnitudinibus 3.4.5.6.8.10.12.16.20.24. at quicquid eſt poſt 3. 4. 5. chordarum, omne id in unam harum redit per identiſonum: ut 6. in 3. & 8. in 4. & 10. in 5: ſic 12. in 6. & 3: ſic 16. in 8. & 4: ſic 20. in 10. & 5: ſic 24. in 12. 6. & 3.

Cauſam hujus rei fruſtra petunt aliunde, alij ex trina dimenſione quantitatis perfectæ, ſeu corporis; ut quod patet in longum, latum & profundum: alij ex numeri ternarij perfectione: alij ab ipſa adoranda Trinitate, in Divinitate.

Fruſtra, inquam, omnes: Nam neq; ſolida quantitas hoc negotiũ ingreditur, cùm ortum harmonicarum proportionum ex figuris planis docuerimus, & longiſſimè diverſa ſit, cauſâ ſcientiæ, ſolida quantitas, à planâ, quippe illa duabus medijs proportionalibus utitur, quas ſciri

LINKS UND RECHTS

Harmonice mundi

Zeichnungen, die das Konstruktionsprinzip verschiedener geometrischer Körper zeigen. Beachten Sie die mit Vögeln, Feuer, der Sonne und anderem verzierten Formen.

Für Kepler spielte Musik eine wichtige Rolle in der Welt. Auf dieser Seite finden sich einige seiner Überlegungen zu der Frage, wie Musik mit den Planetenbewegungen zusammenhängen könnte.

Harmonice mundi

Kepler vervollständigte seine Gesetze der Planetenbewegung mit der Veröffentlichung von *Harmonice mundi* (Die Harmonie der Welt) im Jahr 1619, zehn Jahre nach der Publikation der ersten beiden Gesetze. In diesem Buch konzentrierte er sich hauptsächlich darauf, die Größe und Form von Objekten der natürlichen Welt (einschließlich der Planeten und ihrer Bahnen) mithilfe musikalischer Harmonien zu erklären. Kepler war nicht der erste Gelehrte, der über die «Musik der Sphären» nachdachte. Schon in der Antike hatten sich einige kluge Köpfe mit solchen Vorstellungen auseinandergesetzt. Kepler erläuterte jedoch in diesem Werk, auf welche Weise musikalische Harmonien neben Geometrie, Astrologie und Meteorologie aus seiner Sicht den Aufbau des Sonnensystems prägten.

Keplers drittes Gesetz, das im letzten Kapitel dieses Buches enthalten ist, besagt, dass «die Quadrate der Umlaufzeiten der Planeten … sich wie die dritten Potenzen der großen Halbachsen ihrer Bahnellipsen» verhalten. Dieses Gesetz beschreibt zutreffend, was wir im Sonnensystem noch immer beobachten. Heute verstehen wir es als Konsequenz aus dem Newtonschen Gravitationsgesetz und dem Einfluss der Schwerkraft und der Trägheit auf die Geschwindigkeit, mit der sich Planeten auf ihren Umlaufbahnen bewegen.

De mundi aetherei recentioribus phaenomenis liber secundus

Tycho Brahe (1546–1601) ist eine der schillerndsten und ungewöhnlichsten Gestalten in der Geschichte der Astronomie. Seine detaillierten und sorgfältigen Beobachtungen des Nachthimmels wurden zur Grundlage einer wissenschaftlichen Revolution. Brahe entstammte einer reichen dänischen Adelsfamilie. Er scheint einen recht eigenwilligen Charakter besessen zu haben: Während seiner Studienzeit in Deutschland büßte er bei einem Duell einen Teil seiner Nase ein und trug anschließend eine Metallprothese. Nach seiner Rückkehr nach Dänemark gewann er die Gunst des dänischen Königs, der sich bereit erklärte, den Bau des ersten professionellen astronomischen Observatoriums in Europa zu finanzieren. Brahes Sternwarte Uraniborg wurde um 1580 (siehe S. 87 und umseitig) auf einer Insel im heutigen Schweden (damals zu Dänemark gehörend) erbaut, aber leider 1601 zerstört, nachdem Brahe am dänischen Hof in Ungnade gefallen war. Brahe ging ins Exil nach Prag, wo er weiterhin als Astronom arbeitete, nun mit der Unterstützung von Johannes Kepler, mit dem er eine äußerst produktive Zusammenarbeit pflegte. Sein plötzlicher Tod im Alter von nur 54 Jahren nährte Spekulationen, er sei durch eine Quecksilbervergiftung von fremder Hand gestorben, allerdings gibt es dafür keine Beweise.

UNTEN

De mundi aetherei …

Titelseite der Ausgabe von 1588.

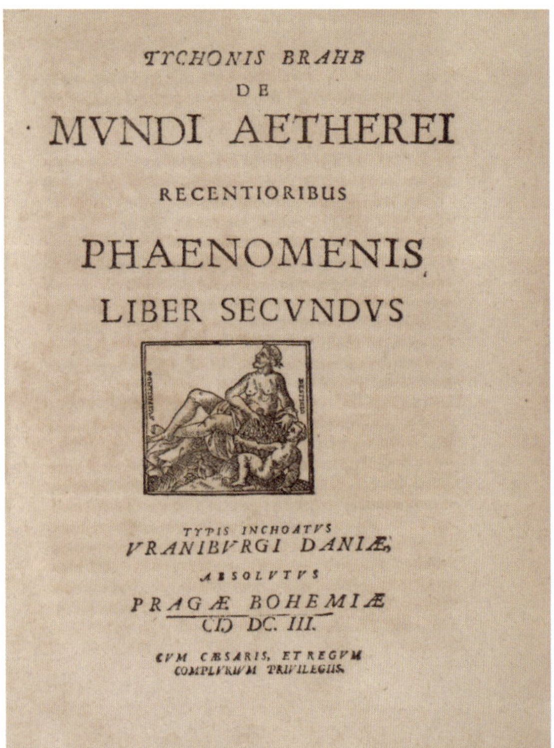

TYCHONIS BRAHE
DE
MVNDI AETHEREI
RECENTIORIBUS
PHAENOMENIS
LIBER SECVNDVS

TYPIS INCHOATVS
VRANIBVRGI DANIÆ,
ABSOLVTVS
PRAGÆ BOHEMIÆ
CIϽ DC. III.

CVM CÆSARIS, ET REGVM
COMPLVRIVM PRIVILEGIIS.

Hier stellen wir den zweiten Band einer dreibändigen Buchreihe vor, in der Brahe seine Beobachtungen des Nachthimmels festhielt und sein hybrides geo-heliozentrisches Modell des Universums darlegte. Dieser zweite Band war der einzige der Reihe, der noch zu Brahes Lebzeiten erschien; er wurde erstmals 1588 veröffentlicht. Der erste Band war zum Zeitpunkt seines Todes noch unvollständig, Brahes ehemaliger Assistent Johannes Kepler veröffentlichte ihn kurz nach Brahes Tod im Jahr 1601. Der dritte Band blieb unvollendet.

Brahe kannte das heliozentrische Modell des Sonnensystems; seine Werke zeigen jedoch, dass er sich eine Erde, die sich bewegt, schlicht nicht vorstellen konnte. Er glaubte, die Erde wäre zu massiv, um sich zu bewegen, und wenn die Heilige Schrift sage, dass sie sich nicht bewege, könne sie sich auch nicht bewegen. Brahe hatte richtig erkannt, dass man, gesetzt den Fall, die Erde bewegt sich, über das Jahr hinweg gewisse Hin-und-Her-Bewegungen der Sterne feststellen müsste (ein Effekt, den wir «Parallaxe» nennen), da sich die näheren Sterne vor dem Hintergrund der weiter entfernten zu bewegen scheinen.
Da Brahe auch mit seinen sorgfältigen Beobachtungsmethoden bei keinem Stern eine derartige Bewegung feststellen konnte, schloss er, das Fehlen der Parallaxe bedeute, dass die Erde sich nicht bewege, weil die Sterne andernfalls unvorstellbar weit entfernt sein müssten. Heute wissen wir natürlich, dass selbst die nächstgelegenen Sterne so weit entfernt sind, dass ihre Parallaxe zu gering ausfällt, um mit präteleskopischen Beobachtungsmethoden gemessen werden zu können.

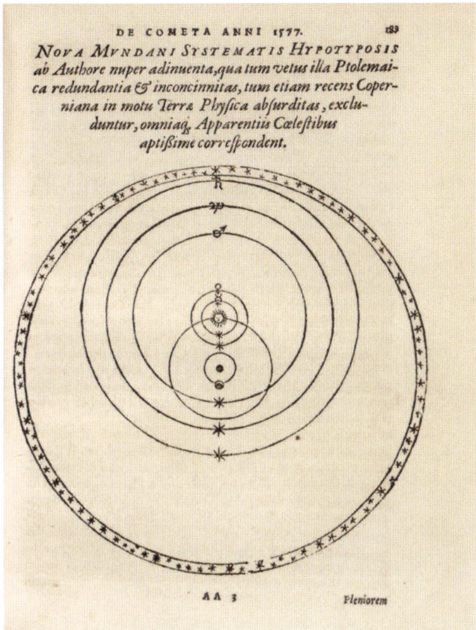

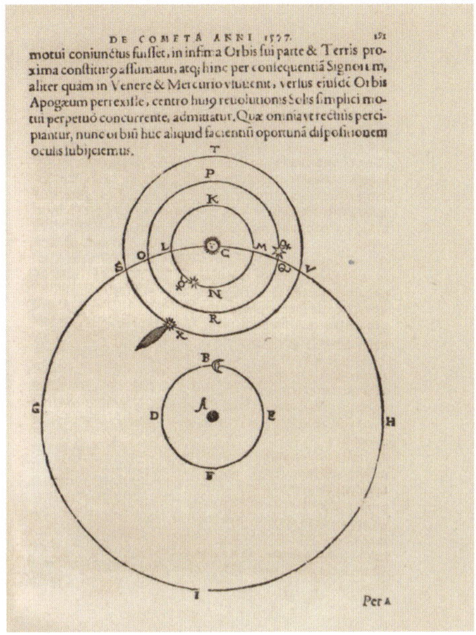

LINKS, RECHTS UND UNTEN

De mundi aetherei …

Das tychonische Weltsystem, wie es in *De mundi* dargestellt wurde: Die Erde befindet sich im Zentrum und wird von Mond und Sonne umkreist, während die anderen Planeten (damals Merkur, Venus, Mars, Jupiter und Saturn) die Sonne umkreisen.

Ausschnitt aus dem inneren Teil des tychonischen Sonnensystems, dem der Große Komet von 1577 mit seiner vermeintlichen Kreisbahn um die Sonne hinzugefügt wurde. Brahe zog aus den Beobachtungen dieses Kometen den Schluss, dass es sich bei Kometen nicht um atmosphärische Phänomene handelte (eine damals diskutierte Hypothese).

Ein Porträt von Tycho Brahe, vermutlich aus dem 17. Jh.

Jedenfalls glaubte Brahe aufgrund seiner Beobachtungen, dass er ein Modell mit einer unbeweglichen Erde benötigte, und wie Kopernikus war auch er von einer sphärischen Planetenbewegung überzeugt. Allerdings sah er auch einen gewissen Nutzen in einem heliozentrischen System und entwickelte daher ein Hybridmodell, in dem die Erde das ruhende Zentrum bildet und der Mond und die Sonne die Erde umkreisen, während alle anderen Planeten die Sonne umkreisen. Mit diesem Modell ließen sich die Bewegungen der Planeten relativ gut vorhersagen, auch wenn die dafür erforderliche Überschneidung der Umlaufbahnen von Mars und Erde aus heutiger Sicht nicht nur als ungünstig, sondern nachgerade als gefährlich einzuschätzen wäre.

Das «tychonische» Weltsystem erfreute sich seinerzeit einiger Popularität, besonders nachdem die katholische Kirche das heliozentrische Modell für häretisch erklärt hatte. Für heutige Astronominnen und Astronomen ist Tycho Brahe vor allem wegen seiner detaillierten Himmelsbeobachtungen von Bedeutung, die es Kepler ermöglichten, das heliozentrische Modell weiterzuentwickeln.

De mundi hält einige dieser Beobachtungsdaten in ganzseitigen Tabellen fest, wobei den Beobachtungen des Kometen von 1577 besondere Aufmerksamkeit gewidmet wird.

RECHTS

Brahes Sternwarte

Grundriss von Brahes Observatorium Uraniborg aus Joan Blaeus umfangreichem *Atlas maior,* der zwischen 1662 und 1672 entstand.

LINKS

Traditionelle Symbole

Auf vielen in diesem Buch abgebildeten Karten und Illustrationen finden sich diese traditionellen Symbole für die Sonne, den Mond und die in der vorteleskopischen Zeit bekannten Planeten des Sonnensystems.

Für später entdeckte Planeten (wie Neptun, Uranus und verschiedene Zwergplaneten) wurden neue Symbole erfunden, allerdings lehnt die Internationale Astronomische Union die Verwendung solcher grafischen Symbole ab.

Sidereus nuncius

Die Erfindung des Fernrohrs durch niederländische Brillenmacher um 1608 sollte den Blick der Astronominnen und Astronomen auf den Nachthimmel ein für alle Mal revolutionieren und Welten jenseits der Erde auf neue und aufregende Weise erschließen.

Galileo Galilei (1564–1642) war der erste Astronom, der ein Fernrohr auf den Nachthimmel richtete. In seiner erstmals 1610 in Venedig veröffentlichten Schrift *Sidereus nuncius* (der Titel lässt sich mit «Sternenbote» oder mit «Botschaft der Sterne» übersetzen) berichtete er von seinen Beobachtungen und schlussfolgerte, dass das, was er sah, ein klarer Beweis für das kopernikanische Modell des Universums sei. Der schmalen Schrift *Sidereus nuncius* ließ er weitere kurze Veröffentlichungen folgen, die heute oft zu einem Werk zusammengefasst werden, darunter sein *Discorso delle comete* (Abhandlung über die Kometen) und die *Lettere solari (Über die Sonnenflecke).*

Allein *Sidereus nuncius* enthält Dutzende von detaillierten Zeichnungen des Mondes, mehrerer Sternbilder und Beschreibungen der «Mediceischen Gestirne» des Jupiters, wie

UNTEN

Sidereus nuncius

Galilei hielt seine Beobachtungen von Bergen auf dem Mond fest und zeigte ihn zum ersten Mal in der Geschichte der Menschheit mit einer Landschaft, die die Vorstellung erlaubte, man könne den Mond betreten. Damit war der Mond nicht länger ein «vollkommener Himmelskörper».

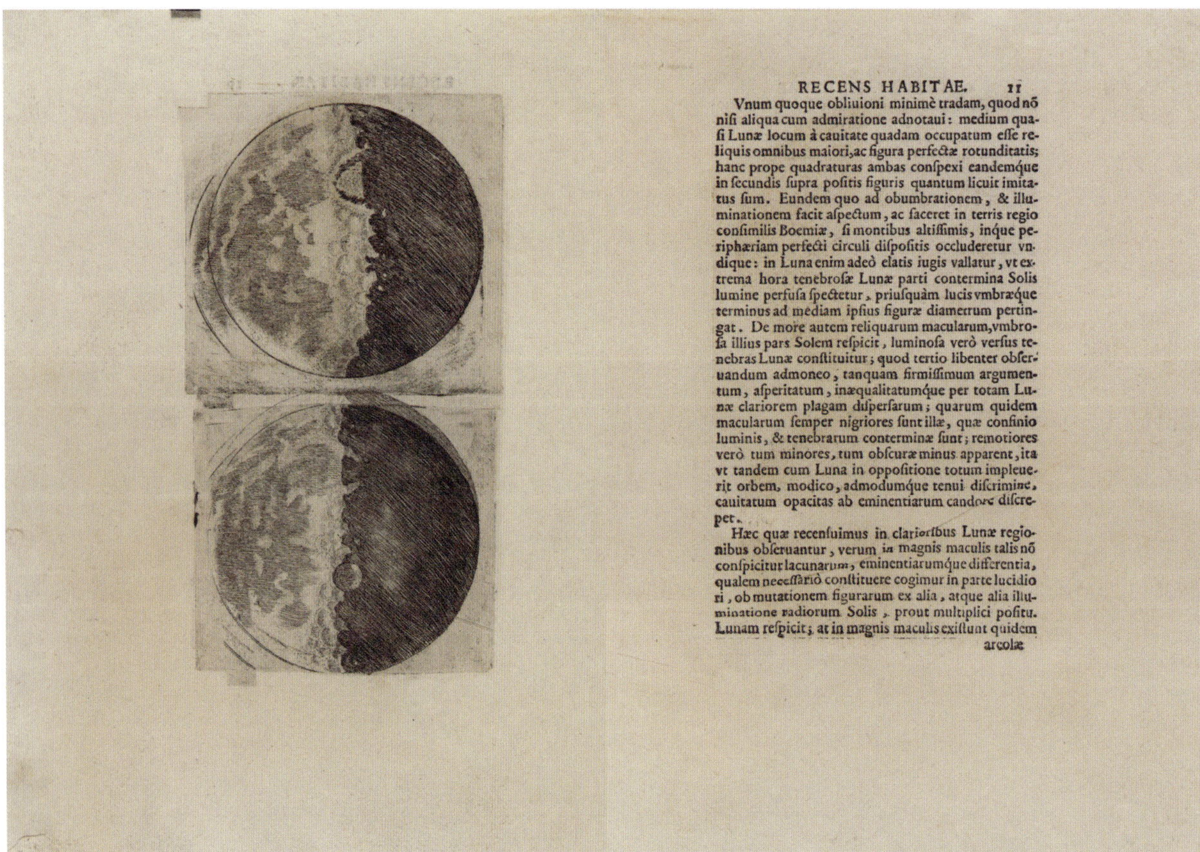

RECENS HABITAE. 11

Vnum quoque obliuioni minimè tradam, quod nō niſi aliqua cum admiratione adnotaui: medium quaſi Lunæ locum à cauitate quadam occupatum eſſe reliquis omnibus maiori, ac figura perfectæ rotunditatis; hanc prope quadraturas ambas conſpexi eandemq́ue in ſecundis ſupra poſitis figuris quantum licuit imitatus ſum. Eundem quo ad obumbrationem, & illuminationem facit aſpectum, ac faceret in terris regio conſimilis Boemiæ, ſi montibus altiſſimis, inq́ue peripheriam perfecti circuli diſpoſitis occluderetur vndique: in Luna enim adeò elatis iugis vallatur, vt extrema hora tenebroſæ Lunæ parti contermina Solis lumine perfuſa ſpectetur, priuſquàm lucis vmbræq́ue terminus ad mediam ipſius figuræ diametrum pertingat. De more autem reliquarum macularum, vmbroſa illius pars Solem reſpicit, luminoſa verò verſus tenebras Lunæ conſtituitur; quod tertio libenter obſeruandum admoneo, tanquam firmiſſimum argumentum, aſperitatum, inæqualitatumq́ue per totam Lunæ clariorem plagam diſperſarum; quarum quidem macularum ſemper nigriores ſunt illæ, quæ confinio luminis, & tenebrarum conterminæ ſunt; remotiores verò tum minores, tum obſcuræ minus apparent, ita vt tandem cum Luna in oppoſitione totum impleuerit orbem, modico, admodumq́ue tenui diſcrimine, cauitatum opacitas ab eminentiarum candore diſcrepet.

Hæc quæ recenſuimus in clarioribus Lunæ regionibus obſeruantur, verum in magnis maculis talis nō conſpicitur lacunarum, eminentiarumq́ue differentia, qualem neceſſariò conſtituere cogimur in parte lucidiori, ob mutationem figurarum ex alia, atque alia illuminatione radiorum Solis, prout multiplici poſitu Lunam reſpicit; at in magnis maculis exiſtunt quidem

arcolæ

Galilei sie nannte (heute kennen wir sie als «Galileische Monde»). Die Veröffentlichung dieser Beobachtungen erregte großes Aufsehen. Galilei beschrieb Berge auf dem Mond, der seit Aristoteles als makelloses Himmelsobjekt in einer vollkommenen Sphäre gegolten hatte. Galilei schilderte stattdessen eine Welt, die zu betreten man sich vorstellen konnte. In seinen *Lettere solari* fügte er Flecke auf der Sonne hinzu, die er beobachtet hatte – vielleicht keine Welt, in der Spaziergänge vorstellbar sind, aber sicher auch keine perfekte Himmelskugel.

Galileis Sternbeobachtungen zeigten, dass sich «Wolken» aus Nebel an manchen Stellen des Himmels, durchs Teleskop betrachtet, in einzelne Sterne auflösten, was auf Sterne schließen ließ, die deutlich weiter entfernt waren als andere. Womöglich war das Universum also viel größer als bis dahin angenommen. Galilei beschrieb, wie sich die von ihm entdeckten «Mediceischen Gestirne» des Jupiters am Himmel bewegten, sich scheinbar immer auf einer geraden Linie befanden, aber von Stunde zu Stunde ihre Position um den Jupiter herum veränderten. Objekte, die den Jupiter – und nicht die Erde – um-

UNTEN

Sidereus nuncius

Sternhaufen, wie sie von Galilei kartiert wurden: Rechts sind die Plejaden (auch «Siebengestirn») zu sehen, ein bekannter, mit bloßem Auge erkennbarer Sternhaufen.

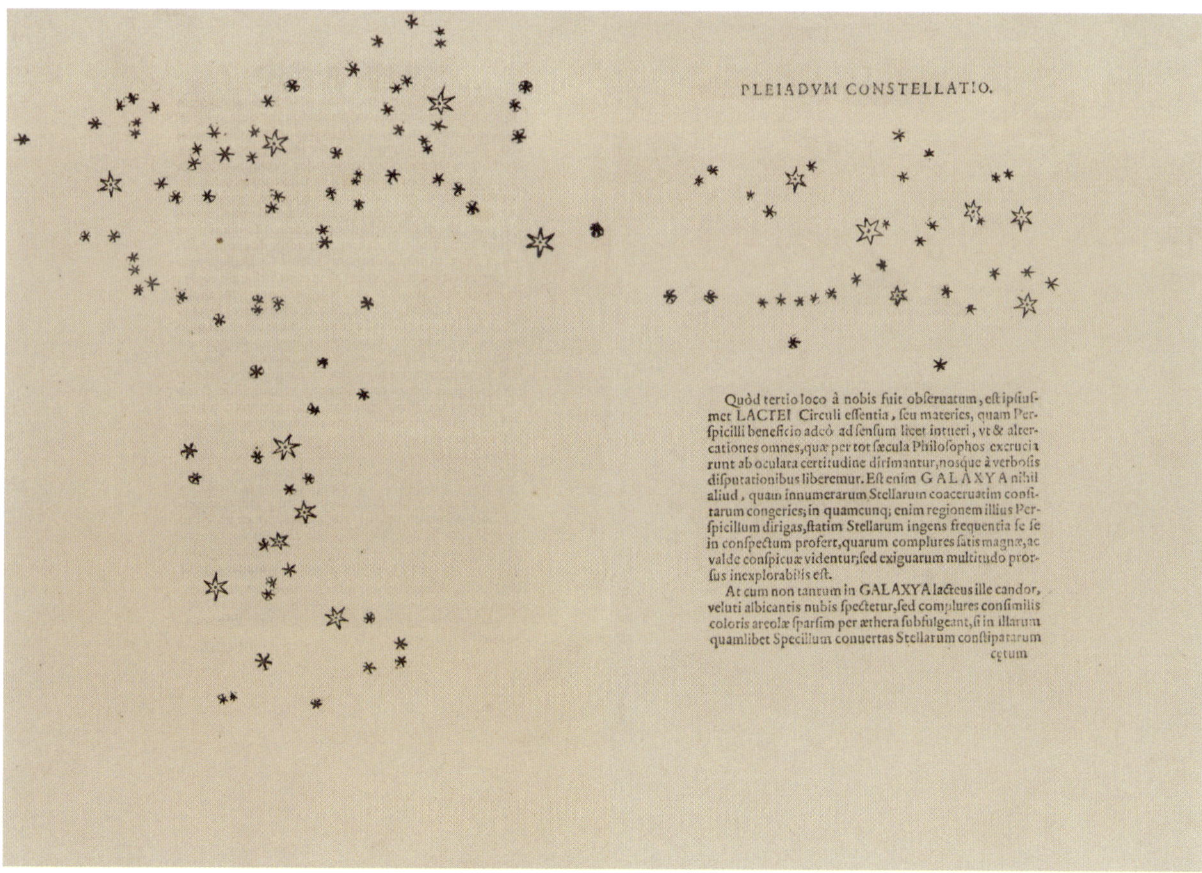
PLEIADVM CONSTELLATIO.

Quòd tertio loco à nobis fuit obſeruatum, eſt ipſiuſmet LACTEI Circuli eſſentia, ſeu materies, quam Perſpicilli beneficio adeò ad ſenſum licet intueri, vt & altercationes omnes, quæ per tot ſæcula Philoſophos excruciarunt ab oculata certitudine dirimantur, noſque à verboſis diſputationibus liberemur. Eſt enim GALAXYA nihil aliud, quam innumerarum Stellarum coaceruatim conſitarum congeries; in quamcunq; enim regionem illius Perſpicillum dirigas, ſtatim Stellarum ingens frequentia ſe ſe in conſpectum profert, quarum complures ſatis magnæ, ac valde conſpicuæ videntur; ſed exiguarum multitudo prorſus inexplorabilis eſt.

At cum non tantum in GALAXYA lacteus ille candor, veluti albicantis nubis ſpectetur, ſed complures conſimilis coloris areolæ ſparſim per æthera ſubfulgeant, ſi in illarum quamlibet Specillum conuertas Stellarum conſtipatarum cętum

kreisten, waren für Galilei ein klarer Hinweis darauf, dass das geozentrische Modell des Universums nicht der Wirklichkeit entsprechen konnte. Offensichtlich kreiste nicht alles um die Erde.

Den letzten Beweis dafür, dass das Sonnensystem heliozentrisch sein musste, lieferten ihm seine Beobachtungen der Venusphasen. In den *Lettere solari* beschrieben, bedeutete die Existenz dieser Phasen, dass sich die Venus manchmal zwischen Erde und Sonne und manchmal jenseits der Sonne befand. Ergo musste die Venus die Sonne umkreisen.

Dieses Werk und die darin geschilderten Beobachtungen und Ideen riefen die Römische Inquisition auf den Plan. Anfang 1616 hatte die katholische Kirche das heliozentrische Weltbild zur Häresie erklärt und Galilei angewiesen, von der Irrmeinung abzulassen, dass die Sonne im Mittelpunkt der Welt stehe und die Erde sich bewege, und sie fortan weder weiter zu unterstützen noch zu lehren noch mündlich oder schriftlich auf irgendeine Weise zu verbreiten. Trotz der eindeutigen wissenschaftlichen Beweise, die Galilei für das heliozentrische Modell gefunden hatte, fügte er sich dieser Anordnung und hielt sich über ein Jahrzehnt daran.

UNTEN

Die Sonne im Fokus

Zeichnungen von Sonnenflecken in Galileis *Lettere solari (Über die Sonnenflecke)* von 1613.

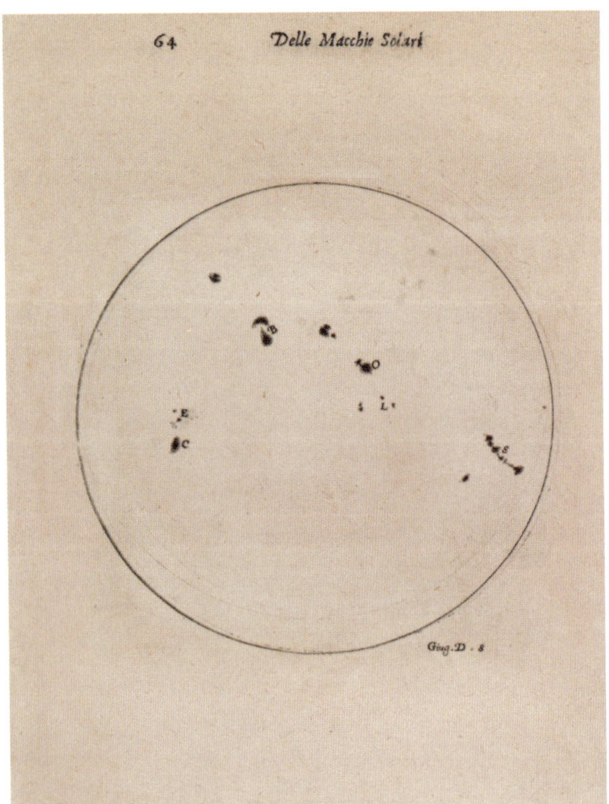

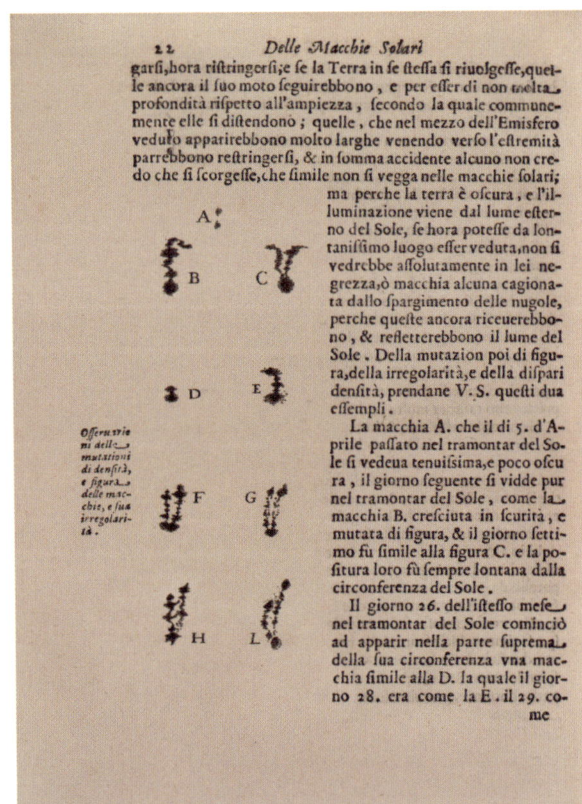

22 *Delle Macchie Solari*

garſi, hora riſtringerſi; e ſe la Terra in ſe ſteſſa ſi riuolgeſſe, quelle ancora il ſuo moto ſeguirebbono, e per eſſer di non molta profondità riſpetto all'ampiezza, ſecondo la quale communemente elle ſi diſtendono; quelle, che nel mezzo dell'Emisfero veduto apparirebbono molto larghe venendo verſo l'eſtremità parrebbono reſtringerſi, & in ſomma accidente alcuno non credo che ſi ſcorgeſſe, che ſimile non ſi vegga nelle macchie ſolari; ma perche la terra è oſcura, e l'illuminazione viene dal lume eſterno del Sole, ſe hora poteſſe da lontaniſſimo luogo eſſer veduta, non ſi vedrebbe aſſolutamente in lei negrezza, ò macchia alcuna cagionata dallo ſpargimento delle nugole, perche queſte ancora riceuerebbono, & refletterebbono il lume del Sole. Della mutazion poi di figura, della irregolarità, e della diſpari denſità, prendane V. S. queſti dua eſſempli.

Oſſeruazioni delle mutazioni di denſità, e figura delle macchie, e ſua irregolarità.

A B C D E F G H L

La macchia A. che il di 5. d'Aprile paſſato nel tramontar del Sole ſi vedeua tenuiſsima, e poco oſcura, il giorno ſeguente ſi vidde pur nel tramontar del Sole, come la macchia B. creſciuta in ſcurità, e mutata di figura, & il giorno ſettimo fu ſimile alla figura C. e la poſitura loro fù ſempre lontana dalla circonferenza del Sole.

Il giorno 26. dell'iſteſſo meſe nel tramontar del Sole cominciò ad apparir nella parte ſuprema della ſua circonferenza vna macchia ſimile alla D. la quale il giorno 28. era come la E. il 29. come

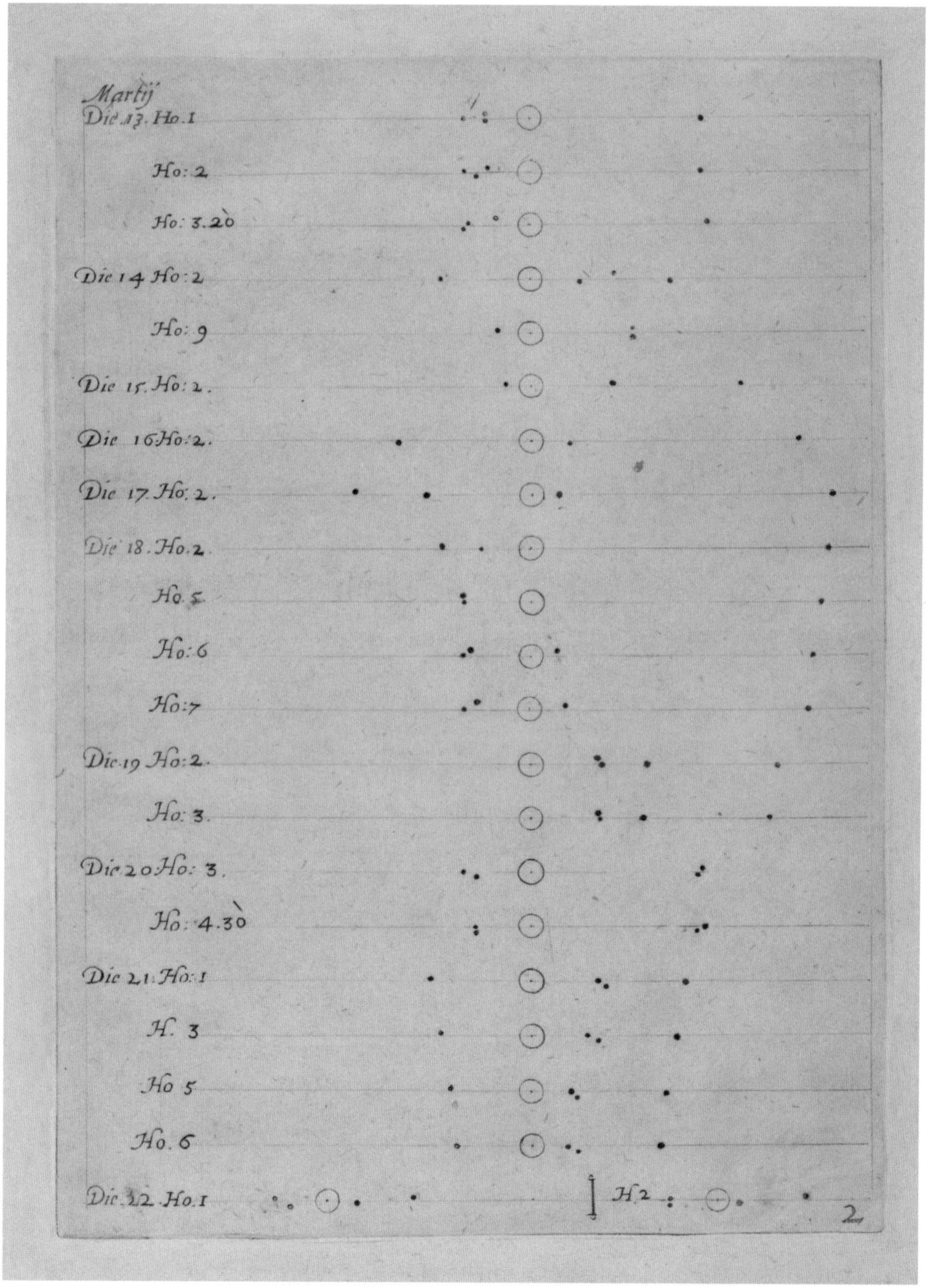

LINKS

Die Mediceischen Gestirne des Jupiters

Diese Seite zeigt eine Reihe datierter Beobachtungen der «Mediceischen Gestirne», die den Jupiter (den größeren Kreis in der Mitte) umkreisen. Heute bezeichnen wir sie als «Galileische Monde».

Dialogo sopra i due massimi sistemi del mondo

Wir verdanken Galileo Galilei eine erstaunliche Zahl von Beiträgen nicht nur zur Astronomie und Physik, sondern auch zur Wissenschaft im Allgemeinen. Viele bezeichnen ihn daher als den Vater der modernen Wissenschaft – seine Arbeiten gehörten zu den ersten, die mit ihren Methoden in etwa dem entsprachen, was wir heute unter wissenschaftlicher Methodik verstehen. Neben astronomischen Beobachtungen mit dem ersten Teleskop führte er zahlreiche Versuche zu Masse, Schwerkraft und Geschwindigkeit durch, darunter das berühmte, aber wohl ins Reich der Legende gehörende Experiment, bei dem er angeblich Kanonen- und Schrotkugeln vom schiefen Turm von Pisa fallen ließ.

In der Geschichte der Werke, mit denen sich Astronomen in Schwierigkeiten brachten, ist der *Dialogo sopra i due massimi sistemi del mondo (Dialog über die beiden hauptsächlichsten Weltsysteme)* besonders berüchtigt. Er wurde 1632 in Galileis Muttersprache Italienisch veröffentlicht und trug seinem Verfasser fast umgehend eine Vorladung der Inquisition ein, die ihn für schuldig befand, sein 16 Jahre zuvor gegebenes Versprechen, den ketzerischen Heliozentrismus nicht länger zu vertreten, gebrochen zu haben. Seine letzten Lebensjahre verbrachte Galilei unter Hausarrest in seiner Villa bei Florenz, bis er 1642 im Alter von 77 Jahren starb.

Der *Dialogo* ist – ungewöhnlich für wissenschaftliche Bücher – aufgebaut wie ein Theaterstück, in dem zwei Philosophen und ein gebildeter Bürger vier Tage lang über die beiden möglichen Modelle des Sonnensystems diskutieren (das kopernikanische oder heliozentrische Modell und das geozentrische oder aristotelische Modell). Die «Jedermann»-Figur namens Sagredo hat zu Beginn keine feste Meinung, während der Philosoph Simplicio (der «Einfältige»), dessen Name nicht sehr subtil gewählt ist, für das geozentrische Modell plädiert und die dritte Figur, ein Philosoph namens Salviati, für das Modell von Kopernikus eintritt.

Im weiteren Verlauf präsentieren Salviati und Simplicio die Argumente der damaligen Zeit für und gegen ein heliozentrisches Modell. Viele der von Salviati vorgebrachten Argumente beziehen sich – vielleicht kaum überraschend – auf Galileis eigene, berühmt gewordene Beobachtungen mit dem ersten astronomischen Teleskop (siehe S. 176–179), darunter die ersten Schilderungen von Flecken auf der Sonne und Bergen auf dem Mond, die «irdische» Unvollkommenheiten von himmlischen Objekten demonstrierten. Außerdem hatte Galilei zuvor auch seine Beobachtungen der vier großen (jetzt «Galileischen») Monde des Jupiters sowie der Venusphasen und der veränderlichen Größe der Venusscheibe veröffentlicht. Solche Befunde lassen sich in einem erdzentrierten Universum, in dem sich alles um die Erde dreht, kaum erklären, denn die Monde umkreisten schließlich eindeutig den Jupiter und nicht die Erde, und die Phasen der Venus belegten, dass diese sich nicht konstant zwischen der Erde und der Sonne befinden kann, sondern aus unserer Perspektive zeitweise auch hinter der Sonne vorbeiziehen muss.

Diese astronomischen Beobachtungen legte Galilei seiner Figur Salviati als Hauptbeweise für das heliozentrische Modell in den Mund. Simplicio hingegen bringt immer wieder die Bibel ins Spiel, und auch seine wissenschaftlichen Argumente (zum Beispiel der Verweis auf die damals weitverbreitete Vorstellung, eine mögliche Bewegung der Erde sei schon deshalb lächerlich, weil Gegenstände senkrecht zu Boden fallen) werden schnell widerlegt. An etlichen Stellen wird er des Irrtums überführt und erscheint als Narr.

LINKS

Dialogo sopra i due massimi sistemi del mondo

Frontispiz der Ausgabe von 1632, das die Protagonisten Sagredo, Simplicio und Salviati bei ihrer Diskussion zeigt.

Gegen Ende des Buches scheint Sagredo von den Argumenten für das heliozentrische Modell überzeugt zu sein, die trotz Galileis Bemühen, den Anschein der Neutralität zu wahren, eindeutig vehementer vertreten werden als die Argumente für das geozentrische Modell. Wie zuvor mit dem Papst vereinbart, beendete Galilei das Buch jedoch mit einem Versuch, sich auf eine neutrale Position zurückzuziehen. Der päpstlichen Anweisung folgend, erklärt er in den letzten Absätzen, dass die gesamte Idee eines heliozentrischen Modells wahrscheinlich falsch sei und dass letztlich nur Gott das Universum verstehen könne. Im Inquisitionsprozess behauptete Galilei, dies sei ein echter Versuch gewesen, nicht für den Heliozentrismus zu plädieren. Allerdings hatte er diese Schlussworte Simplicio in den Mund gelegt, über dessen Einfältigkeit an dieser Stelle des Buches kein Zweifel mehr bestehen konnte. Galilei wurde «der Ketzerei verdächtig» und unter Hausarrest gestellt, das Buch wurde verboten – ebenso wie sämtliche andere seiner Bücher (einschließlich der noch gar nicht geschriebenen).

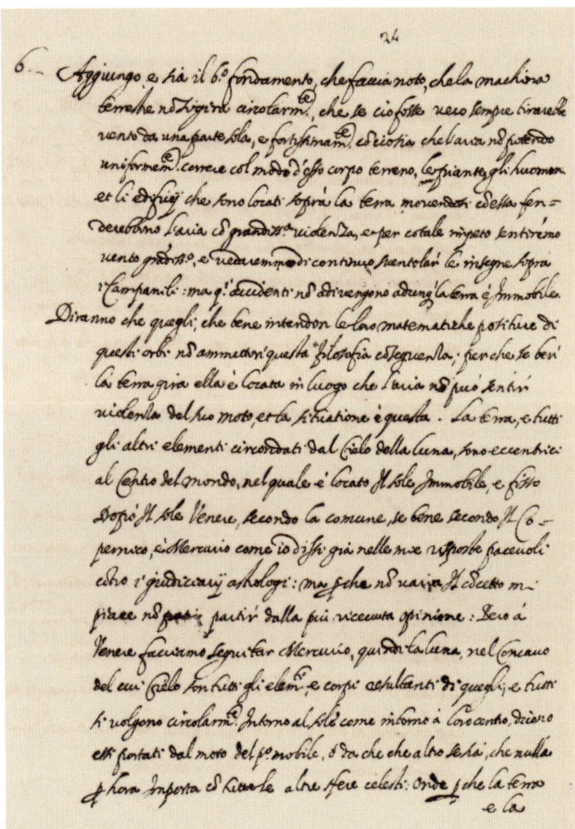

UNTEN

Dialogo sopra i due massimi sistemi del mondo

Seiten aus Galileis handschriftlichem Originalmanuskript, das sich in der Biblioteca Nazionale Centrale in Florenz befindet. Die Zeichnung zeigt das heliozentrische Sonnensystem mit den Bahnen der Planeten (gekennzeichnet durch die Planetensymbole).

Was von diesem Urteil zu halten war, zeigte die Folgezeit: Heute wissen wir, dass das Sonnensystem heliozentrisch ist; Galilei hatte schlicht eine Wahrheit ausgesprochen. Dennoch dauerte es rund 200 Jahre, bis die katholische Kirche ihren Irrtum einräumte: Erst 1835 hob sie – nach Teilaufhebungen im 18. Jahrhundert – den Bann gegen alle Werke, die das heliozentrische Weltbild stützten, vollständig auf. Und erst 1992 rehabilitierte die katholische Kirche Galileo Galilei formal.

UNTEN

Dialogo sopra i due massimi sistemi del mondo

Diese Ausgabe des *Dialogo* wurde 1632 von Giovanni Battista Landini in Florenz gedruckt.

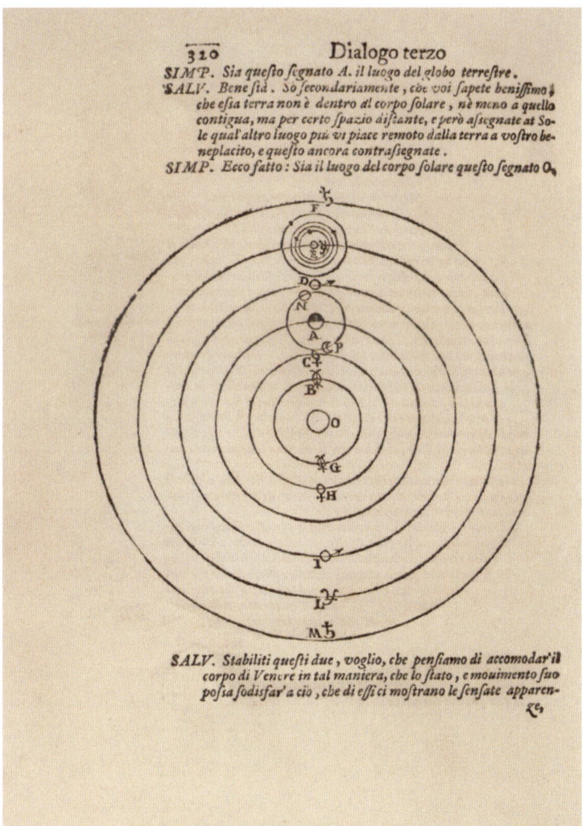

320 Dialogo terzo

SIMP. Sia queſto ſegnato A. il luogo del globo terreſtre.

SALV. Bene ſtà. So ſecondariamente, che voi ſapete beniſſimo, che eſsa terra non è dentro al corpo ſolare, nè meno a quello contigua, ma per certo ſpazio diſtante, e però aſsegnate al Sole qual'altro luogo più vi piace remoto dalla terra a voſtro beneplacito, e queſto ancora contraſsegnate.

SIMP. Ecco fatto: Sia il luogo del corpo ſolare queſto ſegnato O.

SALV. Stabiliti queſti due, voglio, che penſiamo di accomodar'il corpo di Venere in tal maniera, che lo ſtato, e mouimento ſuo poſsa ſodisfar'a cio, che di eſſi ci moſtrano le ſenſate apparen-

ze.

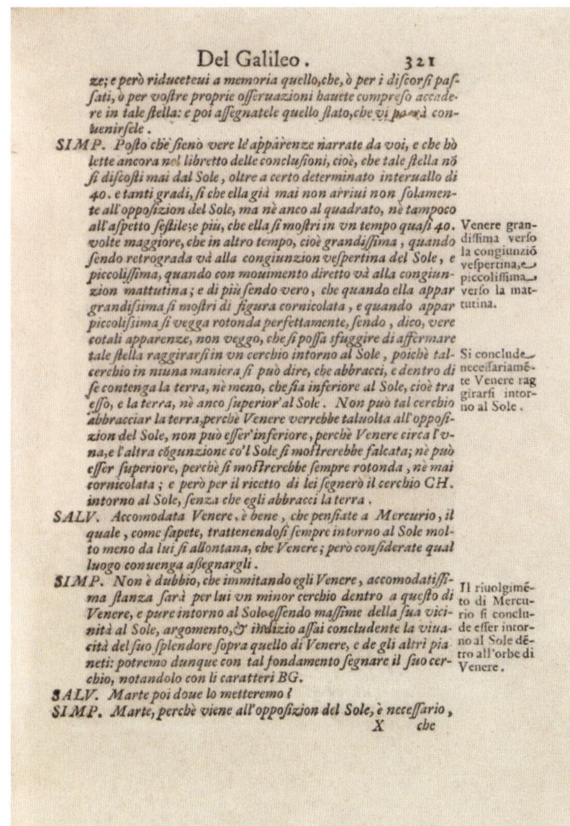

Del Galileo. 321

ze; e però riduceteui a memoria quello, che, ò per i diſcorſi paſſati, ò per voſtre proprie oſſeruazioni hauete compreſo accadere in tale ſtella: e poi aſſegnatele quello ſtato, che vi parrà conuenirſele.

SIMP. Poſto che ſienò vere le apparenze narrate da voi, e che hò lette ancora nel libretto delle concluſioni, cioè, che tale ſtella nō ſi diſcoſti mai dal Sole, oltre a certo determinato interuallo di 40. e tanti gradi, ſi che ella già mai non arriui non ſolamente all'oppoſizion del Sole, ma nè anco al quadrato, nè tampoco all'aſpetto ſeſtile; e più, che ella ſi moſtri in vn tempo quaſi 40. volte maggiore, che in altro tempo, cioè grandiſſima, quando ſendo retrograda và alla congiunzion veſpertina del Sole, e piccoliſſima, quando con mouimento diretto và alla congiunzion mattutina; e di più ſendo vero, che quando ella appar grandiſsima ſi moſtri di figura cornicolata, e quando appar piccoliſsima ſi vegga rotonda perfettamente, ſendo, dico, vere cotali apparenze, non veggo, che ſi poſſa sfuggire di affermare tale ſtella raggirarſi in vn cerchio intorno al Sole, poichè tal cerchio in niuna maniera ſi può dire, che abbracci, e dentro di ſe contenga la terra, nè meno, che ſia inferiore al Sole, cioè tra eſſo, e la terra, nè anco ſuperior'al Sole. Non può tal cerchio abbracciar la terra, perchè Venere verrebbe taluolta all'oppoſizion del Sole, non può eſſer'inferiore, perchè Venere circa l'vna, e l'altra cōgiunzione co'l Sole ſi moſtrerebbe falcata; nè può eſſer ſuperiore, perchè ſi moſtrerebbe ſempre rotonda, nè mai cornicolata; e però per il ricetto di lei ſegnerò il cerchio CH. intorno al Sole, ſenza che egli abbracci la terra.

Venere grandiſſima verſo la congiunziō veſpertina, e piccoliſſima verſo la mattutina.

Si conclude neceſſariamēte Venere raggirarſi intorno al Sole.

SALV. Accomodata Venere, è bene, che penſiate a Mercurio, il quale, come ſapete, trattenendoſi ſempre intorno al Sole molto meno da lui ſi allontana, che Venere; però conſiderate qual luogo conuenga aſsegnargli.

SIMP. Non è dubbio, che immitando egli Venere, accomodatiſſima ſtanza ſarà per lui vn minor cerchio dentro a queſto di Venere, e pure intorno al Sole, eſſendo maſſime della ſua vicinità al Sole, argomento, & indizio aſſai concludente la viuacità del ſuo ſplendore ſopra quello di Venere, e de gli altri pianeti: potremo dunque con tal fondamento ſegnare il ſuo cerchio, notandolo con li caratteri BG.

Il riuolgimēto di Mercurio ſi conclude eſſer intorno al Sole dētro all'orbe di Venere.

SALV. Marte poi doue lo metteremo?

SIMP. Marte, perchè viene all'oppoſizion del Sole, è neceſſario,

X che

Utriusque cosmi hiſtoria

Während Galilei die wissenschaftliche Methode entwickelte, Beweise für ein heliozentrisches Universum fand und sich Ärger mit der katholischen Kirche einhandelte, hielten andere Denker am Geozentrismus fest.

In *Utriusque cosmi hiſtoria* schildert Robert Fludd (1574–1637), mehr als ein Jahrzehnt nach Galileis ersten teleskopischen Beobachtungen und 80 Jahre nachdem Kopernikus sein Modell der Öffentlichkeit präsentiert hatte, ein klar geozentrisches Universum. Das Buch, dessen vollständiger Titel *Utriusque cosmi, maioris scilicet et minoris, metaphysica, physica, atque technica hiſtoria* (Die metaphysische, physikalische und technische Geschichte der beiden Welten, der größeren und der kleineren) lautet, ist streng genommen kein astronomisches Werk, enthält aber einige kuriose und merkwürdig schöne astronomische Illustrationen. Fludd stellte seine Weltsicht und sein kosmologisches Modell vor und erläuterte, wie dieses Modell für ein besseres Verständnis des Menschen und seiner Krankheiten eingesetzt werden könnte. Wie viele seiner Zeitgenossen (zum Beispiel Kepler, siehe S. 168–171) pflegte Fludd wissenschaftliche Interessen, die man aus heutiger Sicht im Grenzbereich zwischen Wissenschaft und Okkultismus verorten würde. Er entwarf ein geozentrisches Universum, in dem Kreise der Erde, des Wassers und der Luft neben denen des Mondes, der Sonne, der hellen Planeten und der Fixsterne stehen und der äußere Himmel mit Engeln und Cherubinen gefüllt ist.

LINKS, RECHTS UND GEGENÜBERLIEGENDE SEITE

Utriusque cosmi historia

Schon das Titelblatt des erstmals 1624 erschienenen Buches verrät die Absicht des Autors, Bezüge zwischen dem Kosmos und der menschlichen Gesundheit und Krankheit herzustellen, wie es in dieser Epoche der Geschichte üblich war.

Diese Grafik zeigt vermutlich Fludds Modell des Universums: In der Mitte die Erde mit Menschen und Tieren, umgeben von Ozeanen voller Meeresbewohner und einem Himmel voller Vögel, darauf folgen Kreise mit Symbolen der Planeten in der für vorkopernikanische geozentrische Modelle typischen Reihenfolge. Außerhalb der Sphäre der Fixsterne scheinen sich Putten und Engel zu tummeln.

Ein schöner Stich, der den Aufbau des Universums nach Robert Fludd ins Bild setzt.

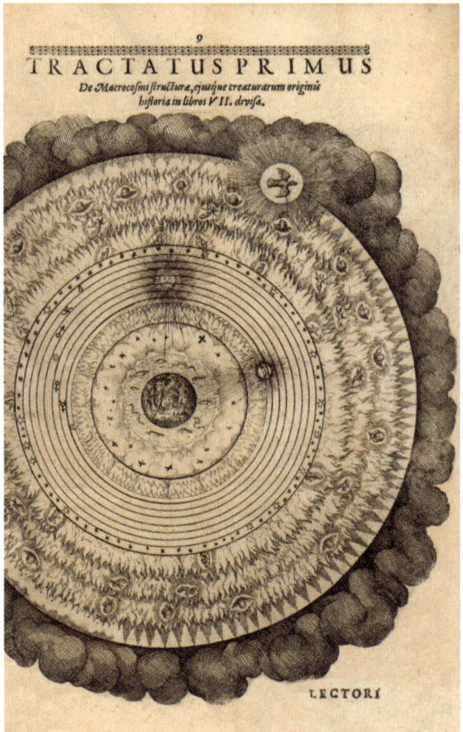

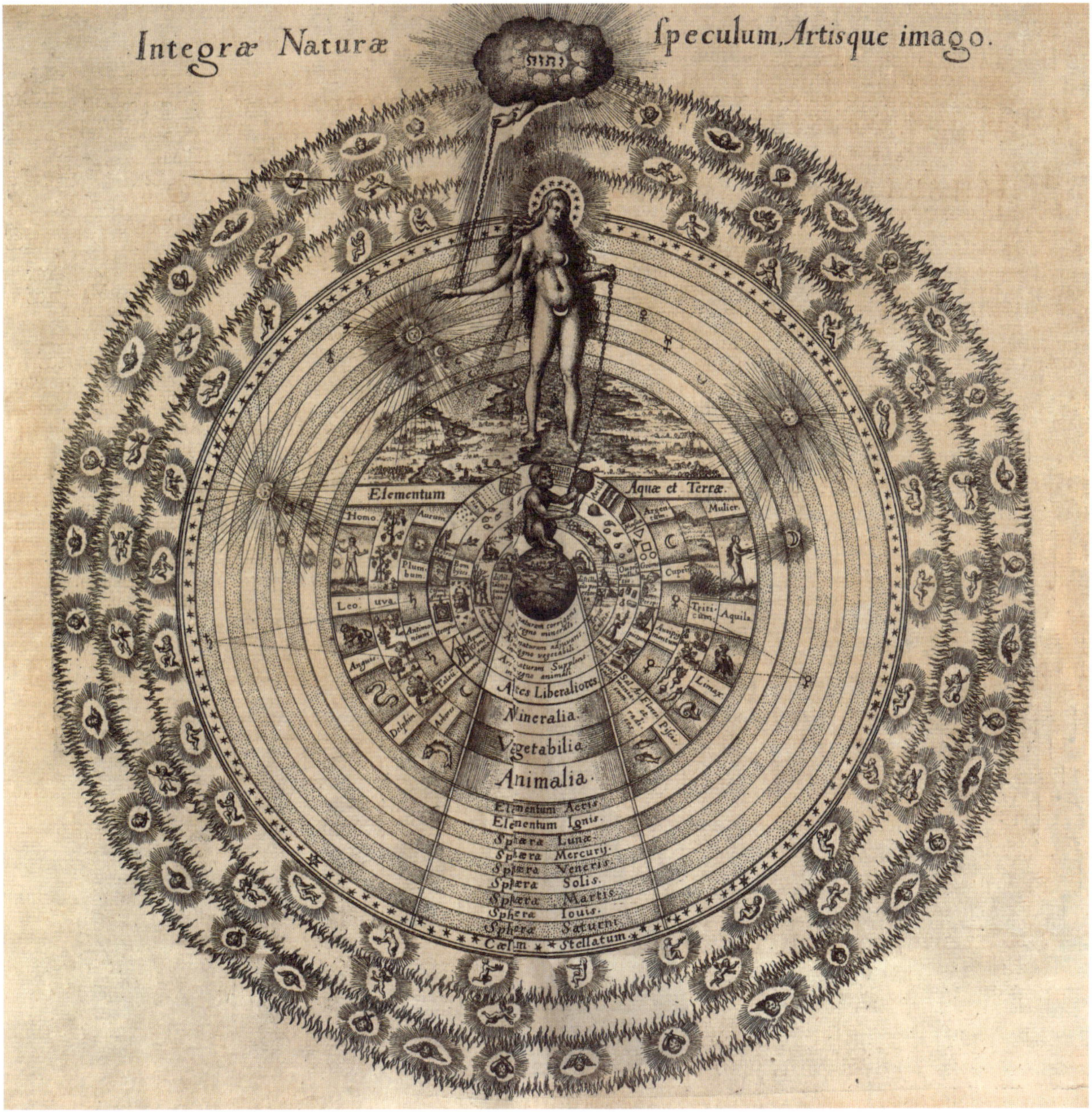
Integræ Naturæ
speculum, Artisque imago.
Elementum
Aquæ et Terræ.
Homo.
Mulier.
Leo.
Aquila.
Artes Liberaliores.
Mineralia.
Vegetabilia.
Animalia.
Elementum Aeris.
Elementum Ignis.
Sphæra Lunæ.
Sphæra Mercurij.
Sphæra Veneris.
Sphæra Solis.
Sphæra Martis.
Sphæra Iouis.
Sphæra Saturni.
Cælum Stellatum.

Ars magna lucis et umbrae

Eine Karte des Nachthimmels, die schräg aufgestellt werden kann, vermutlich eine Art Planisphäre (die anzeigt, wo man welche Sternbilder zu einem bestimmten Zeitpunkt findet).

Der 28-tägige Zyklus der Mondphasen – an den Spiralen lässt sich die Zeitspanne ablesen, in der der Mond jeweils am Nachthimmel zu sehen ist.

Ars magna lucis et umbrae

Ars magna lucis et umbrae (Die große Kunst von Licht und Schatten) ist ein Werk mit atemberaubenden Illustrationen, das die Wissenschaft des Lichts und die Vielfalt an Möglichkeiten der menschlichen Interaktion mit dem Licht erforscht.

Das von Athanasius Kircher (1602–1680) verfasste und erstmals 1646 in Rom veröffentlichte Buch behandelt ein breites Themenspektrum, beschäftigt sich mit der Natur der Farbe an sich, aber auch mit der Verwendung von Linsen und Spiegeln, sowohl für die Projektion von Bildern in abgedunkelten Räumen als auch für die Astronomie. Ein Abschnitt behandelt die Möglichkeit, das Universum mithilfe von Licht auszumessen. Es enthält außerdem astronomische Illustrationen zum Sonnen- und Mondlicht, zu den Planeten und zur Zeitmessung sowie einige (für die damalige Zeit typische) Tabellen für die medizinische Astrologie.

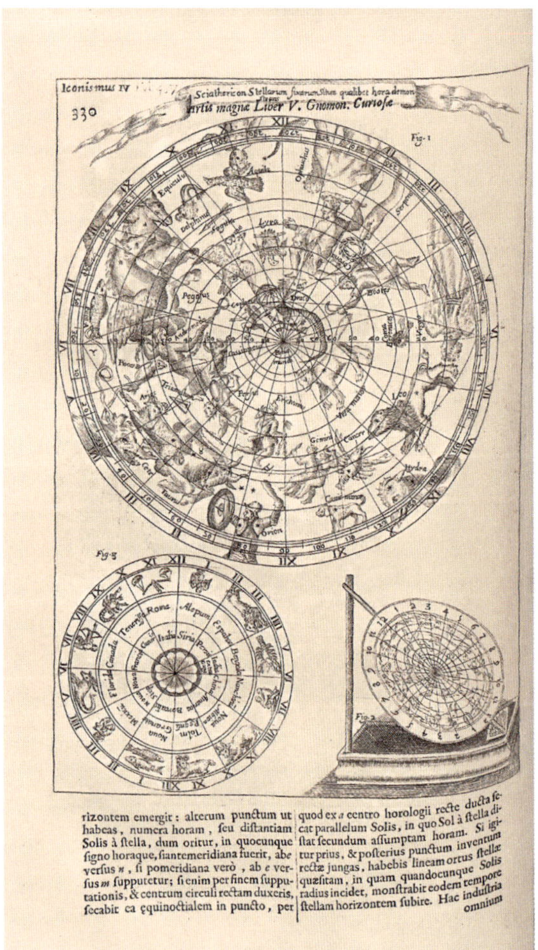

LINKS, VON OBEN IM UHRZEIGERSINN

Ars magna lucis et umbrae

Eine moderne Aufnahme des Mondes, erstellt von der NASA. Der helle Krater unten links trägt den Namen Tycho (nach Tycho Brahe, siehe S. 172–175), die sternförmigen Streifen («Strahlen» genannt) entstanden durch Material, das bei der Entstehung des Kraters herausgeschleudert wurde.

Eine detaillierte Skizze des Mondes mit zahlreichen Kratern, darunter einige Strahlenkrater. Weil hier die umgedrehte (teleskopische) Ansicht des Mondes abgebildet wurde, ist der Krater Tycho oben statt unten zu sehen.

Eine Darstellung der Phasen von Venus oder Merkur, die sich innerhalb der Erdbahn um die Sonne bewegen.

Eine frühe Abbildung von Saturn (unten, mit «Ohren» oder «Henkeln») und Jupiter (oben, mit zwei Ansichten der charakteristischen Ringe) in einem gedruckten Buch.

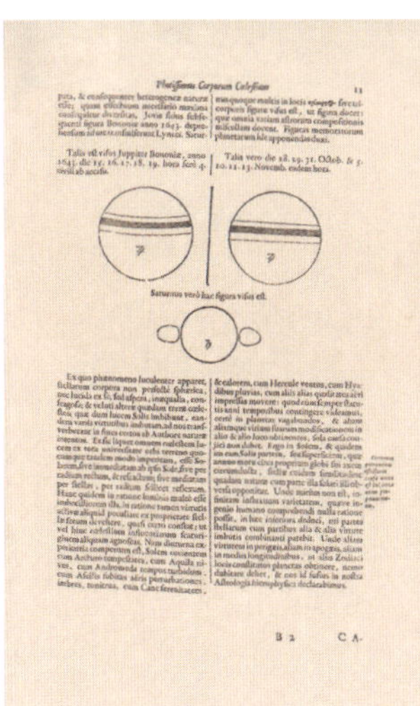

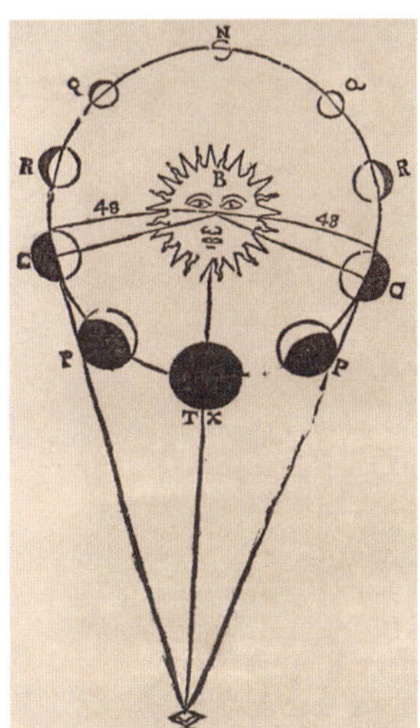

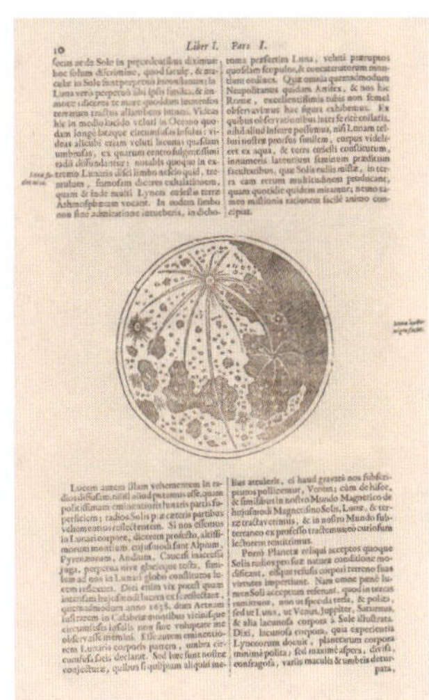

UNTEN

Geozentrisches Modell

Das ptolemäische geozentrische Modell des Universums war 1660, als die *Harmonia macrocosmica* erschien, noch immer verbreitet, obwohl Galilei und andere bereits nachgewiesen hatten, dass es nicht zutreffen konnte.

Harmonia macrocosmica

Hier seien die schönen Abbildungen der drei verschiedenen – und damals (rund 20 Jahre nach Galileis Tod) noch stark umstrittenen – Modelle des Universums erwähnt. Eine ausführlichere Darstellung dieses 1660 von Andreas Cellarius veröffentlichten Werks und der darin enthaltenen Sternkarten finden Sie auf den S. 35–40.

UNTEN

Geo-heliozentrisches Modell

Tycho Brahes hybrides geo-heliozentrisches Modell, wie es in der *Harmonia macrocosmica* präsentiert wurde.

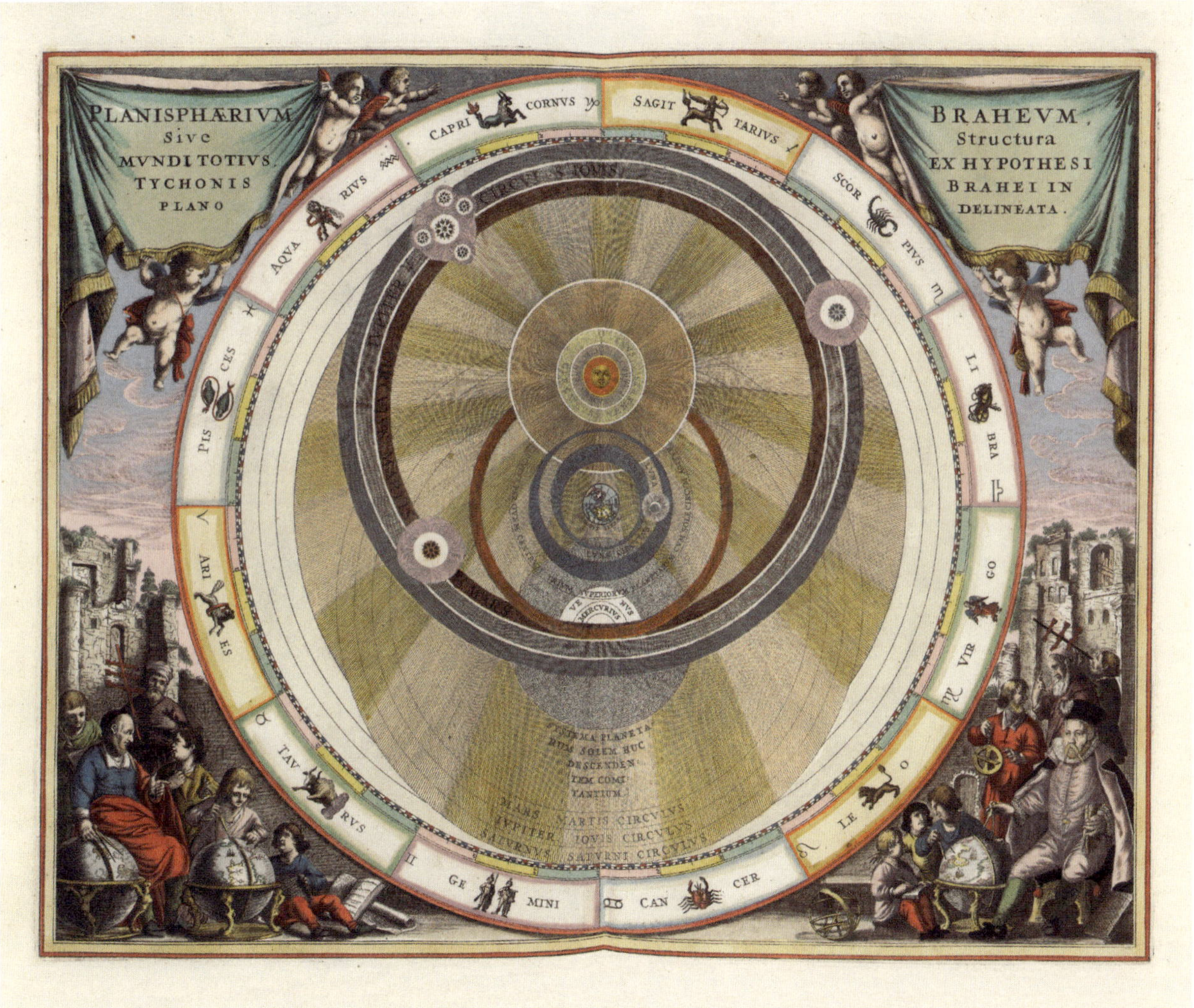

PLANISPHÆRIVM
Sive
VNIVERSI TO:
EX HYPO:
COPERNI
PLANO

LINKS

Heliozentrisches Modell

Das kopernikanische heliozentrische Modell des Universums, wie es in der *Harmonia macrocosmica* dargestellt wurde. Dieses Modell entspricht am ehesten unserem heutigen Kenntnisstand in Bezug auf den Aufbau des Sonnensystems, auch wenn die Planetenbahnen, wie wir inzwischen wissen, keine perfekten Kreise sind.

Atlas novus coelestis in quo mundus spectabilis

Dieser wunderschön illustrierte Atlas des deutschen Astronomen Johann Gabriel Doppelmayr (1677–1750) erschien erstmals 1742 in Nürnberg. Der *Atlas novus (Der Himmelsatlas)* enthält 30 prächtig kolorierte Tafeln, die etliche Aspekte der damaligen Vorstellung vom Universum illustrieren. Die berühmteste dieser Tafeln (siehe S. 198–199) zeigt ein Modell des Universums: ein detailreiches und konsequent heliozentrisches Sonnensystem mit den damals bekannten Planeten. Um die Planeten mit Monden sind die Bahnen der Monde eingezeichnet, und die Umlaufbahnen von Mars, Jupiter und Saturn wurden mit zusätzlichen Details versehen. Das Universum jenseits unseres Sonnensystems ist durch einen Ring dargestellt, der die Sternbilder des Tierkreises um die «Sphäre der Fixsterne» umfasst.

Während der Kreis in der Mitte das Hauptmodell des Universums zeigt, enthalten die Zeichnungen an den Rändern des Kreises weitere Details, die vom physikalischen Wissen jener Zeit zeugen. Eine ganze Schar von Putten demonstriert die Nutzung diverser astronomischer Instrumente, darunter ein Teleskop, Sextanten und etwas, das wie ein Navigationszirkel zur Messung von Entfernungen auf Karten aussieht. Oben links ist eine «maßstabsgetreue» Darstellung der Planeten im Verhältnis zur Sonne zu sehen, die erstaunlich nahe an heutige Messergebnisse herankommt. Darunter sehen wir Einzelheiten der Oberflächen von Erde, Mars, Venus und Merkur. Außerdem enthält die Tafel die Darstellung der Sonnenfinsternis vom Mai 1706 und ein Schema des Ablaufs von Mondfinsternissen. In der rechten unteren Ecke befindet sich eine Art historische Reminiszenz an verschiedene Weltsysteme (von Ptolemäus, Tycho Brahe und Kopernikus), während in der rechten oberen Ecke, dort, wo die ausführliche Notiz für den «Benevole Spectator» (den wohlwollenden Betrachter) zu finden ist, zahlreiche heliozentrische Systeme in den Wolken verstreut sind. Dabei scheint es sich um eine Spekulation über mögliche Welten außerhalb unseres Sonnensystems zu handeln. Der Autor gibt die damalige Auffassung von der enormen Distanz zur Sonne wieder (er erwähnt, dass eine Kanonenkugel ganze 25 Jahre bräuchte, um die Sonne zu erreichen), die jedoch nichts sei im Vergleich zu der gewaltigen Entfernung zu den Sternen, für deren Überwindung eine Kanonenkugel fast 700 000 Jahre benötigen würde.

Doppelmayrs Atlas zeigt die astronomische Wissenschaft an der Schwelle zur Entdeckung der Unermesslichkeit des Universums, da sie sich über die Gleichsetzung des Sonnensystems mit «alles, was existiert» hinausbewegte und im Weltraum ein potenzielles Ziel für künftige Reisen sah. Es sollte jedoch noch weitere 100 Jahre dauern, bis die Entfernungen zu den Sternen durch die Messung der Parallaxe bestätigt wurden (siehe S. 210).

RECHTS

Atlas novus coelestis …

In diesem hübschen Detailausschnitt sind ein paar Putten eifrig bemüht, das Universum mithilfe von Sextanten, Karten und Messinstrumenten zu begreifen.

UNTEN

Atlas novus coelestis …

Eine sehr informative Seite über den Mond mit zahlreichen Details. Heute würden wir vermutlich von einer «Infografik» sprechen.

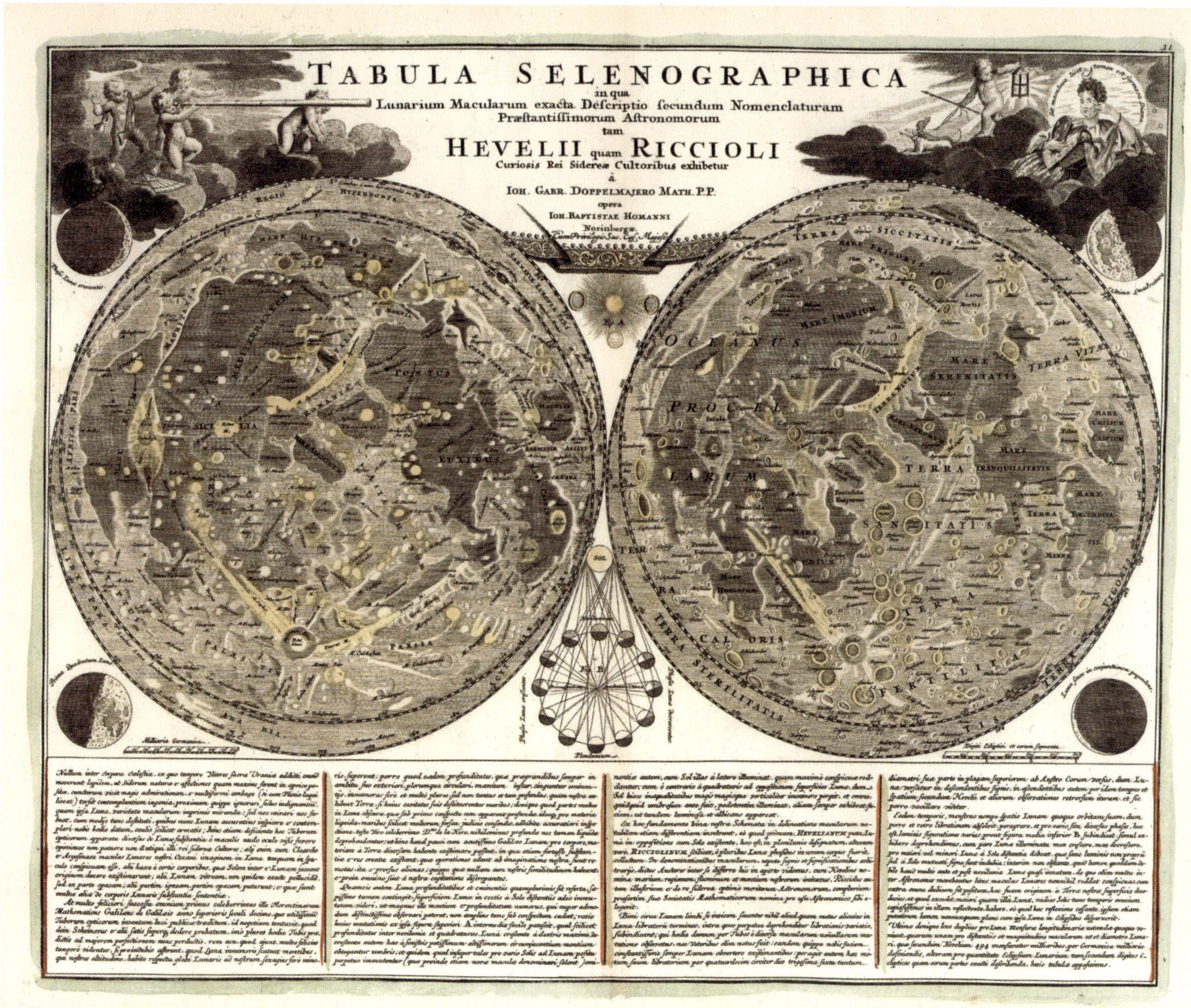

OBEN UND RECHTS

Größenverhältnisse

Abbildung der Planetengrößen im Verhältnis zur Sonne in Doppelmayrs Atlas aus dem 18. Jh. im Vergleich zu einer von der NASA erstellten Abbildung aus dem 21. Jh.

GEGENÜBERLIEGENDE SEITE

Atlas novus coelestis …

Ein wunderschöner Stich, der sehr detaillierte Informationen über die tatsächlichen und scheinbaren Bewegungen von Venus und Merkur enthält. Die Beobachtungsdaten und -winkel für das Jahr 1710 sind markiert und zeigen, dass die Planeten sich (aus der Erdperspektive) rückläufig zu bewegen scheinen. Auf jeder Bahn sind außerdem Perihel und Aphel (der sonnennächste bzw. sonnenfernste Punkt) markiert, was darauf hindeutet, dass ein elliptisches Orbitmodell verwendet wurde. Die kleinen Nebenbilder enthalten Vorhersagen für den Merkurtransit von 1710 und den Venustransit von 1761.

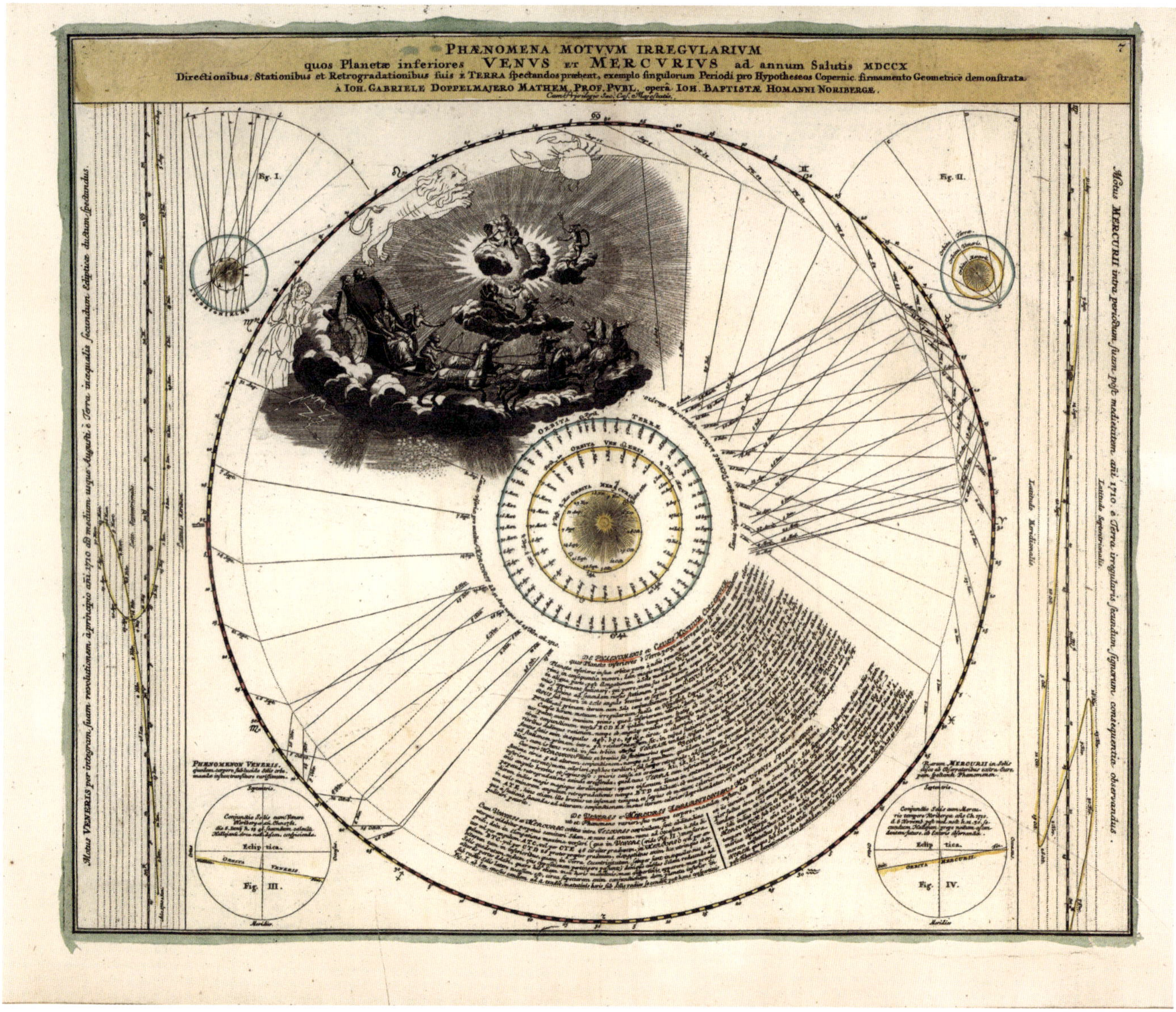
PHÆNOMENA MOTVVM IRREGVLARIVM
quos Planetæ inferiores VENVS ET MERCVRIVS ad annum Salutis MDCCX
Directionibus, Stationibus et Retrogradationibus suis ♁ TERRA spectandos præbent, exemplo singulorum Periodi pro Hypotheseos Copernic. firmamento Geometrice demonstrata
à IOH. GABRIELE DOPPELMAJERO MATHEM. PROF. PVBL. operâ IOH. BAPTISTÆ HOMANNI NORIBERGÆ.
Fig. I.
Fig. II.
Fig. III.
Fig. IV.
PHÆNOMENON VENERIS
Eclip tica.
Ecliptica.

UNTEN

Atlas novus coelestis …

Verschiedene «Phänomene» der Planeten und des Sonnensystems, darunter die Phasen von Venus und Merkur, verschiedene Ansichten der Marsoberfläche, das Erscheinungsbild des Saturns im Laufe eines vollständigen Saturnjahres und das veränderliche Aussehen der Wolkenbänder auf dem Jupiter im Zeitverlauf.

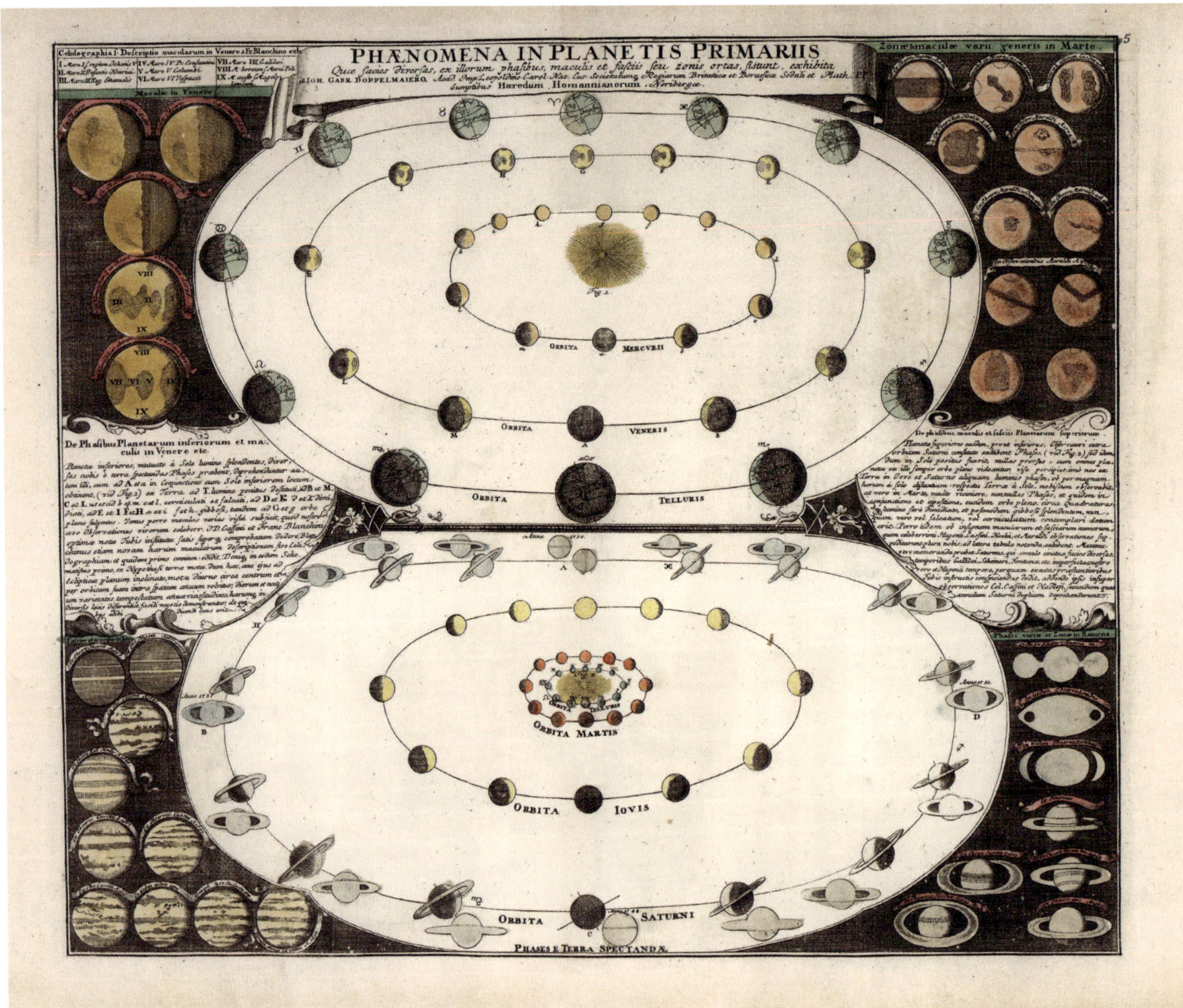

UNTEN

Atlas novus coelestis …

Eine grafische Darstellung der Gründe für die unterschiedliche Tageslänge zu den verschiedenen Jahreszeiten und an verschiedenen Orten der Erde in einem kopernikanischen, d. h. heliozentrischen Universum (Mitte), umrahmt von Darstellungen anderer «Weltsysteme» antiker und zeitgenössischer Denker.

ex hypothesi Copernicana secundum elegantissimas
Magnitudines corporum Planetariorum respectu Solis Geometrice exhibitae
SOL
LEO
VIRGO
LIBRA
SCORPIUS
SAGITTARIUS
SEPTEMBER
OCTOBER
NOVEMBER
DECEMBER

LINKS

Atlas novus coelestis …

Eine weitere beeindruckende Infografik, die erkennen lässt, wie das Universum um die Mitte des 18. Jh. gesehen wurde. In der Mitte befindet sich das heliozentrische Sonnensystem, umgeben von Abbildungen der Sternbilder des Tierkreises. Am Rand zu sehen (von oben links entgegen dem Uhrzeigersinn): die Größenverhältnisse der Planeten, die Oberflächen von Erde, Mars, Venus und Merkur, Details einer Sonnenfinsternis, Putten, die die Verwendung astronomischer Instrumente demonstrieren bzw. frühere Modelle des Sonnensystems zeigen, der Ablauf einer Mondfinsternis und Kommentare zur Möglichkeit von Reisen zu anderen Sternensystemen und die wahrscheinliche Ausdehnung des Universums jenseits unseres Sonnensystems.

UNTEN UND GEGENÜBERLIEGENDE SEITE

Principia

Seiten aus der Erstausgabe der *Principia,* die Isaac Newton am Rand und auf Zwischenblättern mit handschriftlichen Anmerkungen versah.

Philosophiae naturalis principia mathematica

Das Werk *Philosophiae naturalis principia mathematica (Mathematische Grundlagen der Naturphilosophie),* kurz: *Principia,* von Isaac Newton (1643–1727) wurde schon Mitte des 18. Jahrhunderts als Meilenstein für die Wissenschaft im Allgemeinen und die Astronomie im Besonderen bezeichnet. In einem Zeitraum von 40 Jahren wurden drei Hauptausgaben dieses Werks gedruckt. Die erste erschien 1687. 26 Jahre später, im Jahr 1713, veröffentlichte Newton eine Fassung, in der er verschiedene Fehler korrigiert hatte. Die letzte, endgültige Fassung wurde 1726, im Jahr von Newtons Tod, publiziert.

Newton war ein englischer Mathematiker, Physiker und Astronom, der vor allem für sein Gravitationsgesetz und die in den *Principia* veröffentlichten Gesetze der Planetenbewegungen bekannt ist. Zudem verdanken wir ihm wichtige Beiträge zur Optik, darunter die Entwicklung des ersten Teleskops, das Spiegel anstelle von Linsen nutzte – noch heute sprechen wir vom Newton-Teleskop (siehe S. 41). Newton gilt außerdem (neben Gottfried Wilhelm Leibniz, 1646–1716) als Vater der Infinitesimalrechnung.

Isaac Newton entstammte dem niederen Landadel und wurde im Alter von 18 Jahren zum Studium an der Universität Cambridge zugelassen. Nur sechs Jahre später wurde er, obwohl die Universität wegen der «Großen Pest» (eine Beulenpestepidemie in den Jahren 1665–1666) für zwei Jahre hatte schließen müssen, Fellow und damit Fakultätsmitglied. Newton war nicht nur Wissenschaftler, sondern hatte auch einen Sitz im Parlament inne und leitete als Aufseher der Königlichen Münze die Entwicklung einer neuen englischen Währung.

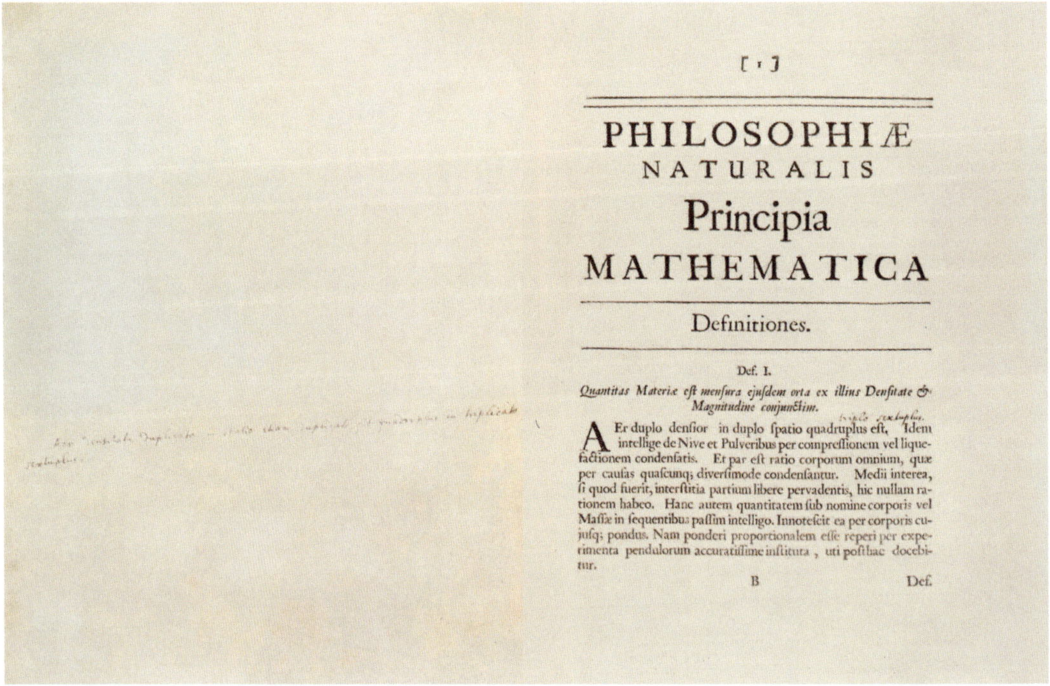
[1]

PHILOSOPHIÆ NATURALIS Principia MATHEMATICA

Definitiones.

Def. I.

Quantitas Materiæ est menſura ejuſdem orta ex illius Denſitate & Magnitudine conjunctim.

AEr duplo denſior in duplo ſpatio quadruplus eſt. Idem intellige de Nive et Pulveribus per compreſſionem vel liquefactionem condenſatis. Et par eſt ratio corporum omnium, quæ per cauſas quaſcunq; diverſimode condenſantur. Medii interea, ſi quod fuerit, interſtitia partium libere pervadentis, hic nullam rationem habeo. Hanc autem quantitatem ſub nomine corporis vel Maſſæ in ſequentibus paſſim intelligo. Innoteſcit ea per corporis cujuſq; pondus. Nam ponderi proportionalem eſſe reperi per experimenta pendulorum accuratiſſime inſtituta, uti poſthac docebitur.

B Def.

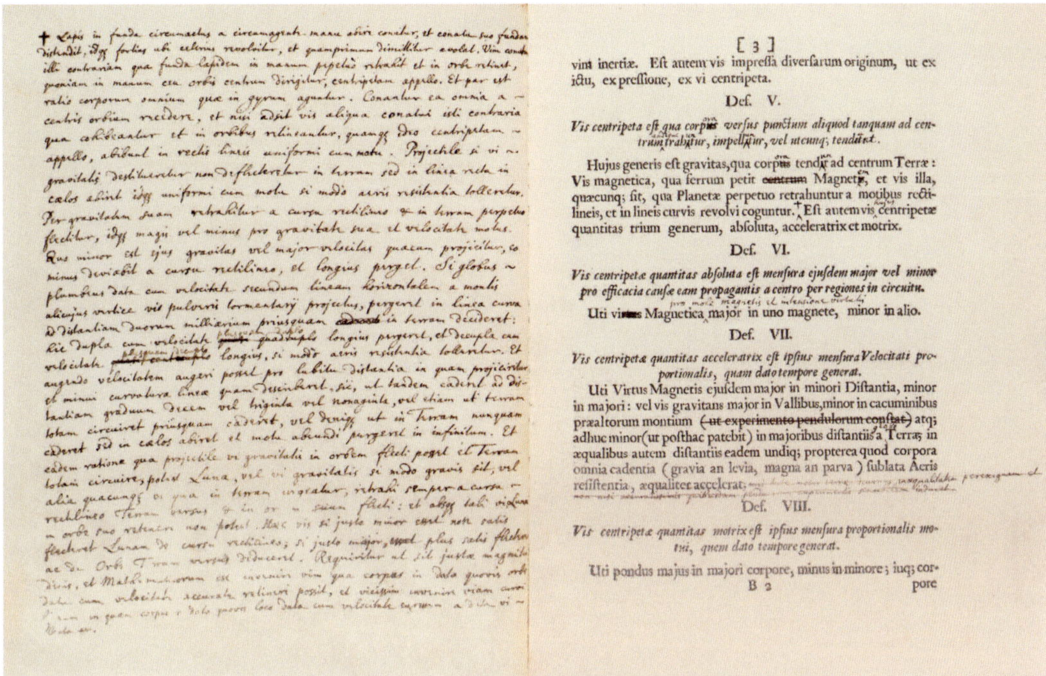

[3]

vim inertiæ. Est autem vis impressa diversarum originum, ut ex ictu, ex pressione, ex vi centripeta.

Def. V.

Vis centripeta est qua corpus versus punctum aliquod tanquam ad centrum trahitur, impellitur, vel utcunq; tendit.

Hujus generis est gravitas, qua corpus tendit ad centrum Terræ: Vis magnetica, qua ferrum petit centrum Magnetis, et vis illa, quæcunq; sit, qua Planetæ perpetuo retrahuntur a motibus rectilineis, et in lineis curvis revolvi coguntur. Est autem vis centripetæ quantitas trium generum, absoluta, acceleratrix et motrix.

Def. VI.

Vis centripetæ quantitas absoluta est mensura ejusdem major vel minor pro efficacia causæ eam propagantis a centro per regiones in circuitu.

Uti vis Magnetica major in uno magnete, minor in alio.

Def. VII.

Vis centripetæ quantitas acceleratrix est ipsius mensura Velocitati proportionalis, quam dato tempore generat.

Uti Virtus Magnetis ejusdem major in minori Distantia, minor in majori: vel vis gravitans major in Vallibus, minor in cacuminibus præaltorum montium (ut experimento pendulorum constat) atq; adhuc minor (ut posthac patebit) in majoribus distantiis a Terra; in æqualibus autem distantiis eadem undiq; propterea quod corpora omnia cadentia (gravia an levia, magna an parva) sublata Aeris resistentia, æqualiter accelerat.

Def. VIII.

Vis centripetæ quantitas motrix est ipsius mensura proportionalis motui, quem dato tempore generat.

Uti pondus majus in majori corpore, minus in minore; inq; cor-

B 2 pore

Die Veröffentlichung der *Principia* vollendete die kopernikanische Wende insofern, als es den Beginn einer neuen, mathematischen Revolution markierte. Die *Principia* stellten den ersten groß angelegten Versuch dar, die Eigenschaften und Bewegungen von Objekten im Raum mithilfe physikalischer Gesetze und mathematischer Überlegungen zu verstehen. Sie definierten jenes Teilgebiet der modernen Physik, das als «klassische Mechanik» bezeichnet wird und sich mit der Mathematik der Bewegung von Körpern befasst. Heute würden wir dieses Werk unter den Begriff der «Astrophysik» fassen, doch als es erstmals veröffentlicht wurde, galt noch nicht einmal die «Physik» als eigenes Gebiet der Wissenschaft.

In den *Principia* griff Newton auf Keplers empirische Gesetze der Planetenbewegung (siehe S. 168–171) zurück und erklärte sie zu natürlichen Konsequenzen eines einfachen Gravitationsgesetzes, wenn dieses mit seinen drei grundlegenden Gesetzen der Bewegung kombiniert werde. Er beschrieb die Schwerkraft als eine Kraft, die von der Masse der beteiligten Körper abhängt und einem Abstandsgesetz (inverse-square law) folgt. Letzteres bedeutet einfach, dass die Newtonsche Gravitationskraft mit dem Quadrat des Abstands zwischen den massiven Objekten abnimmt – das heißt, sie wird mit zunehmendem Abstand rasch kleiner. Die drei Newtonschen Bewegungsgesetze, die heute in jedem Physik-Proseminar gelehrt werden, lauten folgendermaßen: (1) «Jeder Körper verharrt in seinem Zustand der Ruhe oder der gleichförmig-geradlinigen Bewegung, sofern er nicht durch einwirkende Kräfte zur Änderung seines Zustands gezwungen wird», (2) «Die Bewegungsänderung ist zur einwirkenden Kraft proportional und hat die gleiche Richtung wie die einwirkende Kraft», und (3) «Der Einwirkung ist die Rückwirkung immer entgegengesetzt und gleich» (das heißt, wenn man auf etwas einwirkt, wirkt es auf einen zurück). Zusammengenommen und auf Planeten angewandt, bedeuten diese Axiome, dass für die Bewegung der Planeten auf ihren Bahnen eine Kraft – die Schwerkraft – erforderlich ist und dass diese Kraft im Falle der weit entfernten Planeten geringer ist, sodass diese Planeten letztlich ihre Richtung langsamer ändern und zum Beispiel länger brauchen, um sich um die Sonne zu bewegen.

Diese einfachen Gesetze und neue Entwicklungen in der Mathematik ermöglichten es Newton, eine Vielzahl von Befunden bei der Beobachtung des Sonnensystems zu erklären und die Massen sämtlicher Planeten zu schätzen. Mit diesen Methoden konnte er nicht nur die Keplerschen Gesetze der Planetenbewegung erklären, sondern auch, auf welche Weise der Mond die Gezeiten entstehen lässt und warum es Spring- und Nipptiden gibt (was mit der relativen Position von Mond und Sonne zu tun hat). Newton bot außerdem eine Erklärung zur «Präzession der Tagundnachtgleichen» – einen langsamen, 26 000 Jahre dauernden Zyklus, in dem der Frühlings- und der Herbstpunkt (wenn die Sonne im Himmelsäquator steht) einmal durch alle Tierkreiszeichen wandern, was durch ein Phänomen, eine kreiselartige Rotationsbewegung der Erdachse, verursacht wird. Er konnte sogar Rückschlüsse auf die Form der Erde ziehen: eine nicht ganz perfekte Kugel, weil sie durch ihre Rotation leicht gequetscht wird.

Eine der bedeutenden Neuerungen Newtons, die er in den *Principia* zu entwickeln begann, ist die Anwendung der Infinitesimalrechnung in der Astronomie (und der Wissenschaft allgemein). Dieses Teilgebiet der Mathematik ermöglicht es, den Überblick über Variablen zu behalten, die sich ständig verändern – in der mathematischen Astronomie etwa der Abstand eines Planeten zur Sonne und dessen Einfluss auf die Schwerkraft, die auf den Planeten wirkt, oder auch die sich ständig ändernde Geschwindigkeit eines Planeten auf seiner Umlaufbahn. Ohne die Infinitesimalrechnung sind die für solche Berechnungen erforderlichen geometrischen Methoden sehr viel komplexer und umständlicher. In der Wissenschaftsgeschichte herrscht bis heute keine Einigkeit in der Frage, inwieweit Newton bei der Entwicklung seiner in den *Principia* dargestellten Theorien auf die Infinitesimalrechnung zurückgegriffen hat, obwohl er selbst mit den Worten zitiert wird, er habe «viel Gebrauch von der Methode gemacht». Allerdings ist in den *Principia* selbst noch wenig oder gar keine Infinitesimalrechnung enthalten, stattdessen werden die Argumente mit den Mitteln der Geometrie – zahlreichen geometrischen Zeichnungen – entfaltet.

Die spektakulärste Grafik der *Principia* zeigt Details der Umlaufbahn des damals sogenannten «Großen Kometen von 1680». Dieser Komet muss ein ziemlich spektakulärer Anblick gewesen sein, als er mit seinem extrem langen Schweif am herbstlichen Himmel erschien; manchen Berichten zufolge war er sogar tagsüber sichtbar. Nach diesem ersten Erscheinen blieb er eine Zeit lang verschwunden, während er die Sonne umrundete. Als er dann im Frühjahr 1681 wieder auftauchte, wurde er zunächst für ein neues Objekt gehalten, doch der damalige königliche Astronom John Flamsteed (siehe S. 45–51) vertrat die Ansicht, dass es sich um die Wiederkehr des Großen Kometen handeln müsse. Newton griff diese These schließlich auf, und nachdem er sich auch Flamsteeds Aufzeichnungen über die Bahn des Kometen angeeignet hatte (wohl ohne dessen Erlaubnis – offenbar hatte er sich nachts zusammen mit Edmond Halley in das Observatorium geschlichen), nutzte er diese Daten für einen spektakulären Test seiner Gesetze der Schwerkraft und der Bewegung. Die Abbildung zeigt sehr schön die parabolische Umlaufbahn des Kometen.

[37]

SECT. II.

De Inventione Virium Centripetarum.

Prop. I. Theorema. I.

Areas quas corpora in gyros acta radiis ad immobile centrum virium ductis deſcribunt, & in planis immobilibus conſiſtere, & eſſe temporibus proportionales.

Dividatur tempus in partes æquales, & prima temporis parte deſcribat corpus vi inſita rectam *AB*. Idem ſecunda temporis parte, ſi nil impediret, recta pergeret ad *c*, (per Leg. I) deſcribens lineam *Bc* æqualem ipſi *A*B, adeo ut radiis *AS*, B*S*, *cS* ad centrum actis, confectæ forent æquales areæ *A S*B, B*Sc*. Verum ubi corpus venit ad B, agat vis centripeta impulſu unico ſed magno, faciatq; corpus a recta B*c* deflectere & pergere in recta B*C*. Ipſi B*S* parallela agatur *cC* occurrens B*C* in *C*, & completa ſecunda temporis parte, corpus (per Legum Corol. 1) reperietur in *C*, in eodem plano cum triangulo A*SB*. Junge *SC*, & triangulum *SBC*, ob parallelas S*B*, *Cc*, æquale erit triangulo *SBc*, atq; adeo etiam triangulo *SAB*. Simili argumento ſi vis

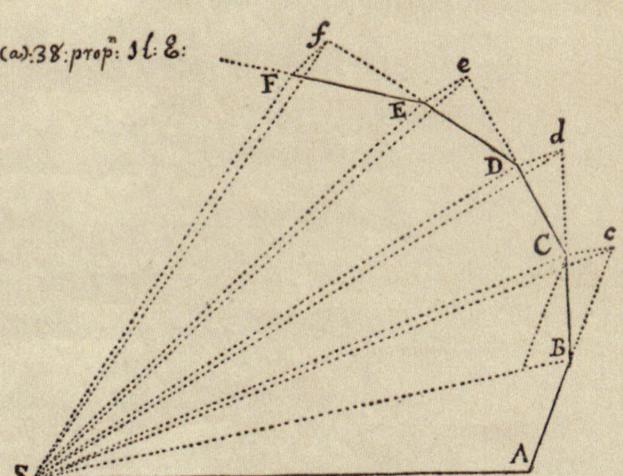

LINKS

Principia

Eine der vielen Seiten der *Principia,* auf denen sich erklärende geometrische Zeichnungen befinden. Auf dieser Seite geht es um die Auswirkungen der Zentripetalbeschleunigung, die jeder Körper erfährt, der sich auf einer gekrümmten Bahn bewegt.

UNTEN

Principia

Die Bahn des «Großen Kometen von 1680» im Detail.

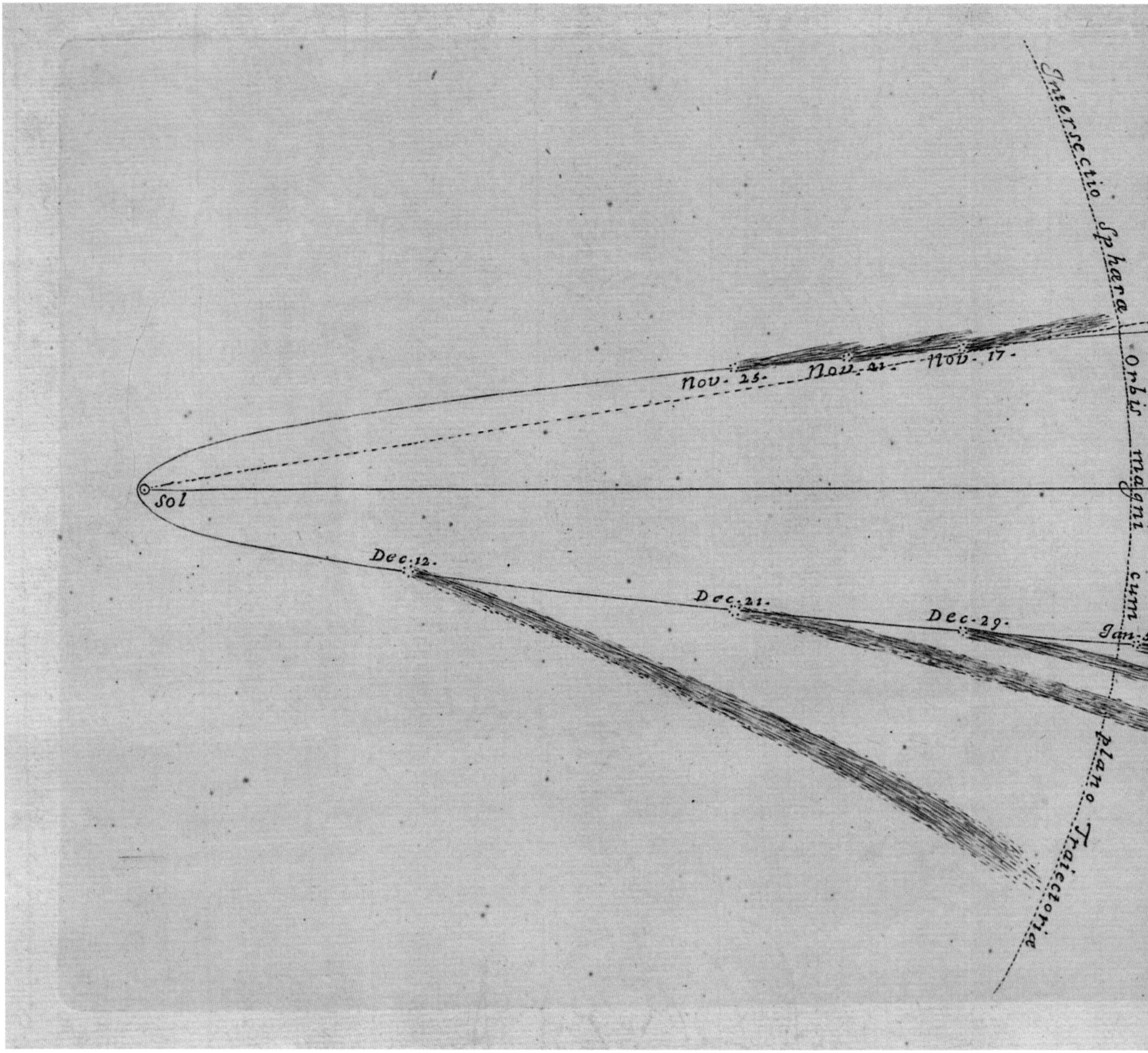

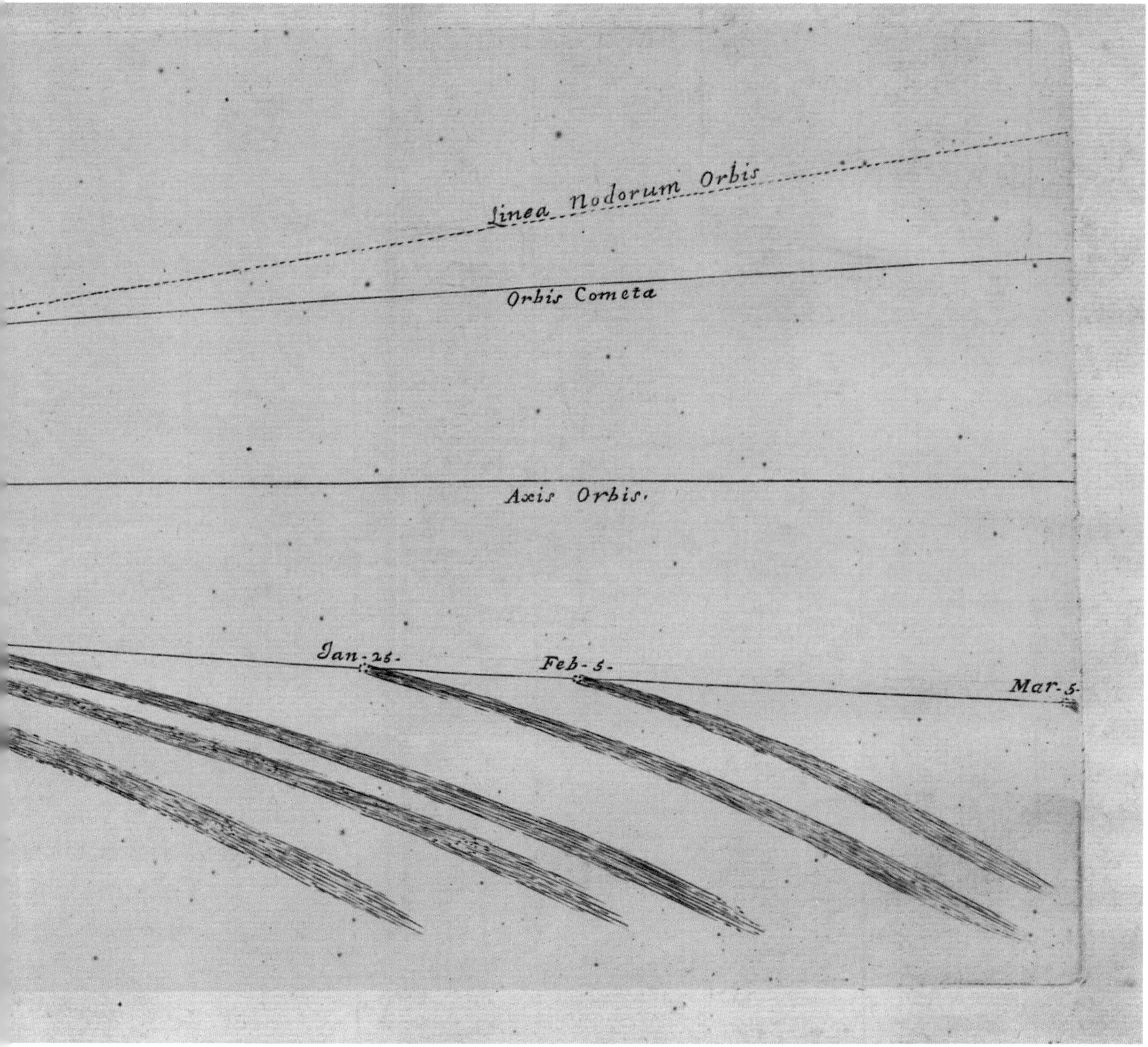
Linea Nodorum Orbis
Orbis Cometa
Axis Orbis.
Jan. 25.
Feb. 5.
Mar. 5.

Principes mathématiques de la philosophie naturelle par feue Madame la Marquise du Châtelet

Émilie du Châtelet (1706–1749) war eine französische Mathematikerin und Wissenschaftlerin, die vor allem durch diese 1759 veröffentlichte Übersetzung von Newtons *Principia* bekannt wurde (Mathematische Prinzipien der Naturphilosophie von der verstorbenen Madame la Marquise du Châtelet), denen sie einen Kommentar und Ergänzungen hinzufügte.

Sie war die einzige Tochter einer französischen Aristokratenfamilie. Nach ihrer Eheschließung mit einem Marquis im Alter von 18 Jahren und der Geburt von drei Kindern nahm sie mit 26 Jahren ihre mathematische Ausbildung wieder auf. Sie arbeitete mit dem Philosophen Voltaire (1694–1778) zusammen und war die erste Frau, die es schaffte, dass ein von ihr eingereichter Beitrag von der Pariser Académie des sciences publiziert wurde. Im Alter von 43 Jahren starb sie an den Folgen einer schweren Geburt.

Du Châtelets Leistung erschöpfte sich nicht in der Übersetzung von Newtons Hauptwerk ins Französische. Sie ergänzte seine *Principia* um das Konzept der kinetischen Energie (Bewegungsenergie) und um die These, dass der Energieerhaltungssatz zur Vorhersage der Bewegungen von Objekten verwendet werden könne. Außerdem bezog sie die von Leibniz und Newton entwickelte Infinitesimalrechnung in ihre Erklärungen ein. Ihr Buch, das zehn Jahre nach ihrem frühen Tod veröffentlicht wurde, leistete einen bedeutenden Beitrag zur wissenschaftlichen Revolution in Europa.

LINKS UND RECHTS

Principes mathématiques …

Titelseite von Émilie du Châtelets Übersetzung von Newtons *Principia* (links). Die Abbildung rechts zeigt das Frontispiz von Voltaires *Elémens de la philosophie de Neuton* (1738), einem Kommentar zu Newtons Werk, an dem Émilie du Châtelet mitgewirkt hatte, darin ist sie als Muse Voltaires dargestellt, die das Himmelswissen für ihn in einem Spiegel sammelt.

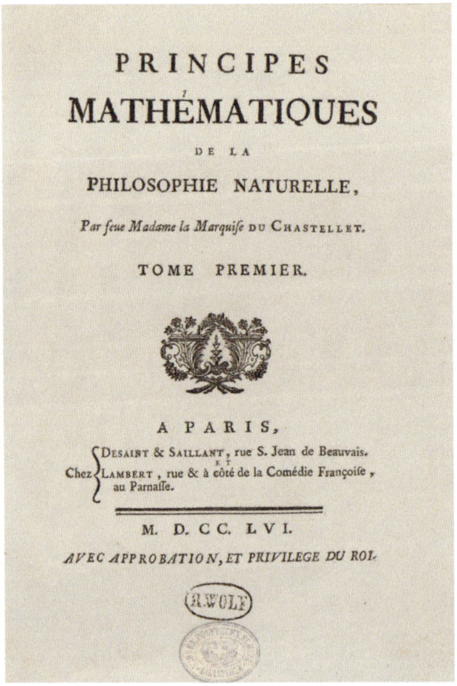

PRINCIPES
MATHÉMATIQUES
DE LA
PHILOSOPHIE NATURELLE,
Par feue Madame la Marquise DU CHASTELLET.
TOME PREMIER.

A PARIS,
Chez DESAINT & SAILLANT, rue S. Jean de Beauvais.
ET
LAMBERT, rue & à côté de la Comédie Françoise, au Parnasse.

M. D. CC. LVI.
AVEC APPROBATION, ET PRIVILEGE DU ROI.

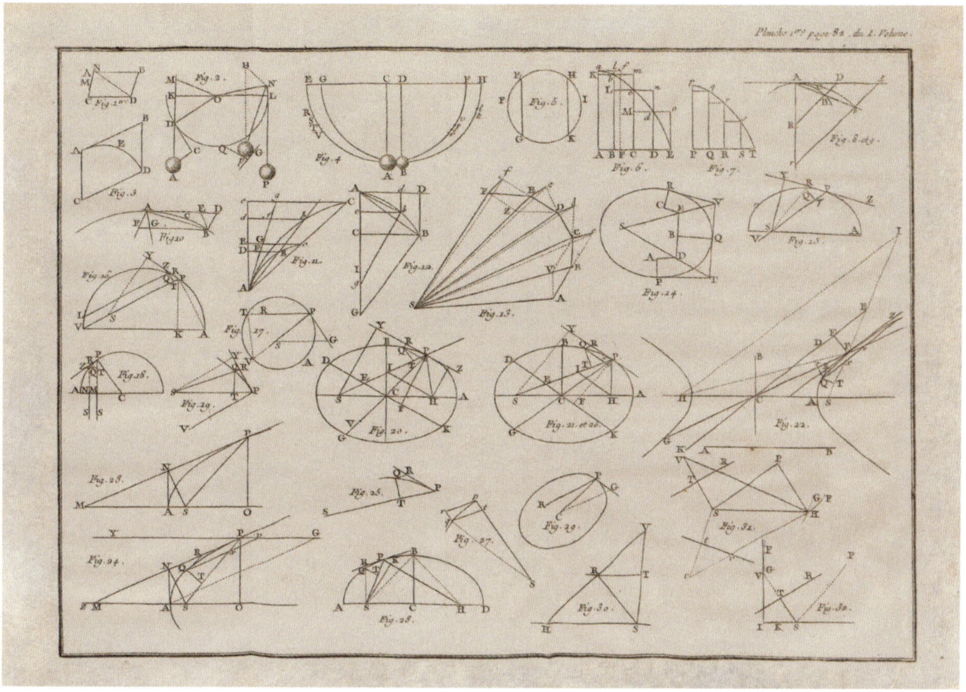

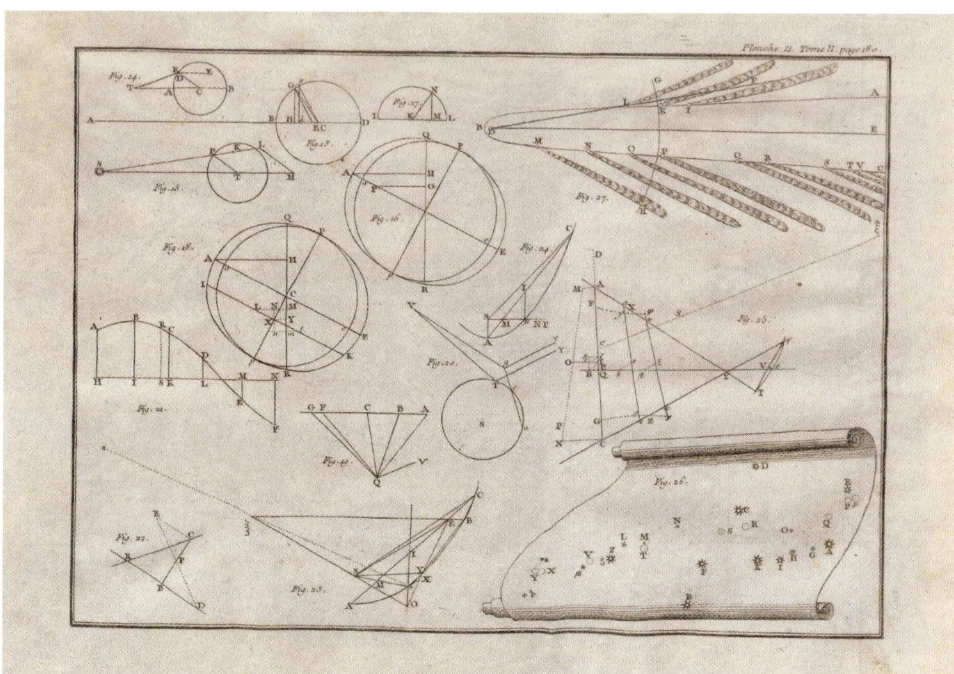

OBEN UND UNTEN

Principes mathématiques …

In Émilie du Châtelets Übersetzung sind die geometrischen Figuren aus den *Principia* auf eigenen Bildtafeln zusammengefasst. Beachten Sie die Zeichnungen der Pendel (oben) und die Kopie von Newtons Erklärung der Zentripetalbeschleunigung (s. S. 203).

Die untere Tafel enthält eine kleine Version von Newtons Skizze der Bahn des Kometen von 1680 und eine Karte, die die Positionen des Kometen während seiner Umrundung der Sonne zeigt.

Traité d'horlogerie

In der Ära der mathematischen Astronomie, eingeläutet durch Newtons *Principia,* gewann die exakte Zeitmessung immer mehr an Bedeutung. Zeitmessung und Astronomie waren schon immer miteinander verbunden, doch bis zu diesem Zeitpunkt hatte die Astronomie vor allem dazu gedient, die Zeit mithilfe von Sonnenuhren oder durch die Beobachtung der Sterne zu bestimmen. Nun forderte die Astronomie exakte Zeitangaben, um die Positionen der Planeten zu erfassen und mit ihren detaillierten mathematischen Modellen abzugleichen, und jede im 18. Jahrhundert neu errichtete Sternwarte benötigte eine genaue astronomische Uhr. Das 1767 in Paris erschienene Werk *Traité d'horlogerie* (Abhandlung über die Uhrmacherei) enthielt detaillierte Anleitungen für den Bau genau gehender Uhren sowie Tabellen mit den Schwingungszahlen von Pendeln unterschiedlicher Länge, die vermutlich bei der Kalibrierung helfen sollten.

Das Buch wurde von Nicole-Reine Lepaute, Jean-André Lepaute und Jérôme Lalande geschrieben. Nicole-Reine Lepaute (1723–1788) war eine französische Astronomin und Mathematikerin. Doch obwohl sie zusammen mit ihrem Ehemann Jean-André Lepaute, einem königlichen Uhrmacher, und dem Astronomen Jérôme Lalande für den Inhalt des Buches verantwortlich zeichnete, wurde sie damals nicht als Autorin genannt. Sie wirkte auch an den Berechnungen mit, die eine genauere Vorhersage der nächsten Wiederkehr des Halleyschen Kometen (im Frühjahr 1759) ermöglichten. Halley selbst hatte den Zeitpunkt nur grob schätzen können, weil die Auswirkungen der von Saturn und Jupiter verursachten Gravitationsstörungen auf die Bewegung des Kometen sich nur schwer berechnen ließen.

RECHTS UND GEGENÜBERLIEGENDE SEITE

Traité d'horlogerie

Titelseite des *Traité d'horlogerie,* auf der die Co-Autorin nicht erwähnt wird.

Detailzeichnungen zur Funktionsweise einer Uhr.

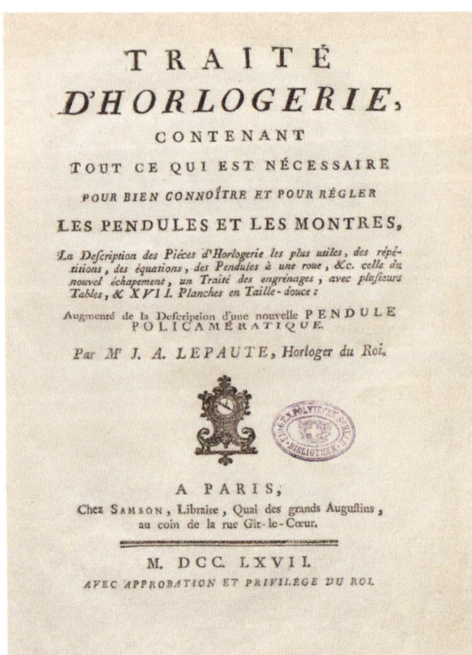

TRAITÉ D'HORLOGERIE, CONTENANT TOUT CE QUI EST NÉCESSAIRE POUR BIEN CONNOÎTRE ET POUR RÉGLER LES PENDULES ET LES MONTRES,

La Description des Pièces d'Horlogerie les plus utiles, des répétitions, des équations, des Pendules à une roue, &c. celle du nouvel échapement, un Traité des engrénages, avec plusieurs Tables, & XVII. Planches en Taille-douce :

Augmenté de la Description d'une nouvelle PENDULE POLICAMÉRATIQUE.

Par Mr J. A. LEPAUTE, Horloger du Roi.

A PARIS,

Chez SAMSON, Libraire, Quai des grands Augustins, au coin de la rue Gît-le-Cœur.

M. DCC. LXVII.

AVEC APPROBATION ET PRIVILEGE DU ROI.

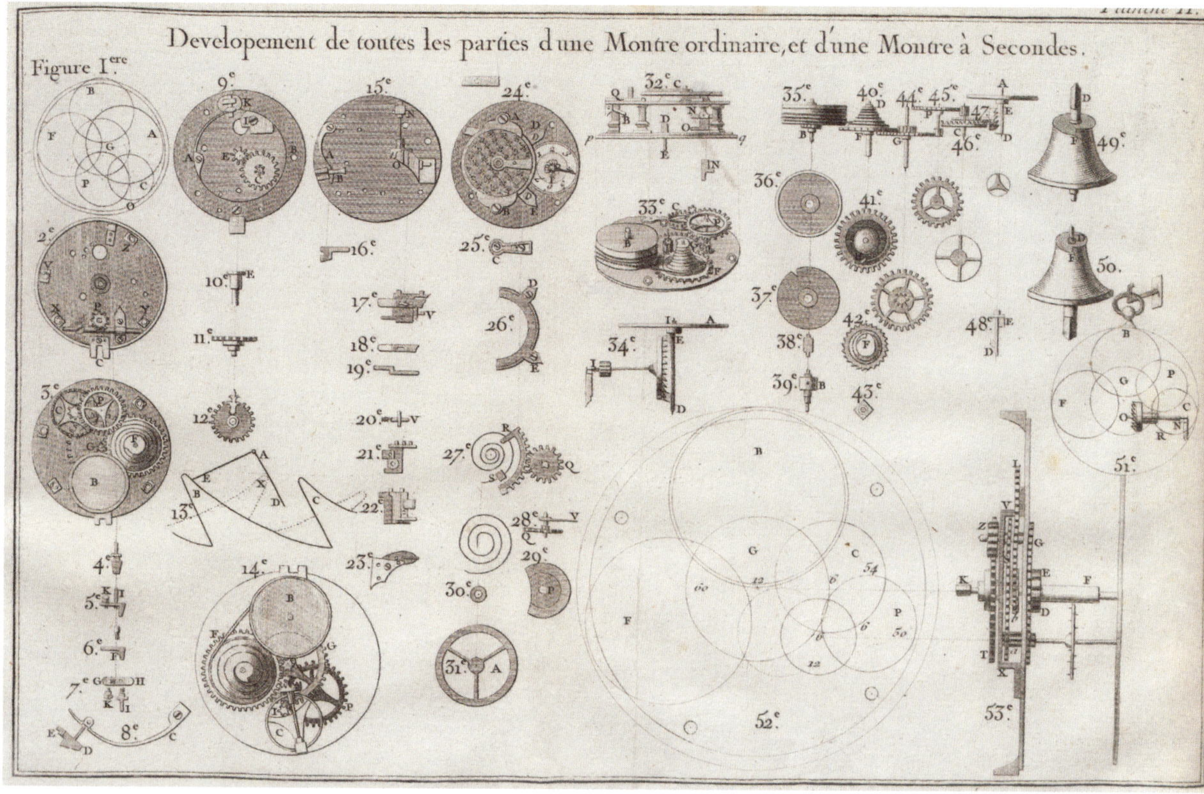
Developement de toutes les parties d'une Montre ordinaire, et d'une Montre à Secondes.
Figure I.ere

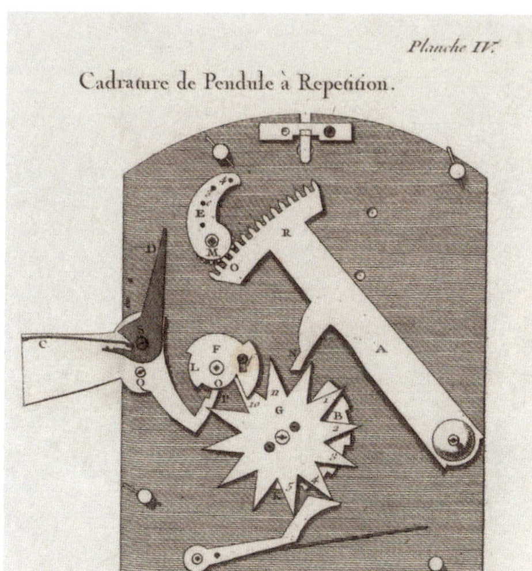
Planche IV.
Cadrature de Pendule à Repetition.

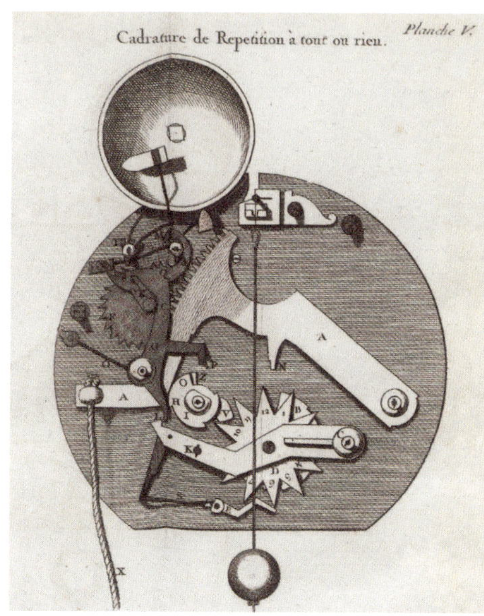
Planche V.
Cadrature de Repetition à tout ou rien.

Transit of Venus

Ein 1769 in London verbreitetes Flugblatt mit dem Titel *Transit of Venus* kündigte den Venustransit für den 3. Juni 1769 an – ein seltenes Himmelsereignis, bei dem die Venus aus irdischer Perspektive direkt vor der Sonne vorbeizieht. Nur die «unteren» (oder inneren) Planeten Merkur und Venus können vor der Sonne vorbeiziehen, und ihre Transite folgen vorhersagbaren Mustern (siehe S. 98). Venustransite treten in einem Zyklus von 243 Jahren paarweise mit einem Abstand von acht Jahren auf – die Länge der anschließenden Pause schwankt zwischen 105,5 und 121,5 Jahren.

Das Flugblatt verfolgte offensichtlich mehrere Ziele. Zunächst sollte der beunruhigten Öffentlichkeit versichert werden, dass der Transit nicht gefährlich war. In einigen Textabschnitten wurden sowohl die Sonne als auch die Venus beschrieben, größtenteils aus mythologischer oder religiöser Sicht. Zudem wird in diesem Flugblatt der Nutzen dieses besonderen Transits für das Verständnis der Ausmaße des Universums ausdrücklich erwähnt: «Die meisten Fürsten und Staaten Europas haben mit großem Aufwand gelehrte Männer in verschiedene Teile der Welt entsendet, damit diese mit geeigneten mathematischen Instrumenten Beobachtungen anstellen … weil es heißt, dass auf diese Weise sicher festgestellt werden könne, wie weit die Sonne von der Erde entfernt ist».

Während es zu jener Zeit große Fortschritte bei der mathematischen Modellierung des Sonnensystems gab, insbesondere, was den Umlauf der Planeten um die Sonne betraf, waren die genauen Ausmaße des Universums immer noch ein Rätsel. Relative Entfernungen wurden schon vor Tausenden von Jahren errechnet (siehe S. 151 zu Aristarchos und seiner Arbeit), und Umlaufbahnen und Zeiten lassen sich auf der Basis relativer Messungen recht gut vorhersagen; dennoch ist es unbefriedigend, nicht zu wissen, wie groß das Universum ist. Um seine physikalische Größe zu berechnen, bestand der naheliegende erste Schritt darin, die genaue Entfernung zwischen Erde und Sonne zu bestimmen – ein Längenmaß, das wir noch heute als «Astronomische Einheit» bezeichnen, was seine Bedeutung für die Astronomie unterstreicht.

TRANSIT of VENUS, which will happen on *Saturday* next, *June* 3, 1769.

Not equalled by any other for 600 Years to come.

The Heavens declare the Glory of God, and the Firmament sheweth his handy Work.

Die Idee, Transite von Venus oder Merkur zu nutzen, um die Entfernung zwischen Erde und Sonne genauer zu bestimmen, wurde erstmals 1663 von dem schottischen Mathematiker James Gregory (1638–1675) aufgebracht. Der Grundgedanke ist folgender: Da der genaue Beginn und die genaue Dauer des Transits vom Ort der Beobachtung auf der Erde abhängen, können Transitbeobachtungen von weit voneinander entfernten Orten aus genutzt werden, um eine Art riesiges Dreieck im Raum zu konstruieren. Die Basis des Dreiecks ist bekannt (die Länge lässt sich aus der Luftlinienentfernung zwischen den Orten errechnen) – damit und mit der scheinbaren Geschwindigkeit, die am jeweiligen Beobachtungsort für den Transit ermittelt wurde (unter Berücksichtigung der «Sonnenparallaxe» oder der scheinbaren Positionsabweichung der Sonne), kann die Höhe des Dreiecks – die Entfernung von der Erde zur Sonne – berechnet werden.

Der Transit von 1769 war der zweite im 18. Jahrhundert. Schon beim ersten Transit 1761 waren Beobachtungsexpeditionen unterwegs, und der Ehrgeiz war groß, die Ergebnisse acht Jahre später noch zu verbessern. Zwar

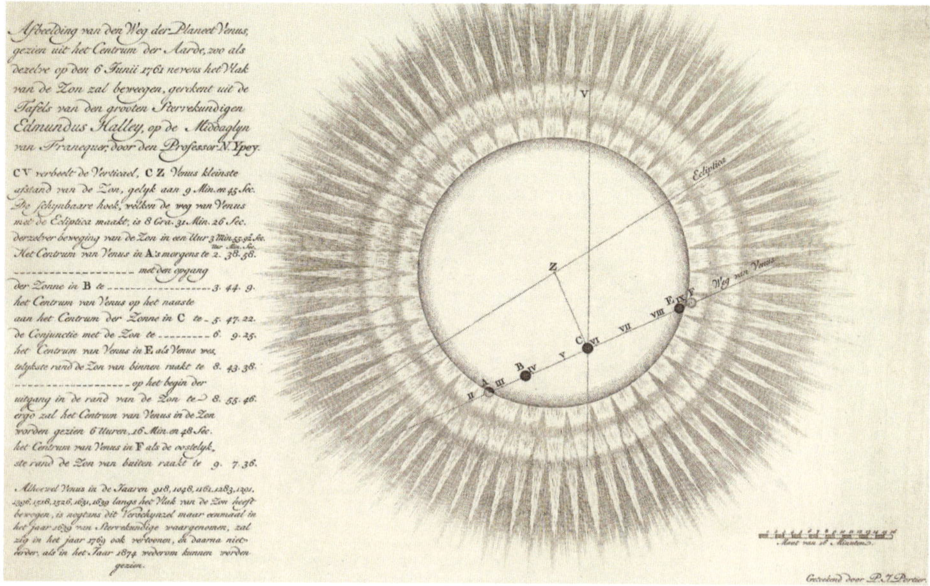

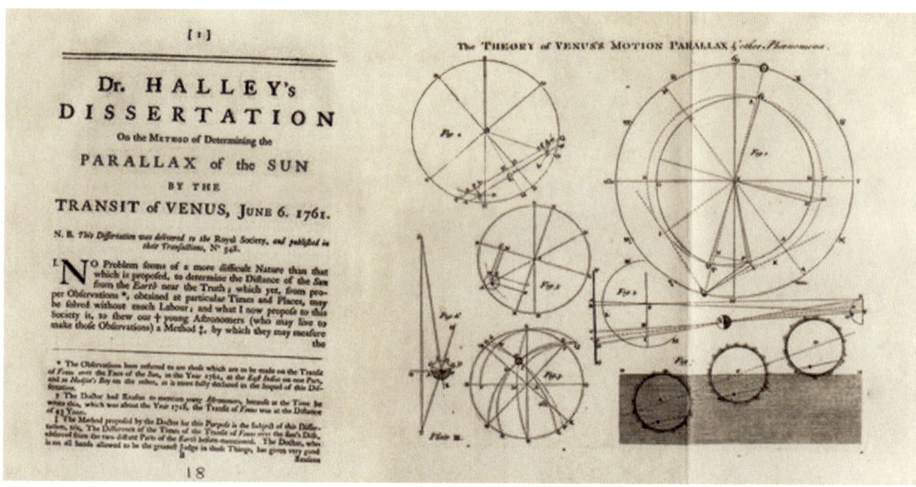
[1]

Dr. HALLEY's
DISSERTATION
On the Method of Determining the
PARALLAX of the SUN
BY THE
TRANSIT of VENUS, June 6. 1761.

N. B. This Dissertation was delivered to the Royal Society, and published in their Transactions, No 348.

No Problem seems of a more difficult Nature than that which is proposed, to determine the Distance of the Sun from the Earth near the Truth; which yet, from proper Observations *, obtained at particular Times and Places, may be solved without much Labour; and what I now propose to this Society is, to shew our † young Astronomers (who may live to make those Observations) a Method ‡, by which they may measure the

18

OBEN, UNTEN UND GEGENÜBERLIEGENDE SEITE

Venus

Im Jahr 1761 angefertigte Zeichnung des Venustransits von Nicholas Ypey und ein Kommentar in niederländischer Sprache.

Illustration von Edmond Halley aus dem Jahr 1716, die demonstrieren sollte, wie sich der Venustransit nutzen lässt, um die Entfernung zur Sonne zu schätzen.

Das Flugblatt *Transit of Venus* aus dem Jahr 1769.

verhinderte der «Black-Drop»-Effekt (siehe S. 99) genaue Zeitbestimmungen, doch eine detaillierte mathematische Analyse der Beobachtungsdaten von 1761 und 1769 ergab für die mittlere Entfernung zwischen Erde und Sonne ein Messergebnis von 153 Mio. Kilometern, was der heute bekannten Distanz von rund 150 Mio. Kilometern ziemlich nahekommt. Bei den Venustransiten von 1874 und 1882 wurde dieser Wert weiter präzisiert. Zur Zeit des letzten Transitpaars (2004/2012) war diese Messmethode durch direkte Radarmessungen der Entfernung zum Mars und zur Venus abgelöst worden (gemessen wird dabei die Laufzeit für Hin- und Rückweg des sich mit Lichtgeschwindigkeit ausbreitenden Radarsignals). Die nächsten beiden Venustransite werden 2117 und 2125 stattfinden.

Elementos de matematica VII

Ein weiteres Werk, das Astronomen dabei hilft, sich mit der Mathematik auseinanderzusetzen, die sie für die Erforschung des Universums benötigen, ist *Elementos de matematica VII* (Elemente der Mathematik, Bd. 7), das der spanische Mathematiker und Astronom Benito Bails (1730–1797) im Jahr 1775 veröffentlichte. Das gesamte Werk umfasst elf Bände, in denen Bails nicht nur Methoden der reinen Mathematik, sondern auch Aspekte der Architektur, der Physik und der Astronomie als mathematische Themen behandelte. Im Vorwort zu Band VII, *Elementos de astronomia,* schreibt Bails, dass die Anwendung der Mathematik auf die Astronomie seiner Meinung nach «el del mayor elevacion» (die hochstehendste) ist.

RECHTS

Elementos de matematica, Bd. VII

Das von Benito Bails geschriebene Buch erschien erstmals 1775 in Madrid.

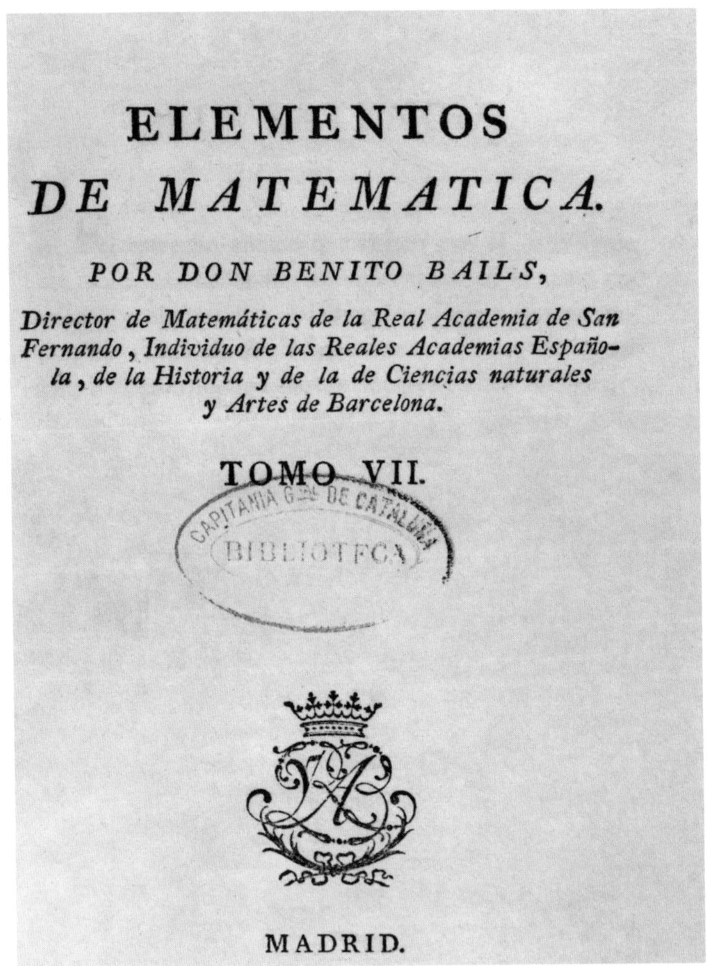

ELEMENTOS
DE MATEMATICA.

POR DON BENITO BAILS,

Director de Matemáticas de la Real Academia de San Fernando, Individuo de las Reales Academias Española, de la Historia y de la de Ciencias naturales y Artes de Barcelona.

TOMO VII.

MADRID.

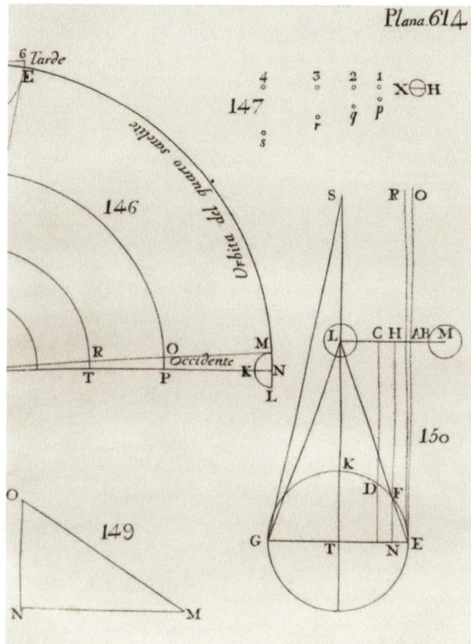

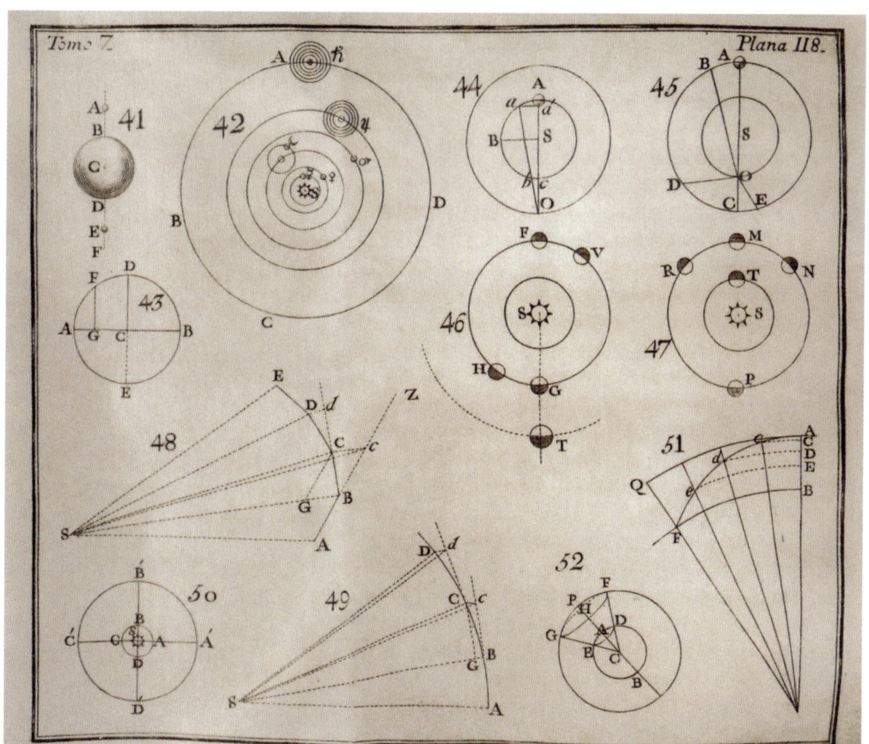

LINKS

Elementos de matematica, Bd. VII

Eine Auswahl von Zeichnungen aus dem Buch, die verschiedene mathematische und astronomische Konzepte verdeutlichen, darunter Modelle und Illustrationen zur Veranschaulichung von astronomischen Koordinatensystemen und Abbildungen der Venusphasen.

Abrégé de navigation hiſtorique théorique et pratique avec tables horaires

Dieses Buch (Historische, theoretische und praktische Zusammenfassung der Navigation mit Zeittabellen) steht hier beispielhaft für Werke, die das Verfahren der astronomischen Navigation für die Seefahrt im 18. Jahrhundert beschreiben. Verfasst wurde das erstmals 1792 in Paris erschienene Buch von dem französischen Astronomen und Mathematiker Jérôme Lalande (1732–1807).

Ein Verständnis des Universums zu entwickeln, ist nicht nur an und für sich interessant, sondern kann auch ökonomische Vorteile mit sich bringen, etwa durch immer genauere Navigationsmethoden, insbesondere auf See.

Während es allen guten Seeleuten, die sich beim Navigieren astronomischer Methoden bedienen, sehr leichtfallen dürfte, die geografische Breite anhand der Polarsternhöhe oder des Himmelssüdpols zu bestimmen,[2] ist die Bestimmung der geografischen Länge (das heißt der Position in Ost-West-Richtung) ungleich schwieriger.

Hoch entwickelte Methoden der Himmelsnavigation finden sich in vielen Kulturen der Welt. Bereits 900 v. Chr. waren die Navigationsmethoden in Polynesien – die zum Teil auf der Himmelsnavigation beruhten – so fortgeschritten, dass eine eigenständige nautische Kultur entstand, die sich mehr als 6000 Kilometer weit auf den Pazifik hinauswagte. Ebenso gibt es in etlichen Texten der Antike (etwa in Homers *Odyssee*) Belege dafür, dass die Mittelmeerkulturen sich ebenfalls der Himmelsnavigation bedienten. Im Goldenen Zeitalter des Islam half die Entwicklung von Magnetkompassen, Astrolabien und Vorläufern des Sextanten bei der Navigation auf See.

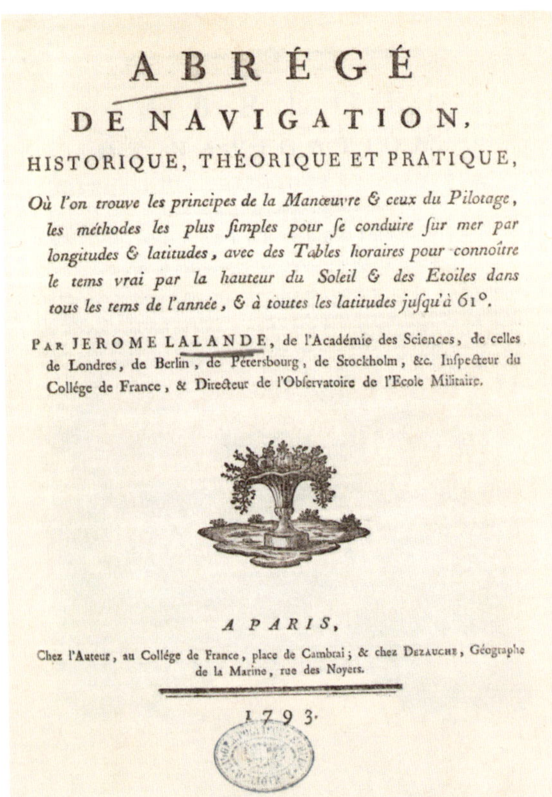
ABRÉGÉ

DE NAVIGATION,

HISTORIQUE, THÉORIQUE ET PRATIQUE,

Où l'on trouve les principes de la Manœuvre & ceux du Pilotage, les méthodes les plus ſimples pour ſe conduire ſur mer par longitudes & latitudes, avec des Tables horaires pour connoître le tems vrai par la hauteur du Soleil & des Etoiles dans tous les tems de l'année, & à toutes les latitudes juſqu'à 61°.

PAR JEROME LALANDE, de l'Académie des Sciences, de celles de Londres, de Berlin, de Pétersbourg, de Stockholm, &c. Inſpecteur du Collége de France, & Directeur de l'Obſervatoire de l'Ecole Militaire.

A PARIS,

Chez l'Auteur, au Collége de France, place de Cambrai; & chez DEZAUCHE, Géographe de la Marine, rue des Noyers.

1793.

Etwa 100 Jahre vor dem Erscheinen des *Abrégé de navigation* entstanden sowohl in Paris als auch in London astronomische Observatorien (das Observatoire de Paris und das Royal Greenwich Observatory wurden 1667 bzw. 1675 gegründet), zum großen Teil finanziert von den jeweiligen Königshäusern, die einander zu dieser Zeit in einem der zahlreichen englisch-französischen Kriege bekämpften und daran interessiert waren, die Methoden und Datengewinnung für die nautische Navigation zu verbessern.

Die Berechnungen waren komplex. Für den *Abrégé de navigation hiſtorique théorique et pratique* wurden die Berechnungen von Marie-Jeanne de Lalande (1768–1832) verwendet. Die französische Mathematikerin und Astronomin war an vielen astronomischen Werken beteiligt, ohne je als Co-Autorin genannt zu werden. Von ihren Beiträgen wissen wir nur, weil sie in den Vorworten des oben genannten Jérôme Lalande, der Autor zahlreicher astronomischer Werke war und sich für Frauen in der Astronomie einsetzte, ausführlich erwähnt wird. Gelegentlich wurde vermutet,

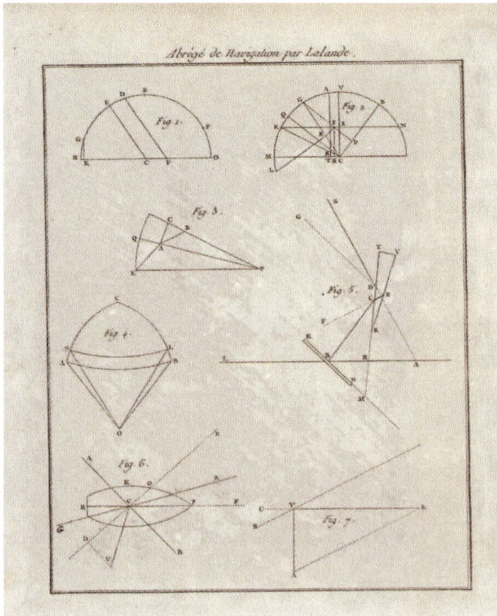

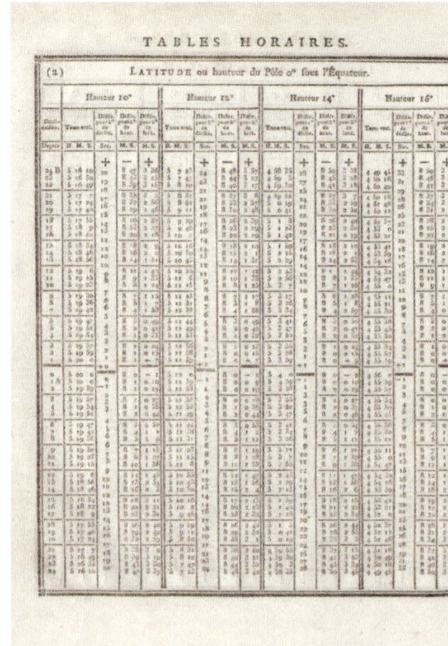
TABLES HORAIRES.

LINKS UND GEGENÜBERLIEGENDE SEITE

Abrégé de navigation …

Ein Beispiel für Lalandes Grafiken und eine der zahlreichen Tabellen, die etwa die Hälfte des Buchumfangs ausmachen.

Titelseite der Erstausgabe, auf der man den Namen von Marie-Jeanne de Lalande vergeblich sucht, obwohl sie an diesem Buch mindestens mitgearbeitet, wenn nicht sogar mitgeschrieben hat.

dass Marie-Jeanne de Lalande seine uneheliche Tochter war, inzwischen weiß man jedoch, dass die Verbindung zwischen den beiden durch die Heirat von Marie-Jeanne mit dem Sohn eines Cousins von Jérôme Lalande zustande kam.

Im Laufe der folgenden Jahrzehnte wurden die in der Schifffahrt verwendeten Sternkarten erheblich verbessert, doch die Bestimmung des Längengrads blieb fehlerbehaftet. Weil der Sonnenaufgang aufgrund der Erdrotation immer später erfolgt, je weiter man sich nach Westen bewegt, kann die geografische Länge anhand der Verschiebung der Sonnenaufgangs- und -untergangszeit in Relation zu einer feststehenden Uhr geschätzt werden. Allerdings waren die damaligen Uhren der Nässe, den Temperaturschwankungen und dem Seegang nicht gewachsen, bis John Harrison (1693–1776) seine «Marinechronometer» entwickelte – Uhren mit Federmechanismus. Diese Innovation revolutionierte nicht nur die Navigation, sondern auch die Astronomie, indem sie Observatorien zu «Zeitzentren» machte. Der Ball, der auf dem Times Square in New York zu Silvester herabgelassen wird, ist ein Relikt des Brauchs, Signalbälle täglich zu festgelegten Zeitpunkten von Observatorien in Küstenorten herabzulassen, damit die Seeleute zur besseren Navigation ihre Uhren vor dem Auslaufen stellen konnten. Es sollte jedoch noch lange dauern, bis sich die uhrengestützte Navigation durchsetzte. Komplexe Tabellen mit den Mondpositionen (weil der Mond nahe genug ist, kann man die geografische Länge durch die genaue Ermittlung seiner Position bestimmen) waren noch bis mindestens Ende des 19. Jahrhunderts in nautischen Navigationshandbüchern zu finden.

[2] Die scheinbare Höhe bzw. der Höhenwinkel des Himmelsnord- oder -südpols über dem Horizont ergibt die geografische Breite nördlich oder südlich des Äquators – steht man beispielsweise genau am Nordpol der Erde, befindet sich der Himmelsnordpol direkt über einem. Steht man hingegen auf dem Äquator, berühren beide Himmelspole den Horizont.

Mechanism of the Heavens

Isaac Newton hatte zwar schon 1687 in seinen *Principia* (siehe S. 200–205) die Grundlagen für die Theorie gelegt, mit der sich die Planetenbewegungen erklären ließen, dennoch war noch viel Arbeit nötig, um das Modell zu vervollständigen.

Pierre-Simon Laplace (1749–1827) übernahm Newtons Grundmodell und ergänzte es in seiner umfangreichen Abhandlung *Traité de mécanique céleste (Mechanik des Himmels),* deren fünf Bände zwischen 1798 und 1825 erschienen und die Ergebnisse seiner jahrzehntelangen sorgfältigen, auf Newtons Theorien aufbauenden Analysen zusammenfassten. Eine bedeutende Neuerung war die Hinzufügung einer Verzögerung bei der Gravitationswirkung. Heute wissen wir, dass sich Gravitationsveränderungen mit Lichtgeschwindigkeit ausbreiten, doch Newton war ursprünglich davon ausgegangen, dass die Wirkung der Schwerkraft überall sofort einsetzt, was eine Instabilität des Sonnensystems zur Folge hätte. Laplace wies nach, dass durch das Hinzufügen einer Verzögerung die Zeitspanne, innerhalb derer das Sonnensystem stabil ist, sehr viel länger wird. Laplace entwickelte auch eine dynamische Gezeitentheorie, mit der die Auswirkungen der Gezeitenkräfte im Erde-Mond-System besser erklärt werden konnten, und zahlreiche mathematische Verfahren, die eine bessere Anwendung der Infinitesimalrechnung auf die Bewegungen von Objekten im Weltraum ermöglichten.

Die schottische Astronomin Mary Somerville (1780–1872) übersetzte die Abhandlung von Laplace ins Englische. *Mechanism of the Heavens* erschien 1831 und war nicht

RECHTS

Mechanism of the Heavens

Einige Seiten aus dem Buch von Mary Somerville, das erstmals 1831 in London erschien. Obwohl es sich um eine Übersetzung des Werks von Laplace handelte (das wiederum eine Version von Newtons *Principia* war), war Somervilles Buch verständlicher und erfuhr eine weite Verbreitung.

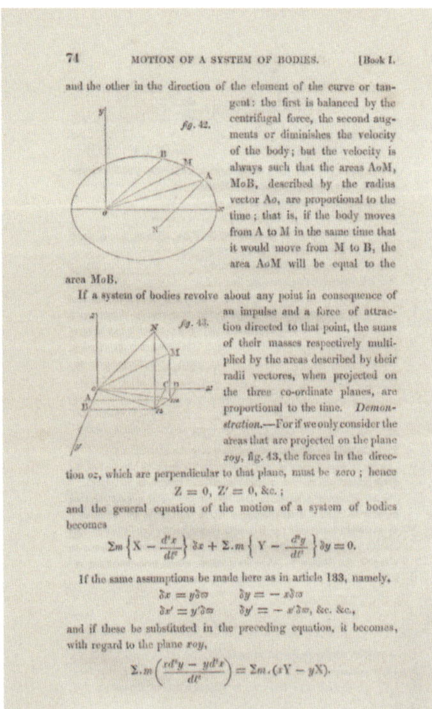

74 MOTION OF A SYSTEM OF BODIES. [Book I.

and the other in the direction of the element of the curve or tangent: the first is balanced by the centrifugal force, the second augments or diminishes the velocity of the body; but the velocity is always such that the areas AoM, MoB, described by the radius vector Ao, are proportional to the time; that is, if the body moves from A to M in the same time that it would move from M to B, the area AoM will be equal to the area MoB.

fig. 42.

If a system of bodies revolve about any point in consequence of an impulse and a force of attraction directed to that point, the sums of their masses respectively multiplied by the areas described by their radii vectores, when projected on the three co-ordinate planes, are proportional to the time. *Demonstration.*—For if we only consider the areas that are projected on the plane *xoy*, fig. 43, the forces in the direction *oz*, which are perpendicular to that plane, must be zero; hence

fig. 43.

$$Z = 0,\ Z' = 0,\ \&c.;$$

and the general equation of the motion of a system of bodies becomes

$$\Sigma m\left\{X - \frac{d^2x}{dt^2}\right\}\delta x + \Sigma.m\left\{Y - \frac{d^2y}{dt^2}\right\}\delta y = 0.$$

If the same assumptions be made here as in article 183, namely,

$$\delta x = y\delta\varpi \qquad \delta y = -x\delta\varpi$$
$$\delta x' = y'\delta\varpi \qquad \delta y' = -x'\delta\varpi,\ \&c.\ \&c.,$$

and if these be substituted in the preceding equation, it becomes, with regard to the plane *xoy*,

$$\Sigma.m\left(\frac{xd^2y - yd^2x}{dt^2}\right) = \Sigma m.(xY - yX).$$

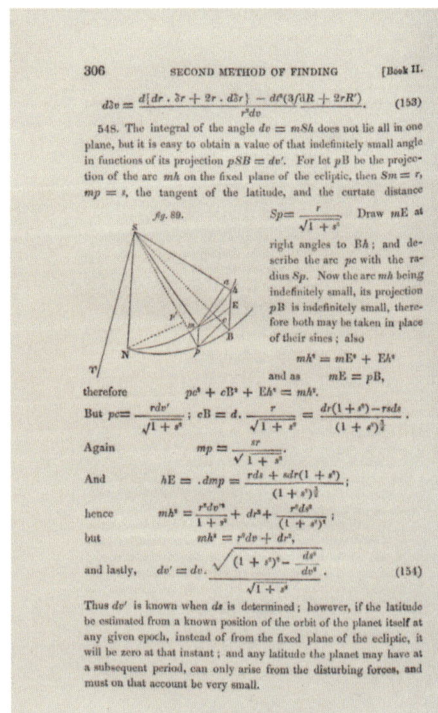

306 SECOND METHOD OF FINDING [Book II.

$$d\delta v = \frac{d\{dr.\delta r + 2r.d\delta r\} - dt^2(3f\delta R + 2rR')}{r^2dv}. \qquad (153)$$

548. The integral of the angle $dv = mSh$ does not lie all in one plane, but it is easy to obtain a value of that indefinitely small angle in functions of its projection $pSB = dv'$. For let pB be the projection of the arc mh on the fixed plane of the ecliptic, then $Sm = r$, $mp = s$, the tangent of the latitude, and the curtate distance $Sp = \frac{r}{\sqrt{1+s^2}}$. Draw mE at right angles to Bh; and describe the arc pc with the radius Sp. Now the arc mh being indefinitely small, its projection pB is indefinitely small, therefore both may be taken in place of their sines; also

fig. 89.

$$mh^2 = mE^2 + Eh^2$$

and as $\quad mE = pB,$

therefore $\quad pc^2 + cB^2 + Eh^2 = mh^2.$

But $pc = \frac{rdv'}{\sqrt{1+s^2}}$; $cB = d.\frac{r}{\sqrt{1+s^2}} = \frac{dr(1+s^2) - rsds}{(1+s^2)^{\frac{3}{2}}}.$

Again $\quad mp = \frac{sr}{\sqrt{1+s^2}}.$

And $\quad hE = .dmp = \frac{rds + sdr(1+s^2)}{(1+s^2)^{\frac{3}{2}}};$

hence $\quad mh^2 = \frac{r^2dv'^2}{1+s^2} + dr^2 + \frac{r^2ds^2}{(1+s^2)^2};$

but $\quad mh^2 = r^2dv + dr^2,$

and lastly, $\quad dv' = dv.\frac{\sqrt{(1+s^2)^2 - \frac{ds^2}{dv^2}}}{\sqrt{1+s^2}}. \qquad (154)$

Thus dv' is known when ds is determined; however, if the latitude be estimated from a known position of the orbit of the planet itself at any given epoch, instead of from the fixed plane of the ecliptic, it will be zero at that instant; and any latitude the planet may have at a subsequent period, can only arise from the disturbing forces, and must on that account be very small.

die erste englische Übersetzung, doch Somerville fügte ausführliche Kommentare hinzu und formulierte etliche mathematische Passagen so um, dass Laplaces Ausführungen viel klarer wurden. Ihre Übersetzung wurde äußerst populär und war über mehr als 50 Jahre das wichtigste Lehrbuch zur Infinitesimalrechnung an englischen Universitäten. Somerville machte sich als Mathematikerin, Astronomin und Autorin zahlreicher Bücher über eine geradezu schwindelerregende Bandbreite wissenschaftlicher Themen einen Namen.

Mechanism of the Heavens besaß ein umfangreiches Vorwort mit einigen «vorläufigen Beobachtungen über die Natur des Themas». Dieses Vorwort wurde später unter dem Titel *The Connection of the Physical Sciences* (Über den Zusammenhang der physikalischen Wissenschaften) zu einem eigenständigen kleinen Werk erweitert, das viele als das erste populärwissenschaftliche Werk überhaupt betrachten.

Neben ihren verständlichen Erklärungen astronomischer Berechnungen definierte Somerville in *Mechanism of the Heavens* das Themengebiet, das wir heute als «Physik» bezeichnen. Später verfasste sie eine ganze Reihe weiterer populärwissenschaftlicher Bücher und setzte sich energisch für die Bildungsrechte von Frauen im Vereinigten Königreich ein.

Mit den in *Mechanism of the Heavens* erläuterten Methoden konnten nicht nur die Planetenbewegungen mit großer Genauigkeit vorhergesagt werden – es zeigte sich auch, dass die Bewegungen einiger Planeten nicht ganz in das uhrwerkähnliche Muster passten. 1781 war ein neuer großer Planet entdeckt worden: Uranus. Uranus ist mit bloßem Auge kaum zu erkennen und bewegt sich so langsam vor dem Hintergrund der Fixsterne, dass

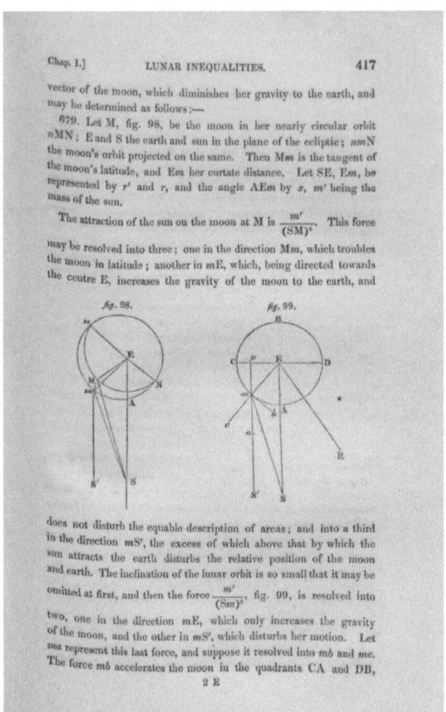
Chap. I.] LUNAR INEQUALITIES. 417

vector of the moon, which diminishes her gravity to the earth, and may be determined as follows:—

679. Let M, fig. 98, be the moon in her nearly circular orbit nMN; E and S the earth and sun in the plane of the ecliptic; nmN the moon's orbit projected on the same. Then Mm is the tangent of the moon's latitude, and Em her curtate distance. Let SE, Em, be represented by r' and r, and the angle AEm by x, m' being the mass of the sun.

The attraction of the sun on the moon at M is $\frac{m'}{(\mathrm{SM})^2}$. This force may be resolved into three; one in the direction Mm, which troubles the moon in latitude; another in mE, which, being directed towards the centre E, increases the gravity of the moon to the earth, and

fig. 98. fig. 99.

does not disturb the equable description of areas; and into a third in the direction mS′, the excess of which above that by which the sun attracts the earth disturbs the relative position of the moon and earth. The inclination of the lunar orbit is so small that it may be omitted at first, and then the force $\frac{m'}{(\mathrm{S}m)^2}$, fig. 99, is resolved into two, one in the direction mE, which only increases the gravity of the moon, and the other in mS′, which disturbs her motion. Let ma represent this last force, and suppose it resolved into mb and mc. The force mb accelerates the moon in the quadrants CA and DB,

2 E

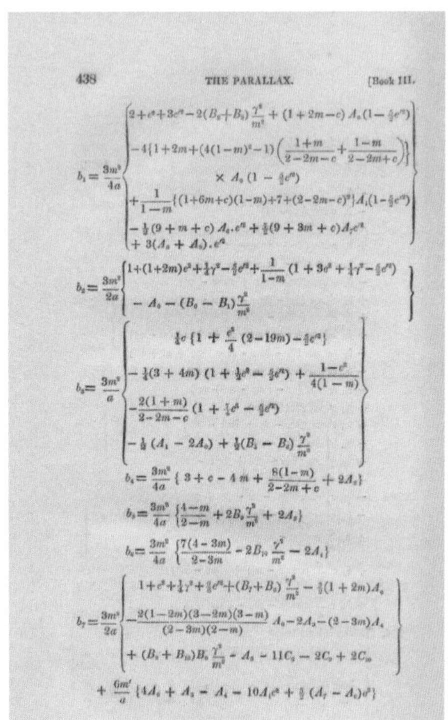
438 THE PARALLAX. [Book III.

$$b_1 = \frac{3m^2}{4a}\left\{\begin{array}{l} 2+e^2+3e'^2-2(B_2+B_3)\frac{\gamma^2}{m^2}+(1+2m-c)A_0(1-\frac{5}{2}e'^2) \\ -4\{1+2m+(4(1-m)^2-1)\left(\frac{1+m}{2-2m-c}+\frac{1-m}{2-2m+c}\right)\} \\ \qquad \times A_0(1-\frac{5}{2}e'^2) \\ +\frac{1}{1-m}\{(1+6m+c)(1-m)+7+(2-2m-c)^2\}A_1(1-\frac{5}{2}e'^2) \\ -\frac{1}{2}(9+m+c)A_6.e'^2+\frac{3}{2}(9+3m+c)A_7e'^2 \\ +3(A_8+A_9).e'^2 \end{array}\right\}$$

$$b_2 = \frac{3m^2}{2a}\left\{\begin{array}{l} 1+(1+2m)e^2+\frac{1}{4}\gamma^2-\frac{5}{2}e'^2+\frac{1}{1-m}(1+3e^2+\frac{1}{4}\gamma^2-\frac{5}{2}e'^2) \\ -A_0-(B_0-B_1)\frac{\gamma^2}{m^2} \end{array}\right\}$$

$$b_3 = \frac{3m^2}{a}\left\{\begin{array}{l} \frac{1}{4}c\{1+\frac{e^2}{4}(2-19m)-\frac{5}{2}e'^2\} \\ -\frac{1}{4}(3+4m)(1+\frac{1}{2}e^2-\frac{5}{2}e'^2)+\frac{1-e^2}{4(1-m)} \\ -\frac{2(1+m)}{2-2m-c}(1+\frac{7}{4}e^2-\frac{5}{2}e'^2) \\ -\frac{1}{2}(A_1-2A_0)+\frac{1}{2}(B_1-B_2)\frac{\gamma^2}{m^2} \end{array}\right\}$$

$$b_4 = \frac{3m^2}{4a}\{3+c-4m+\frac{8(1-m)}{2-2m+c}+2A_2\}$$

$$b_5 = \frac{3m^2}{4a}\{\frac{4-m}{2-m}+2B_9\frac{\gamma^2}{m^2}+2A_3\}$$

$$b_6 = \frac{3m^2}{4a}\{\frac{7(4-3m)}{2-3m}-2B_{10}\frac{\gamma^2}{m^2}-2A_4\}$$

$$b_7 = \frac{3m^2}{2a}\left\{\begin{array}{l} 1+e^2+\frac{1}{4}\gamma^2+\frac{3}{2}e'^2+(B_7+B_8)\frac{\gamma^2}{m^2}-\frac{3}{2}(1+2m)A_0 \\ -\frac{2(1-2m)(3-2m)(3-m)}{(2-3m)(2-m)}A_0-2A_3-(2-3m)A_4 \\ +(B_9+B_{10})B_9\frac{\gamma^2}{m^2}-A_8-11C_8-2C_9+2C_{10} \end{array}\right\}$$

$$+\frac{6m'}{a}\{4A_6+A_3-A_4-10A_1e^2+\frac{3}{2}(A_7-A_6)e^2\}$$

UNTEN UND GEGENÜBER-LIEGENDE SEITE

Mathematikerin und Astronomin

Ein Porträt der schottischen Mathematikerin und Astronomin Mary Somerville von Thomas Phillips, entstanden im 19. Jh.

Der Planet Neptun, aufgenommen von der NASA-Raumsonde Voyager 2. Die Entdeckung des Neptuns an einer Position, die schon 1846 durch mathematische Modelle vorhergesagt worden war, kann als Beginn der modernen Weltraumforschung angesehen werden.

er erst im Zeitalter der Teleskopbeobachtungen als Planet identifiziert werden konnte. Als Somerville an *Mechanism of the Heavens* arbeitete, beobachtete man den Uranus bereits seit fast 50 Jahren. Somerville, der die merkwürdige Bahn des Planeten aufgefallen war, stellte die Hypothese auf, dass dieses Bewegungsmuster durch einen noch nicht entdeckten Planeten verursacht sein könne, der mit einer unbekannten Schwerkraft auf Uranus einwirke. Der englische Astronom, der die Position dieses fehlenden Planeten schließlich berechnete (John Couch Adams, 1819–1892), wurde mit den Worten zitiert, Somervilles Buch habe ihn zu seinen aufwendigen Berechnungen inspiriert. Zur gleichen Zeit stellte der französische Astronom Urbain Le Verrier (1811–1877) dieselben Berechnungen an, und weil der Planet Neptun ganz in der Nähe der Positionen nachgewiesen wurde, die sie unabhängig voneinander berechnet hatten, wird das Verdienst der Entdeckung meist beiden gemeinsam zugesprochen.

Man könnte die Entdeckung des Neptuns im Jahr 1846 als den eigentlichen Beginn der Verwendung mathematischer Modelle zur Erlangung neuer Informationen über das Universum betrachten, ist der Neptun doch der erste Planet, der allein über die Wirkung seiner Schwerkraft nachgewiesen wurde. Bis heute wurden über 5000 extrasolare Planeten (Planeten, die um andere Sterne kreisen als um unsere Sonne) mit ähnlichen Methoden gefunden. Die meisten dieser Exoplaneten können nicht direkt beobachtet werden, aber man weiß aufgrund der Gravitationswirkung, die sie auf ihren Stern ausüben, dass sie existieren.

Im Zuge der Entwicklung dieser Methoden erkannte man, dass das Universum größer wurde – im wörtlichen wie im übertragenen Sinne. 1832, nur ein Jahr nach der Veröffentlichung von *Mechanism of the Heavens,* gelang dem schottischen Astronomen Thomas Henderson (1798–1844) die erste erfolgreiche Bestimmung einer stellaren Parallaxe. Dieser Effekt, dessen Fehlen von einigen als Argument gegen ein heliozentrisches Sonnensystem ins Feld geführt worden war, wird dadurch verursacht, dass die Bewegung der Erde um die Sonne die scheinbare Position der nahen Sterne vor dem Hintergrund der weiter entfernten Sterne verschiebt. Sie wurde bis zum 19. Jahrhundert nicht gemessen, da alle Sterne so weit entfernt sind, dass diese Verschiebung nur durch sorgfältige Messungen mithilfe von Teleskopen erkennbar wird.

In den darauffolgenden beiden Jahrhunderten hat sich uns ein Universum offenbart, das nicht nur aus Sternen, sondern auch aus Galaxien (riesigen Ansammlungen von Sternen) besteht, die sich über unvorstellbare Entfernungen erstrecken und die ungeheure Ausdehnung des Universums erahnen lassen. Während ich dieses Buch schreibe, liegt der Entfernungs-«Rekord» uns bekannter Galaxien bei über 30 Mrd. Lichtjahren.

5

ASTRONOMIE FÜR ALLE

Die Astronomie gilt oft als Tor zur Wissenschaft – die Schönheit ihrer Forschungsobjekte inspiriert Menschen, bringt sie zum Staunen und weckt ihr Interesse an der Wissenschaft im Allgemeinen. Kinder und Erwachsene sind gleichermaßen fasziniert vom Weltraum. Darüber hinaus ist die Welt der Sterne leicht zugänglich. Jeder kann in einer klaren Nacht nach draußen gehen, in den Himmel schauen und staunen.[1]

Die meisten Bücher über Astronomie, die im Laufe der Jahrhunderte erschienen sind, wurden veröffentlicht, um auf anregende, aber auch allgemein verständliche Weise über den Himmel über uns aufzuklären. In diesem Kapitel werden sich nur einige der vielen Tausend solcher Werke, die zwischen dem Mittelalter und dem Beginn des 20. Jahrhunderts entstanden, unterbringen lassen – neuere Bücher folgen im Kapitel «Moderne Astronomie». Die ausgewählten Bücher sind oft wunderschön und lassen nachvollziehen, welche Fortschritte die Menschheit nach und nach in der astronomischen Forschung erzielte.

Zwangsläufig wird dieses Kapitel lückenhaft bleiben, denn es ist unmöglich, alle jemals veröffentlichten astronomischen Lehrbücher zu behandeln. Ich beschränke mich daher auf eine Reihe von Werken, die besonders ansprechend illustriert oder aus anderen Gründen hervorzuheben sind. Und auch wenn es sich dabei meist um Bücher aus dem englischsprachigen Raum handelt, bin ich immer wieder erstaunt, wie universell sie ihre Inhalte vermitteln. Zwar heißt es oft, die Astronomie werde von weißen Männern dominiert, doch seit Mitte des 19. Jahrhunderts werden viele Astronomiebücher von und/oder für Frauen geschrieben.

Unsere Lehrbuchsammlung enthält unter anderem Sacroboscos Werk *De sphaera mundi* aus dem 13. Jahrhundert, vermutlich das erfolgreichste Astronomiebuch, das je erschienen

RECHTS

Astronomie erklären

Doppelseite aus *Astronomy Explained Upon Sir Isaac Newton's Principles* von James Ferguson aus dem Jahr 1756.

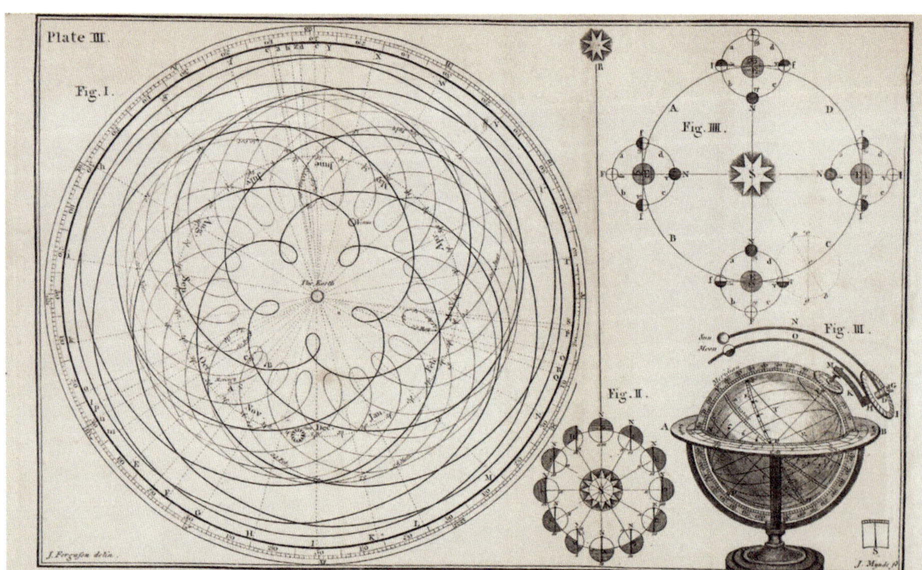

[1] Zumindest noch so lange, bis die Lichtverschmutzung den Sternenhimmel vollständig «ausgelöscht» hat.

LINKS

… auf den Schultern von Riesen

Bedeutende Astronomen der Vergangenheit, abgebildet in Agnes Gibernes *The Story of the Sun, Moon and Stars.* Eine andere Abbildung weiter hinten im Buch zeigt Astronominnen und Astronomen des 19. Jh.

RECHTS

Die Liebe zu den Sternen

Hipparchos beobachtet den Himmel mit einem Jakobs- oder Kreuzstab, der lange als astronomisches Messinstrument verwendet wurde. Darstellung aus dem 19. Jh.

HIPPARCHUS IN THE OBSERVATORY OF ALEXANDRIA.

OBEN UND UNTEN

Astronomie für alle

Bücher für ein breites Publikum – insbesondere für Kinder – wurden Anfang des 20. Jh. sehr populär. Diese Illustration aus *The Children's Book of the Stars* zeigt Kinder, die beobachten, wie sich das Licht an einem ins Wasser getauchten Zweig bricht.

Das Teleskop des Dunksink Observatory bei Dublin. Abbildung aus *The Story of the Heavens* aus dem Jahr 1885.

ist. Dazu kommen Bücher, die bedeutende Astronominnen und Astronomen nachgewiesenermaßen inspiriert haben, zum Beispiel *Aſtronomy Explained Upon Sir Isaac Newton's Principles* von James Ferguson aus dem Jahr 1756, das angeblich Wilhelm Herschel für die Astronomie begeisterte (Herschel entdeckte unter anderem den Uranus und erstellte die erste Karte unserer Galaxie; siehe S. 144–145). Auch viele der in anderen Kapiteln behandelten Werke sind hier zu nennen. Mary Somervilles *Mechanism of the Heavens* (siehe S. 216–218) war für Generationen von Studierenden, die sich an der Universität Cambridge in mathematischer Astronomie eingeschrieben hatten, Pflichtlektüre. Erwähnenswert sind auch der kurze Text *Transit of Venus* von Chinthamani Ragoonatha Chary (siehe S. 99), der die indische Bevölkerung im 19. Jahrhundert über die bevorstehenden Venustransite aufklären sollte und in sieben indischen Sprachen sowie auf Englisch publiziert wurde, und das *Kašf al-ġummah fī nafa al-ummah* (Die wichtigen Sterne unter der Vielzahl der Himmel, siehe S. 112–113), das im Kapitel über die Astronomie der islamischen Welt als Fachbuch erwähnt ist, aber als Lehrbuch konzipiert wurde. Wenn man es sich richtig überlegt, sind die meisten Astronomiebücher im Grunde Lehrbücher (auch wenn in einigen Fällen Kolleginnen und Kollegen und nicht die Allgemeinheit unterrichtet werden sollten), sodass eigentlich alle in dieses Kapitel aufgenommen werden könnten.

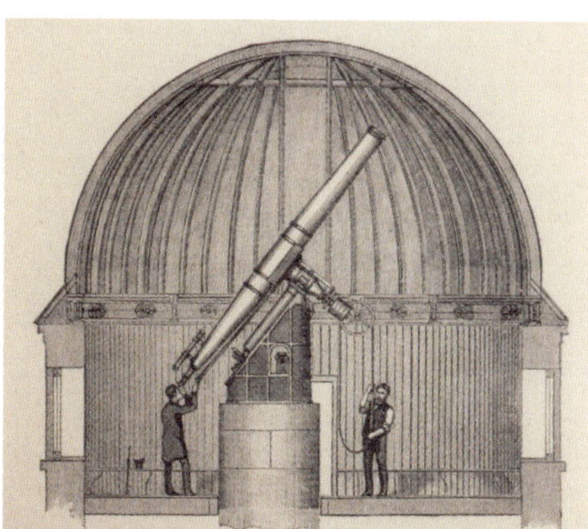

Fig. 3.—Section of the Dome of Dunsink Observatory.

MONOCEROS,
CANCER
HYDRA
E
W
S
Cor Hydræ,
vel Alphord
ARGO NAVIS
AND ATELIER

LINKS

***Urania's Mirror* (Uranias Spiegel)**

Ein Kartensatz mit Sternbildern, der sich nach seiner Veröffentlichung im Jahr 1825 großer Beliebtheit erfreute und über viele Jahrzehnte hinweg immer wieder nachgedruckt wurde. In die Sterne waren jeweils winzige Löcher gestanzt, sodass sich das Muster des Sternbilds zeigte, wenn man die Karte gegen das Licht hielt. Diese Karte zeigt Monoceros (das Einhorn), ein schwaches Sternbild in der Nähe des Orions. Darunter und darüber sind Canis Minor (der Kleine Hund) und das «Atelier Typographique» (die Buchdrucker-Werkstatt) abgebildet, ein Sternbild, das Ende des 18. Jh. zu Ehren Johannes Gutenbergs vorgeschlagen, aber nicht als offizielles Sternbild anerkannt wurde.

De sphaera mundi

Dieses bezaubernde mittelalterliche Lehrbuch der Astronomie, vermutlich das erfolgreichste Astronomiebuch aller Zeiten, wurde jahrhundertelang an Universitäten in ganz Europa verwendet und so häufig reproduziert, dass von den rund 200 verschiedenen Ausgaben noch Hunderte Exemplare mit mehr oder weniger identischen Illustrationen erhalten sind. Geschrieben wurde es vor fast 800, erstmals gedruckt vor über 500 Jahren.

Über die Biografie des Autors, Johannes de Sacrobosco, ist nur wenig bekannt. Manchmal taucht er als Ioannes de Sacro Bosco, manchmal als John of Holywood/Holybush (*sacro bosco* = *holy wood* = «heiliger Busch») in den Quellen auf. Womöglich kam er Ende des 12. Jahrhunderts in Großbritannien zur Welt. Es ist unklar, ob er in Oxford studierte, wo es schon seit 1096 rege Lehraktivitäten gab. Fest steht jedoch, dass er irgendwann an die zu Beginn des 13. Jahrhunderts gegründete Universität von Paris kam und dort Astronomie/Astrologie und Mathematik lehrte. Er ist in einem Pariser Kloster begraben.

De sphaera mundi (Von der Weltkugel), auch Tractatus de Sphaera genannt, basiert auf den Ideen von Ptolemäus' *Almagest* (siehe S. 152–157) sowie auf verschiedenen islamischen Kommentaren dazu. Sacrobosco unterteilte das Universum in zwei Bereiche: in die Erde, das «Elementarreich», bestehend aus Erde, Wasser, Luft und Feuer, und in das unveränderliche himmlische Reich mit dem Mond, den fünf hellen Planeten und der Sonne. Jenseits davon lag die Sphäre der Fixsterne.

Auch wenn sich das Wort «sphaera» (Kugel) im Titel von Sacroboscos Werk auf die Himmelssphäre bezieht, geht aus dem Text hervor, dass man zu jener Zeit bereits von der Kugelgestalt der Erde wusste. Das interessierte Publikum wird angehalten, diese Schlussfolgerung anhand einer Illustration selbst zu ziehen (siehe Abbildung auf S. 142). *De sphaera mundi* stellt das Universum als eine Art Uhrwerk dar und zeigt, wie Finsternisse auftreten und die normale Ordnung stören.

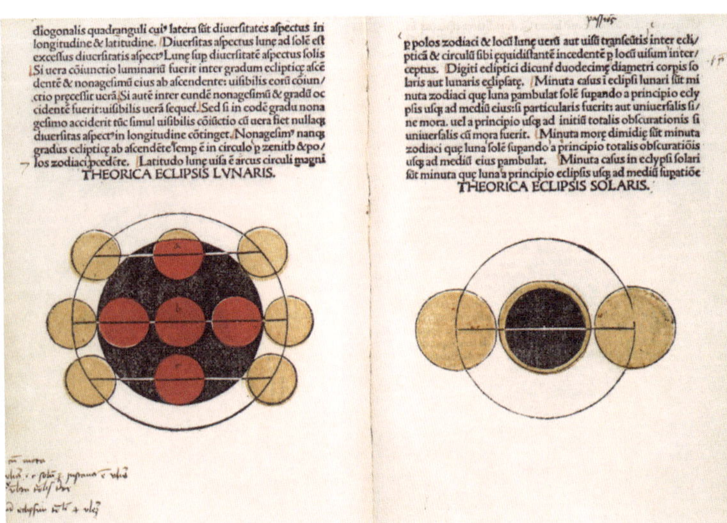

Sacrobosco präsentierte eine dezidiert geozentrische Sicht des Universums. *De sphaera mundi* wurde wahrscheinlich erstmals um 1230 veröffentlicht und im Jahr 1472 zum ersten Mal gedruckt. Erst 70 Jahre später publizierte Kopernikus Einzelheiten zu seinem heliozentrischen Modell des Universums (siehe S. 164–167). Doch *De sphaera mundi* blieb, obwohl inhaltlich überholt, auch noch lange nach der kopernikanischen Wende populär.

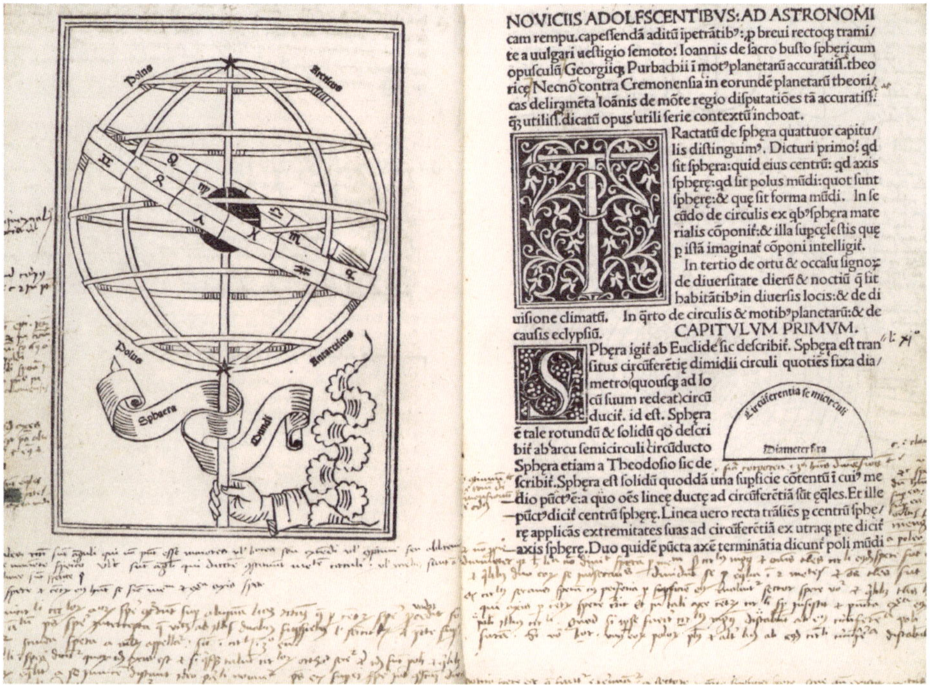
NOVICIIS ADOLESCENTIBVS: AD ASTRONOMICAM rempu. capessendā aditū ipetrātib⁹: p breui rectoq tramite a uulgari uestigio semoto: Ioannis de sacro busto sphericum opusculū Georgiiq Purbachii i mot⁹ planetarū accuratiss. theoricę Necnō contra Cremonensia in eorundē planetarū theoricas deliramēta Ioānis de mōte regio disputatiōes tā accuratiss. q utiliss. dicatū opus utili serie contextū incboat.

CAPITVLVM PRIMVM.

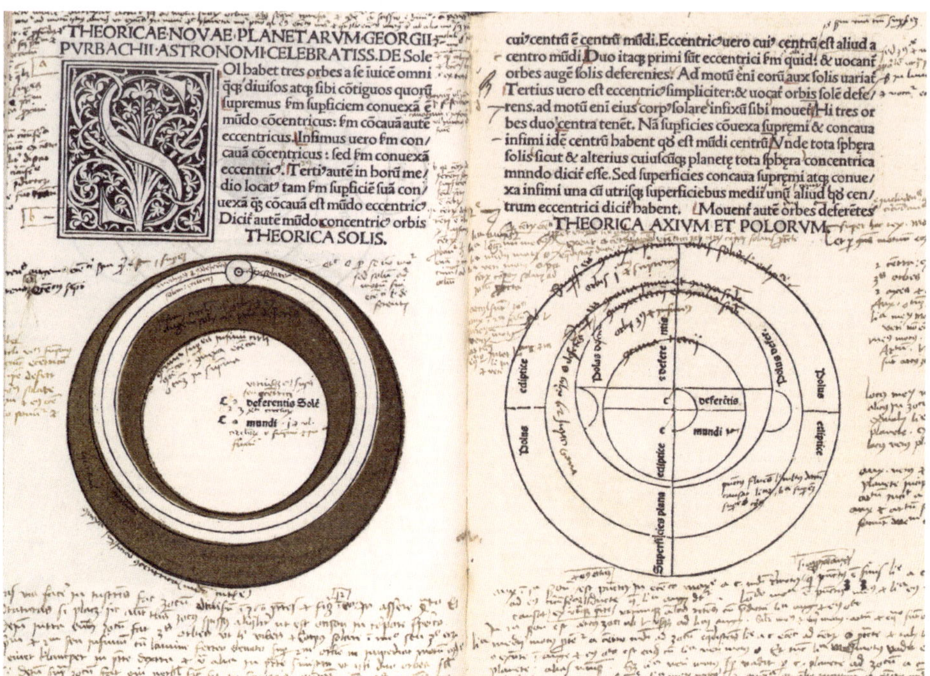
THEORICAE NOVAE PLANETARVM GEORGII PVRBACHII ASTRONOMI CELEBRATISS. DE Sole

THEORICA SOLIS.

THEORICA AXIVM ET POLORVM.

OBEN, UNTEN, GEGENÜBERLIEGENDE SEITE

De sphaera mundi

Eine stark kommentierte Ausgabe von *De sphaera mundi,* die erstmals 1472 im italienischen Ferrara veröffentlicht wurde.

Sacrobosco hält eine Weltkugel in der Hand. Die Illustration entstand 1584 – mehr als 300 Jahre nach dem Tod des Astronomen.

De sphaera mundi stellt das Universum als eine Art Uhrwerk dar. Diese Grafik illustriert die Entstehung von Finsternissen.

Livre des propriétés des choses (Über die Eigenschaften der Dinge)

Diese populäre mittelalterliche Enzyklopädie wurde von Bartholomaeus Anglicus um 1240 ursprünglich in lateinischer Sprache verfasst *(De proprietatibus rerum).* Die französische Übersetzung, die etwa 200 Jahre später entstand, ist spektakulär illustriert. Ein Exemplar des Werks wurde 2010 für über 1 Mio. Dollar verkauft. Die 19 Bände enthalten praktisch das gesammelte Wissen der damaligen Zeit und behandeln Angelegenheiten des täglichen Lebens und ebenso theologische Themen wie Gott, die Hierarchie der Engel und die Seele. Ein Band widmet sich der Erde und den Himmelskörpern, einer dem Thema Zeit. Wie aufgrund des Datums der Erstveröffentlichung zu erwarten, wird hier ein geozentrisches Weltbild präsentiert.

OBEN, UNTEN, GEGENÜBERLIEGENDE SEITE

Livre des propriétés …

Umringt von den Sternbildern des Tierkreises, wandern mythologische Figuren, die die Sonne und die Planeten darstellen, über den Himmel.

Ein geozentrisches Modell des Universums: in der Mitte die Erde, der Mond und ein kometenartiges Gebilde, um sie herum die Sonne und die Fixsterne. Jenseits der Fixsterne beginnt das Reich der Engel.

Diese Illustration der Schöpfungsgeschichte zeigt Gott unter anderem beim Erschaffen des Himmels und der Sterne. Er verwendet dafür einen Navigationszirkel.

Astronomy Explained Upon Sir Isaac Newton's Principles

Isaac Newton publizierte seine revolutionären Ideen 1687 in seinem Werk *Principia* (siehe S. 200–205), doch wie viele Fachtexte damals und heute bedurfte es fachkundiger Erläuterungen, um es einem größeren Publikum zugänglich zu machen. In diesem Sinne verfasste der schottische Amateurastronom James Ferguson sein Buch, dessen vollständiger Titel lautet: *Astronomy Explained Upon Sir Isaac Newton's Principles, and Made Easy for Those Who Have Not Studied Mathematics* (Astronomie, erklärt anhand von Sir Isaac Newtons Gesetzen, vereinfacht dargestellt für jene, die keine Mathematik studiert haben). Es ist ein zauberhaft illustriertes Beispiel für dieses Genre. Fergusons Buch wurde 1764 in London veröffentlicht, und es heißt, Wilhelm Herschel (1738–1822; siehe S. 142) habe

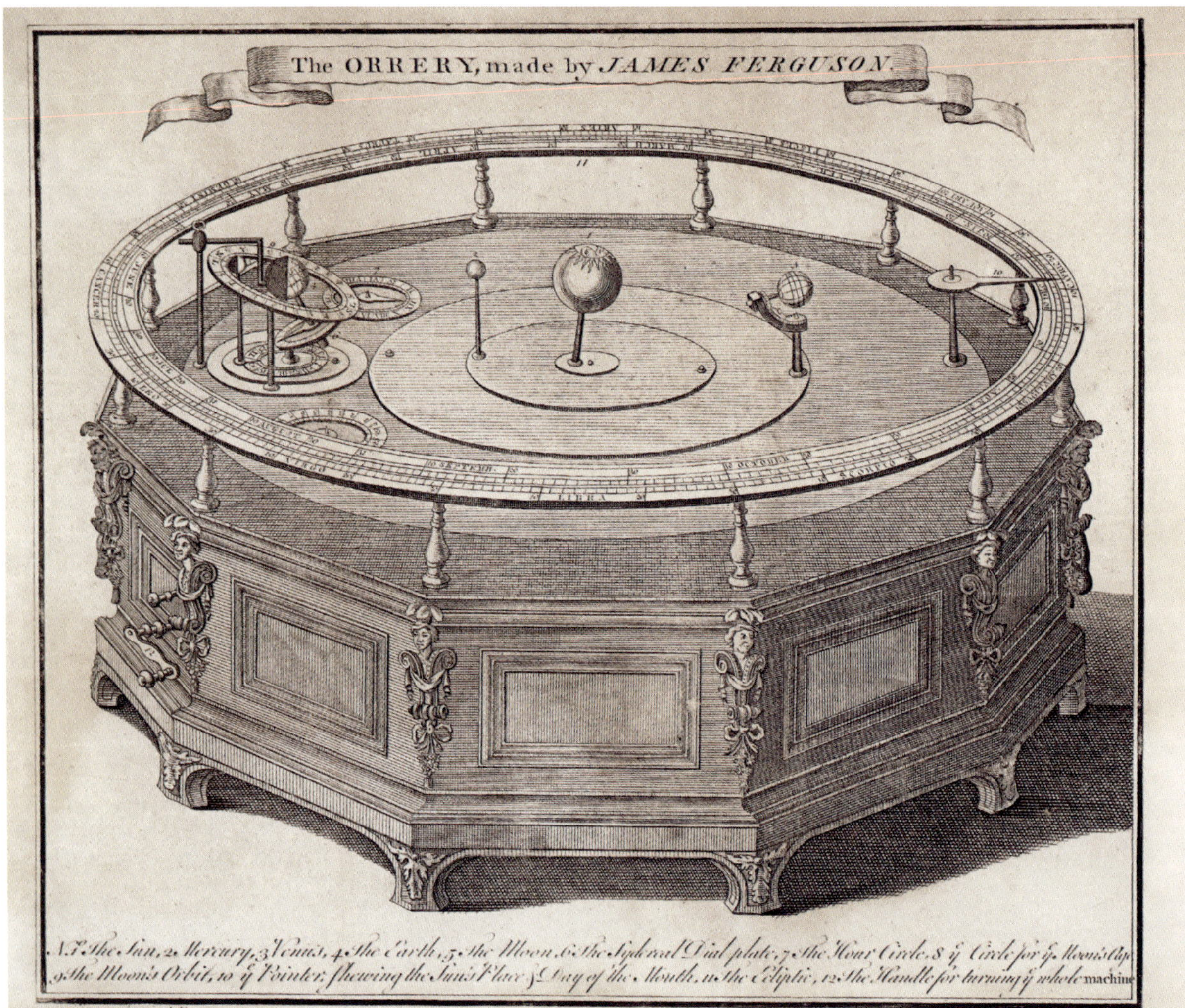

es als Lehrbuch genutzt, bevor er zusammen mit seiner Schwester Caroline (1750–1848) die Astronomie um viele eigene Beiträge bereicherte. Gemeinsam bauten die Geschwister – Caroline war eine anerkannte Astronomin – mehrere Teleskope, mit denen sie zahlreiche Kometen und den Planeten Uranus entdeckten. Sie erstellten auch die erste dreidimensionale Karte unserer Galaxie.

James Ferguson (1710–1776) stammte aus bescheidenen Verhältnissen. In seiner Jugend hütete er Schafe und arbeitete eine Zeit lang als Knecht. Was er über Astronomie und Mechanik wusste, hatte er sich selbst beigebracht. Nachdem er einem «Gentleman» eine von ihm gefertigte Uhr gezeigt hatte, erhielt er eine Anstellung in dessen Haus. Später verdiente er als Miniaturmaler genügend Geld, um nach Edinburgh ziehen und sich dort wissenschaftlichen Studien widmen zu können. Mit über dreißig siedelte er nach London um und wurde schließlich für seine komplexen mechanischen Modelle astronomischer Systeme berühmt. Im ganzen Land hielt er Vorträge über Astronomie.

Fergusons Buch enthält eine Beschreibung des Sonnensystems, nennt die physikalischen Ursachen für die Bewegungen der Planeten und liefert Beweise dafür, dass das kopernikanische Modell richtig, das ptolemäische hingegen falsch ist. Ferguson erklärte, wie sich die Zeitpunkte von Finsternissen und anderen astronomischen Phänomenen berechnen lassen. Zudem lieferte er aktuelle Angaben zur Größe des Sonnensystems, die auf Beobachtungen des Venustransits im Jahr 1761 beruhten (siehe S. 210–211).

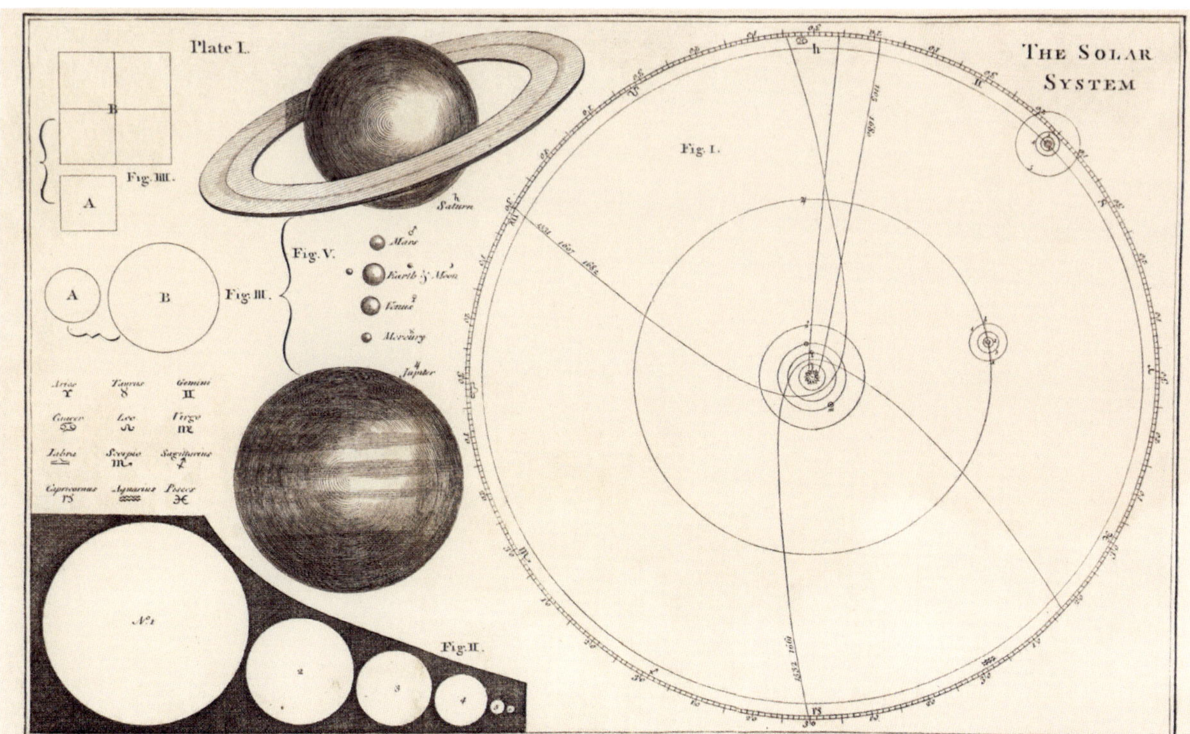

GEGENÜBERLIEGENDE SEITE UND UNTEN

Astronomy Explained …

Das erstmals 1764 in London veröffentlichte Buch enthält Anleitungen zum Bau komplexer mechanischer Modelle wie des hier abgebildeten Ferguson-schen Sonnensystemmodells. Der Autor James Ferguson war für seine mechanischen und astronomischen Modelle berühmt.

Eine Karte unseres Sonnensystems und eine Karte zu den Größenverhältnissen der Planeten.

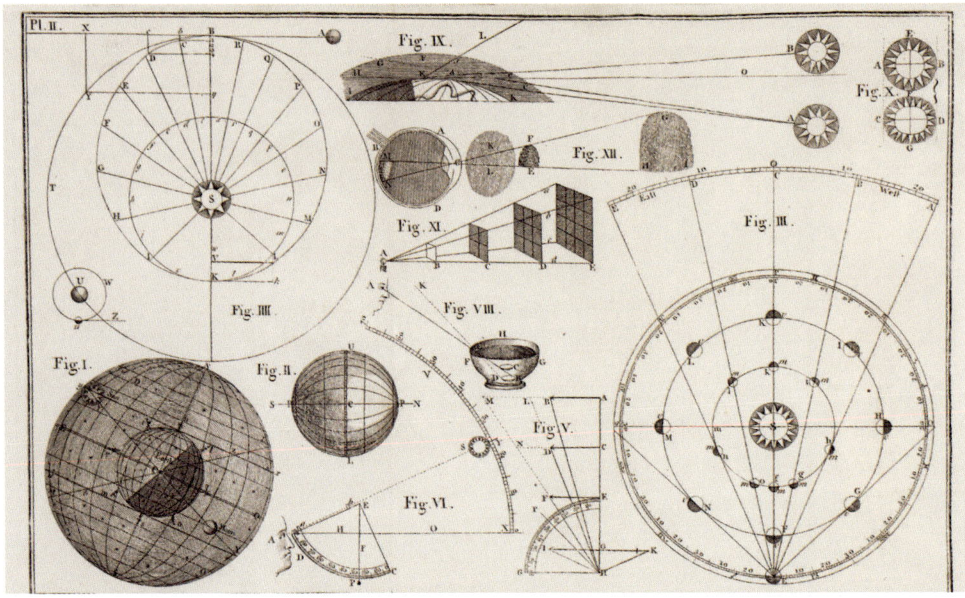
Pl. II.
Fig. IX.
Fig. X.
Fig. XII.
East
West
Fig. III.
Fig. XI.
Fig. IIII.
Fig. VIII.
Fig. I.
Fig. II.
Fig. V.
Fig. VI.

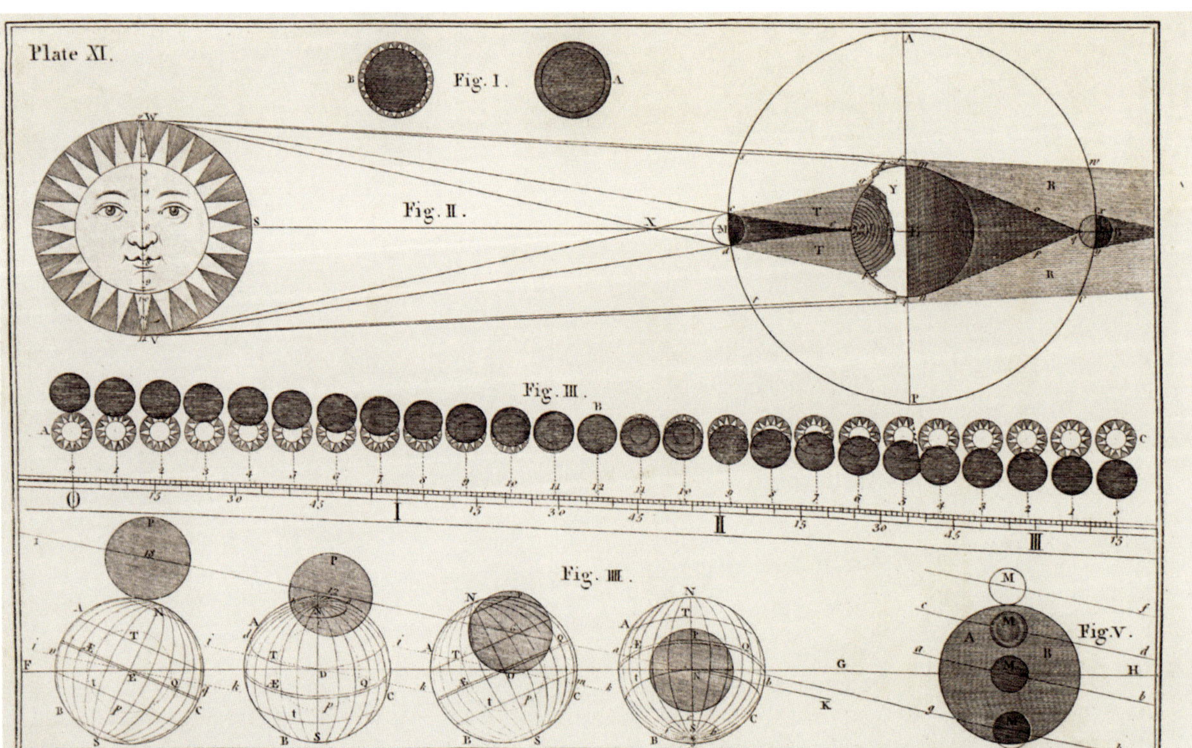
Plate XI.
Fig. I.
Fig. II.
Fig. III.
Fig. IIII.
Fig. V.

GEGENÜBERLIEGENDE SEITE UND LINKS

Astronomy Explained …

Fig. III in dieser Abbildung zeigt die Phasen der inneren Planeten (Venus und Merkur).

Eine detaillierte Grafik zum Ablauf einer Sonnenfinsternis.

Wilhelm Herschel poliert einen Teleskopspiegel, seine Schwester Caroline reicht ihm das hierfür benötigte Pulver aus einer Tasse. Die Illustration entstand 1896, einige Jahrzehnte nach dem Tod der Geschwister. Es heißt, Wilhelm habe sich mit Fergusons Buch in die Astronomie eingearbeitet.

A Compendious System of Astronomy

Dieses Kompendium der Astronomie, verfasst von der Lehrerin Margaret Bryan (um 1760–1815), war ihren Schülerinnen gewidmet und richtete sich gezielt an junge Frauen. Es wurde 1797 publiziert und war Bryans erstes Lehrbuch, dem einige Jahre später ein weiteres Lehrbuch zur Naturphilosophie (die wir heute als Physik bezeichnen würden) folgte. Ein drittes Buch über Astronomie und Geografie richtete sich an jüngere Kinder. Das Frontispiz des Kompendiums zeigt Margaret Bryan mit ihren beiden Töchtern. Im Hintergrund sind astronomische Instrumente zu sehen.

RECHTS UND GEGENÜBERLIEGENDE SEITE

A Compendious System …

Von links oben im Uhrzeigersinn: Margaret und ihre Töchter. Frontispiz der Originalausgabe des Kompendiums von 1797.

Die Größenverhältnisse der Planeten und ihrer Bahnen sowie die scheinbaren Größen der Sonne von den verschiedenen Planeten aus gesehen. Der Planet, den wir heute als Uranus kennen und der weniger als 20 Jahre vor der Veröffentlichung des Kompendiums entdeckt wurde, erscheint hier unter seinem ursprünglichen Namen «Georgium Sidus», den Wilhelm Herschel ihm gegeben hatte.

Ein Modell zum Verständnis der Bewegungen des Himmels um die Erde. Die übrigen Grafiken zeigen, wie sich der Himmel im Laufe eines Tages oder Jahres aus unserer Perspektive verändert.

Von links oben im Uhrzeigersinn: Ein mechanisches Modell des Sonnensystems, eine Mondkarte mit der Darstellung der Mondphasen, ein Himmelsglobus und ein Teleskop.

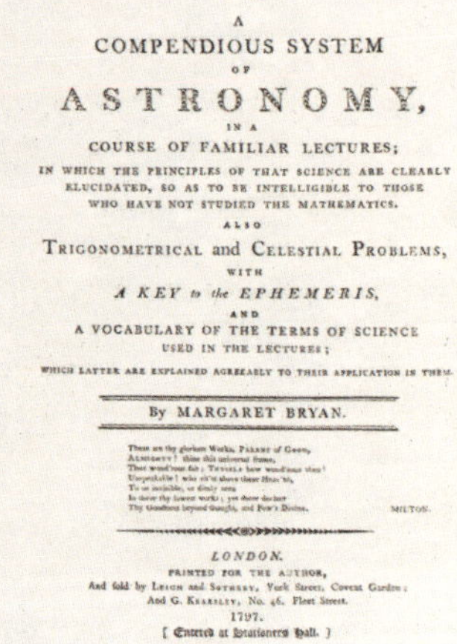

A

COMPENDIOUS SYSTEM

OF

ASTRONOMY,

IN A

COURSE OF FAMILIAR LECTURES;

IN WHICH THE PRINCIPLES OF THAT SCIENCE ARE CLEARLY ELUCIDATED, SO AS TO BE INTELLIGIBLE TO THOSE WHO HAVE NOT STUDIED THE MATHEMATICS.

ALSO

TRIGONOMETRICAL and CELESTIAL PROBLEMS,

WITH

A KEY to the EPHEMERIS,

AND

A VOCABULARY OF THE TERMS OF SCIENCE USED IN THE LECTURES;

WHICH LATTER ARE EXPLAINED AGREEABLY TO THEIR APPLICATION IN THEM.

By MARGARET BRYAN.

MILTON.

LONDON.

PRINTED FOR THE AUTHOR,

And fold by LEIGH and SOTHEBY, York Street, Covent Garden;

And G. KEARSLEY, No. 46. Fleet Street.

1797.

[Entered at Stationers Hall.]

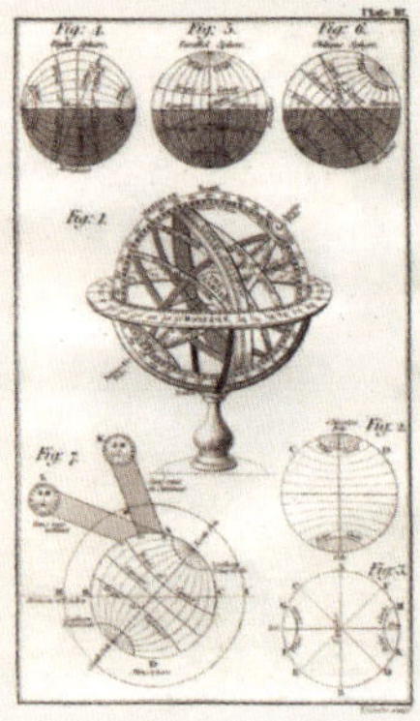

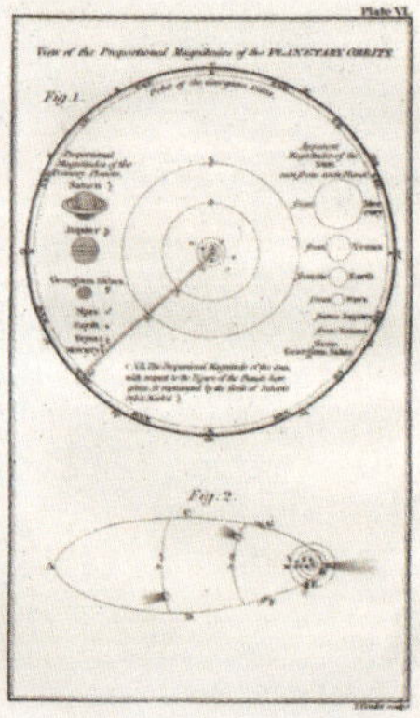

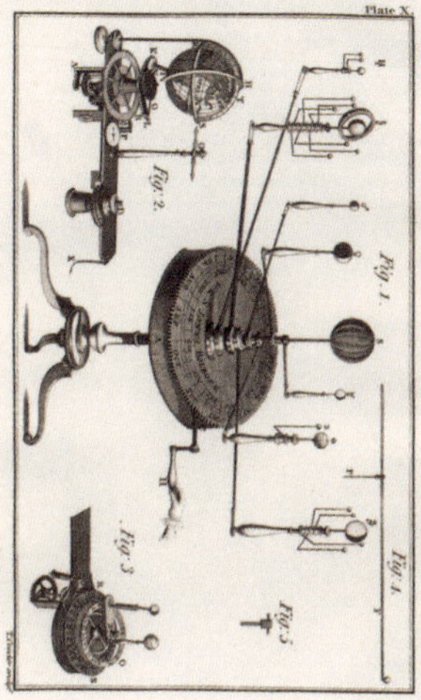
Plate X.

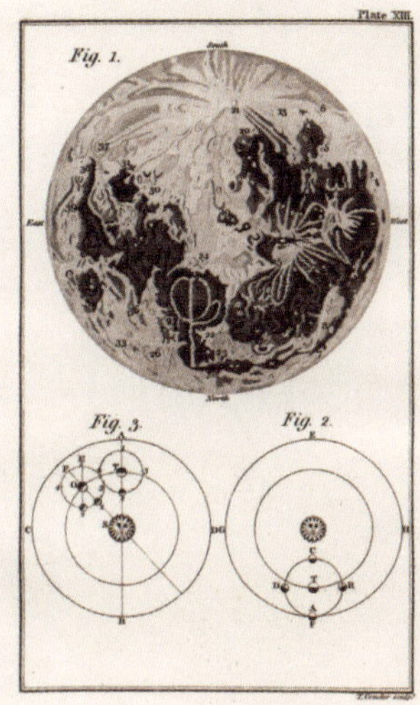
Plate XIII.
Fig. 1.
Fig. 3.
Fig. 2.

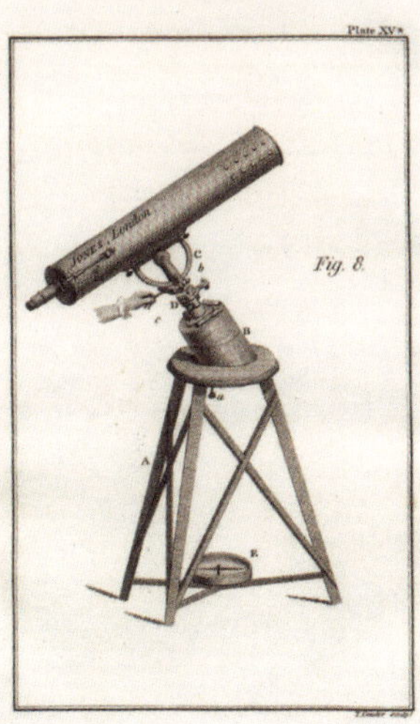
Fig. 8.

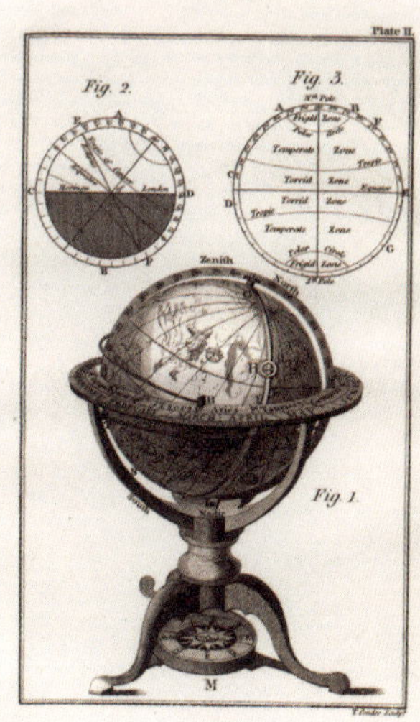
Plate II.
Fig. 2.
Fig. 3.
Temperate Zone
Torrid Zone
Zenith
Fig. 1.

A Familiar Treatise on Astronomy … Written Expressly to Accompany ‚Urania's Mirror‘, or ‚A View of the Heavens‘ …

Das 1825 in London veröffentlichte Buch *A Familiar Treatise on Astronomy, Explaining the General Phenomena of the Celestial Bodies* (etwa: Eine kundige Abhandlung zur Astronomie, mit Erklärungen zu den allgemeinen Phänomenen der Himmelskörper) wurde von Jehoshaphat Aspin (1788–1857) als Begleitwerk zu *Urania's Mirror,* einem bezaubernden Satz von Sternkarten (siehe S. 227), verfasst. Alle 32 Karten sind mit mythologischen Figuren, die die Sternbilder repräsentieren, farbenfroh illustriert.[2] Die Stellen, an denen sich die Sterne befinden, sind, deren Helligkeit entsprechend, mit größeren oder kleineren Löchern versehen. Hielt man eine Karte gegen das Licht, zeichnete sich das entsprechende Sternbild ab.

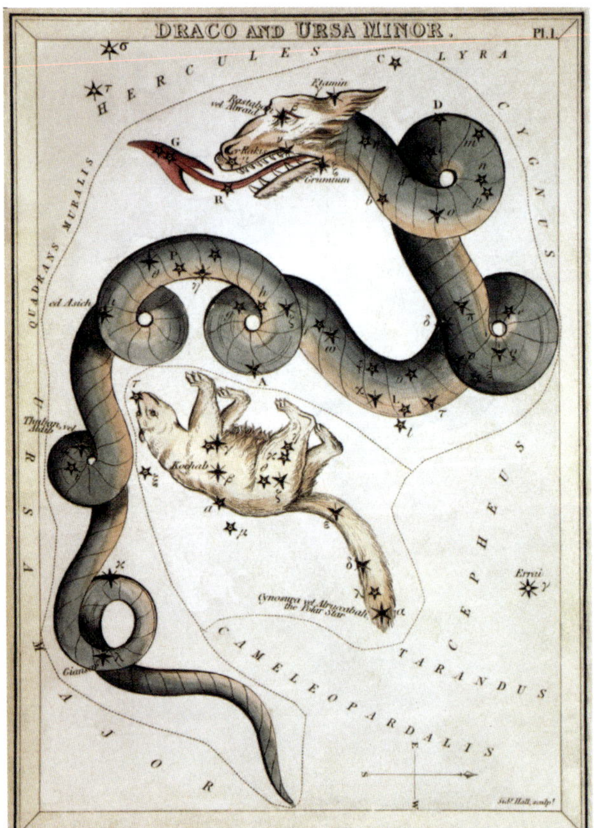

---

2 Die Bilder sind den Illustrationen aus dem Himmelsatlas, den der schottische Lehrer Alexander Jamieson verfasste, verdächtig ähnlich. Man mutmaßt daher, dass sie aus dessen Werk übernommen wurden.

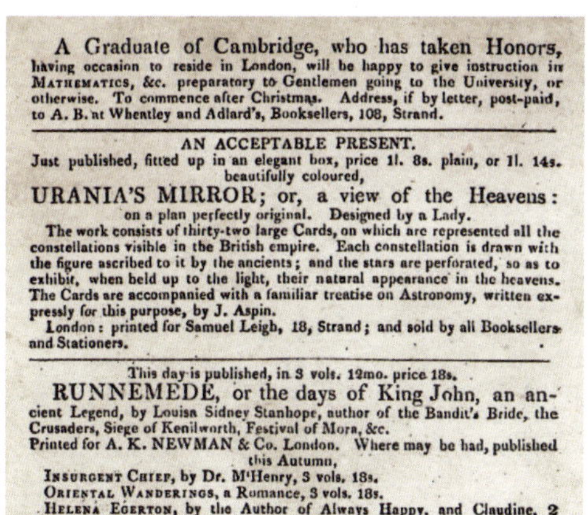

A Graduate of Cambridge, who has taken Honors, having occasion to reside in London, will be happy to give instruction in MATHEMATICS, &c. preparatory to Gentlemen going to the University, or otherwise. To commence after Christmas. Address, if by letter, post-paid, to A. B. at Wheatley and Adlard's, Booksellers, 108, Strand.

AN ACCEPTABLE PRESENT.

Just published, fitted up in an elegant box, price 1l. 8s. plain, or 1l. 14s. beautifully coloured,

URANIA'S MIRROR; or, a view of the Heavens: on a plan perfectly original. Designed by a Lady.

The work consists of thirty-two large Cards, on which are represented all the constellations visible in the British empire. Each constellation is drawn with the figure ascribed to it by the ancients; and the stars are perforated, so as to exhibit, when held up to the light, their natural appearance in the heavens. The Cards are accompanied with a familiar treatise on Astronomy, written expressly for this purpose, by J. Aspin.

London: printed for Samuel Leigh, 18, Strand; and sold by all Booksellers and Stationers.

This day is published, in 3 vols. 12mo. price 18s.

RUNNEMEDE, or the days of King John, an ancient Legend, by Louisa Sidney Stanhope, author of the Bandit's Bride, the Crusaders, Siege of Kenilworth, Festival of Mora, &c.

Printed for A. K. NEWMAN & Co. London. Where may be had, published this Autumn,

INSURGENT CHIEF, by Dr. M'Henry, 3 vols. 18s.

ORIENTAL WANDERINGS, a Romance, 3 vols. 18s.

HELENA EGERTON, by the Author of Always Happy, and Claudine, 2 vols. 10s.

OBEN, UNTEN, GEGENÜBERLIEGENDE SEITE

A Familiar Treatise …

Die Karte für das Sternbild Ursa Major (Großer Bär).

Werbeanzeige für die Erstausgabe des Kartensets *Urania's Mirror.*

Karten mit den Darstellungen von Draco (Drache) und Ursa Minor (Kleiner Bär) sowie «Gloria Frederici» (einem Sternbild, das 1787 zu Ehren Friedrichs des Großen von Preußen eingeführt wurde, sich aber nicht durchsetzen konnte), Andromeda und Triangulum (Dreieck; rechts).

First Book in Astronomy

Dieses Büchlein, das mit zahlreichen Stahlstichen illustriert ist, wurde 1831 als Lehrbuch für den Astronomieunterricht an den öffentlichen Schulen der Vereinigten Staaten publiziert. Es gliedert sich in kurze Lektionen, die den Lehrern bei der Planung ihres Unterrichts helfen sollten. Der Autor, Reverend John Lauris Blake (1788–1857), verfasste zahlreiche pädagogische Texte zu einer Vielzahl von Themen – von Geografie über Kunst, Landwirtschaft und das Christentum bis hin zur Geschichte der amerikanischen indigenen Völker –, war also vermutlich kein Experte für Astronomie. Dennoch ist dies ein schönes Beispiel eines zeitgenössischen Astronomielehrbuchs für Kinder.

VON OBEN IM UHRZEIGERSINN

First Book in Astronomy

Illustration der Titelseite.

Beginn von Lektion 1: Begriffsdefinitionen.

Darstellung der relativen Größe der Planeten.

Text über den Mars und andere Planeten aus einem späteren Kapitel. Nach ihrer Entdeckung Anfang der 1800er-Jahre bezeichnete man die Himmelskörper Vesto, Juno, Pallas und Ceres zunächst als Planeten – der Begriff «Asteroid» wurde erst um 1860 gebräuchlich. Vesto, Juno und Pallas gelten noch heute als Asteroiden, Ceres hingegen gehört seit der Neueinstufung des Pluto im Jahr 2006 wie dieser zu den Zwergplaneten.

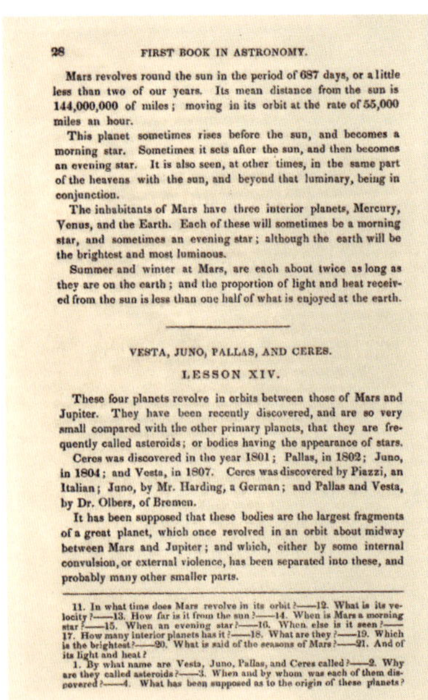
28 FIRST BOOK IN ASTRONOMY.

Mars revolves round the sun in the period of 687 days, or a little less than two of our years. Its mean distance from the sun is 144,000,000 of miles; moving in its orbit at the rate of 55,000 miles an hour.

This planet sometimes rises before the sun, and becomes a morning star. Sometimes it sets after the sun, and then becomes an evening star. It is also seen, at other times, in the same part of the heavens with the sun, and beyond that luminary, being in conjunction.

The inhabitants of Mars have three interior planets, Mercury, Venus, and the Earth. Each of these will sometimes be a morning star, and sometimes an evening star; although the earth will be the brightest and most luminous.

Summer and winter at Mars, are each about twice as long as they are on the earth; and the proportion of light and heat received from the sun is less than one half of what is enjoyed at the earth.

VESTA, JUNO, PALLAS, AND CERES.

LESSON XIV.

These four planets revolve in orbits between those of Mars and Jupiter. They have been recently discovered, and are so very small compared with the other primary planets, that they are frequently called asteroids; or bodies having the appearance of stars.

Ceres was discovered in the year 1801; Pallas, in 1802; Juno, in 1804; and Vesta, in 1807. Ceres was discovered by Piazzi, an Italian; Juno, by Mr. Harding, a German; and Pallas and Vesta, by Dr. Olbers, of Bremen.

It has been supposed that these bodies are the largest fragments of a great planet, which once revolved in an orbit about midway between Mars and Jupiter; and which, either by some internal convulsion, or external violence, has been separated into these, and probably many other smaller parts.

11. In what time does Mars revolve in its orbit?——12. What is its velocity?——13. How far is it from the sun?——14. When is Mars a morning star?——15. When an evening star?——16. When else is it seen?——17. How many interior planets has it?——18. What are they?——19. Which is the brightest?——20. What is said of the seasons of Mars?——21. And of its light and heat?

1. By what name are Vesta, Juno, Pallas, and Ceres called?——2. Why are they called asteroids?——3. When and by whom was each of them discovered?——4. What has been supposed as to the origin of these planets?

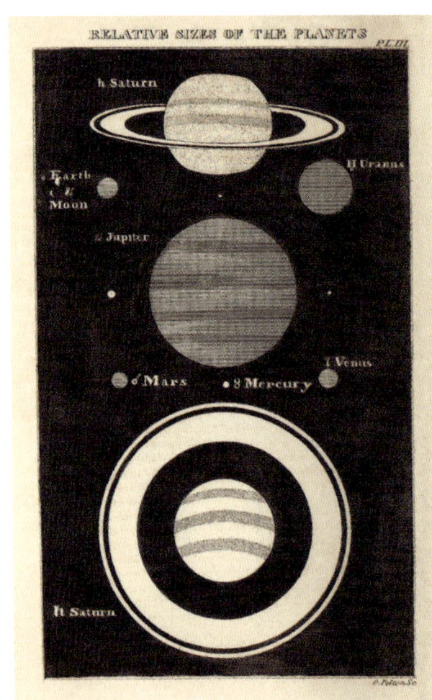

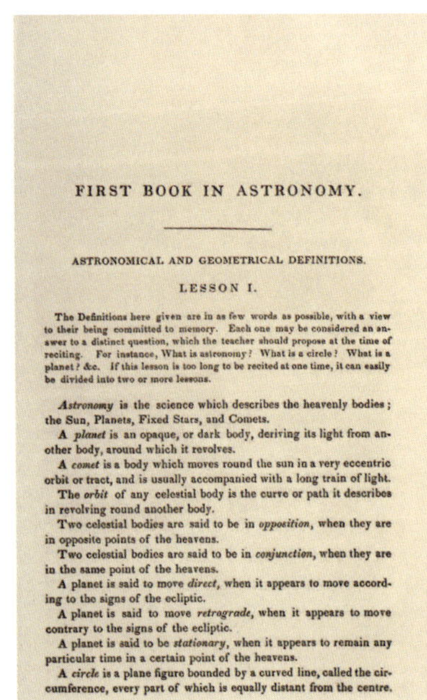
FIRST BOOK IN ASTRONOMY.

ASTRONOMICAL AND GEOMETRICAL DEFINITIONS.

LESSON I.

The Definitions here given are in as few words as possible, with a view to their being committed to memory. Each one may be considered an answer to a distinct question, which the teacher should propose at the time of reciting. For instance, What is astronomy? What is a circle? What is a planet? &c. If this lesson is too long to be recited at one time, it can easily be divided into two or more lessons.

Astronomy is the science which describes the heavenly bodies; the Sun, Planets, Fixed Stars, and Comets.

A *planet* is an opaque, or dark body, deriving its light from another body, around which it revolves.

A *comet* is a body which moves round the sun in a very eccentric orbit or tract, and is usually accompanied with a long train of light.

The *orbit* of any celestial body is the curve or path it describes in revolving round another body.

Two celestial bodies are said to be in *opposition*, when they are in opposite points of the heavens.

Two celestial bodies are said to be in *conjunction*, when they are in the same point of the heavens.

A planet is said to move *direct*, when it appears to move according to the signs of the ecliptic.

A planet is said to move *retrograde*, when it appears to move contrary to the signs of the ecliptic.

A planet is said to be *stationary*, when it appears to remain any particular time in a certain point of the heavens.

A *circle* is a plane figure bounded by a curved line, called the circumference, every part of which is equally distant from the centre.

Outlines of Aſtronomy

Dank der Weiterentwicklung von Teleskopen gelangen zwischen dem Ende des 18. und der Mitte des 19. Jahrhunderts große astronomische Entdeckungen. 1781 wurde der Uranus entdeckt, 1846 der Neptun, 1833 gelangen die ersten genauen Messungen der Entfernung zu den Sternen, und Astronomen wie John Herschel, der Sohn Wilhelm Herschels (siehe S. 142) und Autor von *Outlines of Aſtronomy* (Umrisse der Astronomie; 1849 erstmals erschienenen), beschäftigten sich mit der Suche nach Spiralnebeln (den ersten Spiralnebel bzw. die erste Spiralgalaxie hatte man 1845 identifiziert; siehe S. 242). In *Outlines of Aſtronomy* fasste Herschel den aktuellen Wissensstand der Astronomie zusammen und berichtete auch über einige seiner eigenen Beiträge. Das umfangreiche Buch war so beliebt, dass bis 1873 elf Auflagen gedruckt wurden.

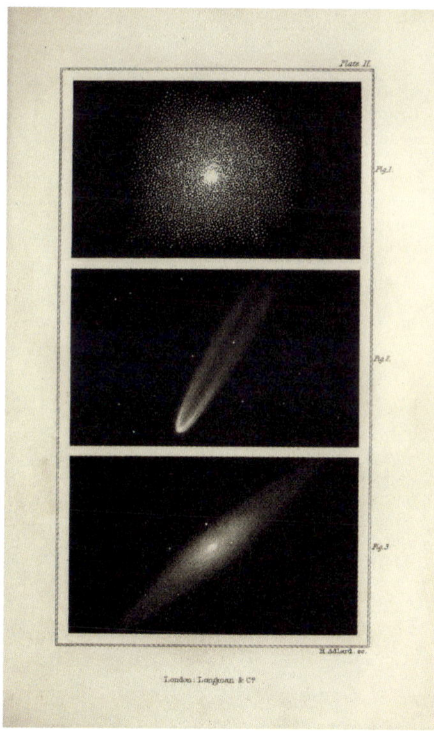

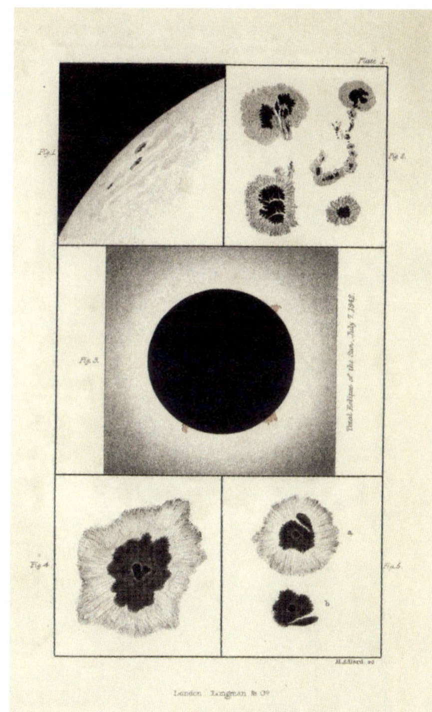

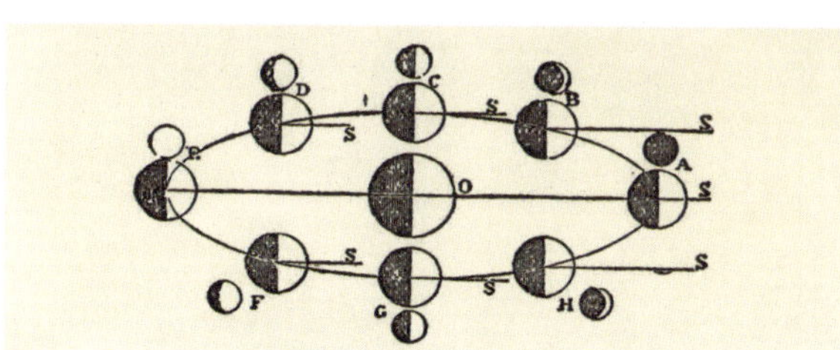

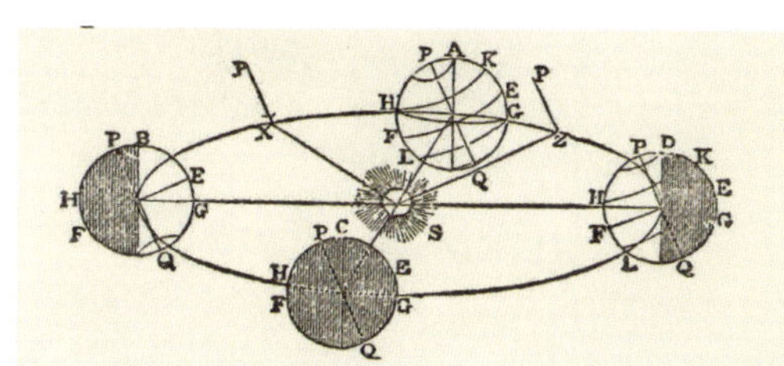

VON OBEN LINKS IM UHRZEIGERSINN

Outlines of Astronomy

Zeichnungen zweier «Nebel» und eines Kometen. Von oben nach unten: M13 (ein Kugelsternhaufen), der Große Komet von 1819 und die Andromedagalaxie, die damals «Andromedanebel» genannt wurde.

Zeichnerische Darstellung der Sonne und von Sonnenflecken.

Grafiken zur Veranschaulichung der Mondphasen (links) und des Laufs der Erde um die Sonne (rechts).

Telescope Teachings

Telescope Teachings (Lehrbuch zur Verwendung von Teleskopen), verfasst von der Naturwissenschaftlerin Mary Ward (1827–1869), richtete sich an jüngere Leserinnen und Leser und erläuterte die Verwendung von Teleskopen zur Erforschung des Nachthimmels. Es wurde von der Autorin selbst illustriert und 1859 zum ersten Mal veröffentlicht. Außer Tipps für die Beobachtung von Himmelsobjekten mit kleinen Teleskopen beinhaltete es auch eine Übersicht zu interessanten Entdeckungen, die mit großen Teleskopen gemacht worden waren, und schilderte deren Auswirkungen auf die Entwicklung der Astronomie. Des Weiteren berichtete es detailliert über einige der «Großen Kometen» (siehe S. 202 und S. 204–205), die in den zurückliegenden Jahrzehnten beobachtet worden waren.

Mary Ward schrieb noch weitere Bücher zur Verwendung von Mikroskopen und Teleskopen, die sie ebenfalls selbst illustrierte. Sie entstammte einer wohlhabenden, wissenschaftsaffinen irischen Familie. Ihr Cousin war William Parsons, der Astronom, der 1845 das legendäre Spiegelteleskop «Leviathan von Parsonstown» konstruierte und damit im gleichen Jahr erstmals die Spiralstruktur einer Galaxie beobachtete (siehe S. 148 und S. 246). Mary Ward besuchte ihren Cousin häufig – die Zeichnungen, mit denen sie den Bau seines Teleskops dokumentierte, sind eine wertvolle historische Quelle und halfen bei der Restaurierung. Darüber hinaus kommt Mary Ward der zweifelhafte Ruhm zu, der erste Mensch gewesen zu sein, der einem Autounfall zum Opfer fiel – 1869 wurde sie im Alter von nur 42 Jahren von einem experimentellen Dampfwagen angefahren und erlag ihren Verletzungen.

UNTEN UND GEGENÜBERLIEGENDE SEITE

Telescope Teachings

Teleskop auf der Titelseite des Buches, das 1859 in London zum ersten Mal publiziert wurde.

Darstellungen des Saturns mit unterschiedlichen Aspekten seiner Umlaufbahn.

Ein spektakuläres Bild des Kometen Donati, der 1858 am Himmel zu sehen war.

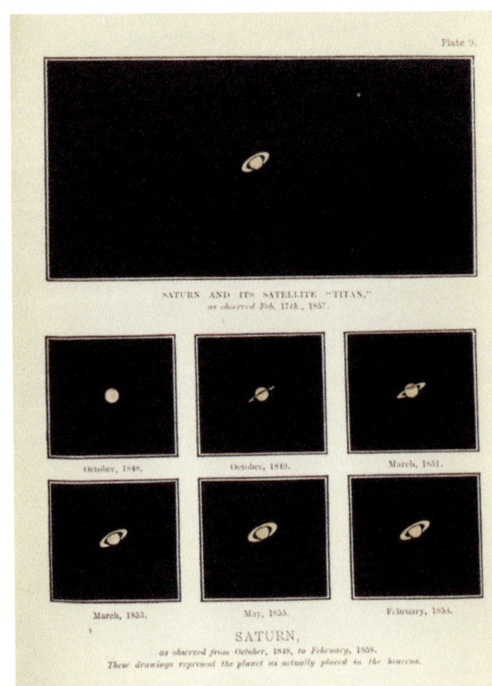

Plate 12.

HERCULES. βγελα SERPENS. δ γβχρs CORONA BOREALIS. εδγ *Alphecca.*

THE COMET OF 1858, (DONATI'S,)
and neighbouring stars, October 11th., 1858, at 7.15 p.m.

OBEN, UNTEN UND GEGENÜBERLIEGENDE SEITE

Telescope Teachings

Illustrationen zur Beobachtung von Kometen.

Details aus den Beobachtungen von Merkur, Venus und Mars.

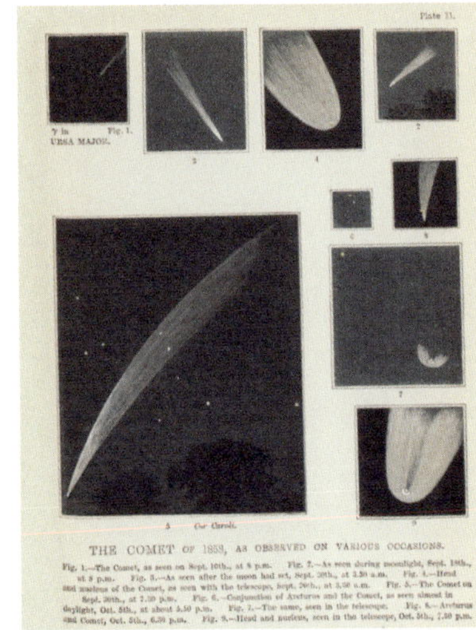

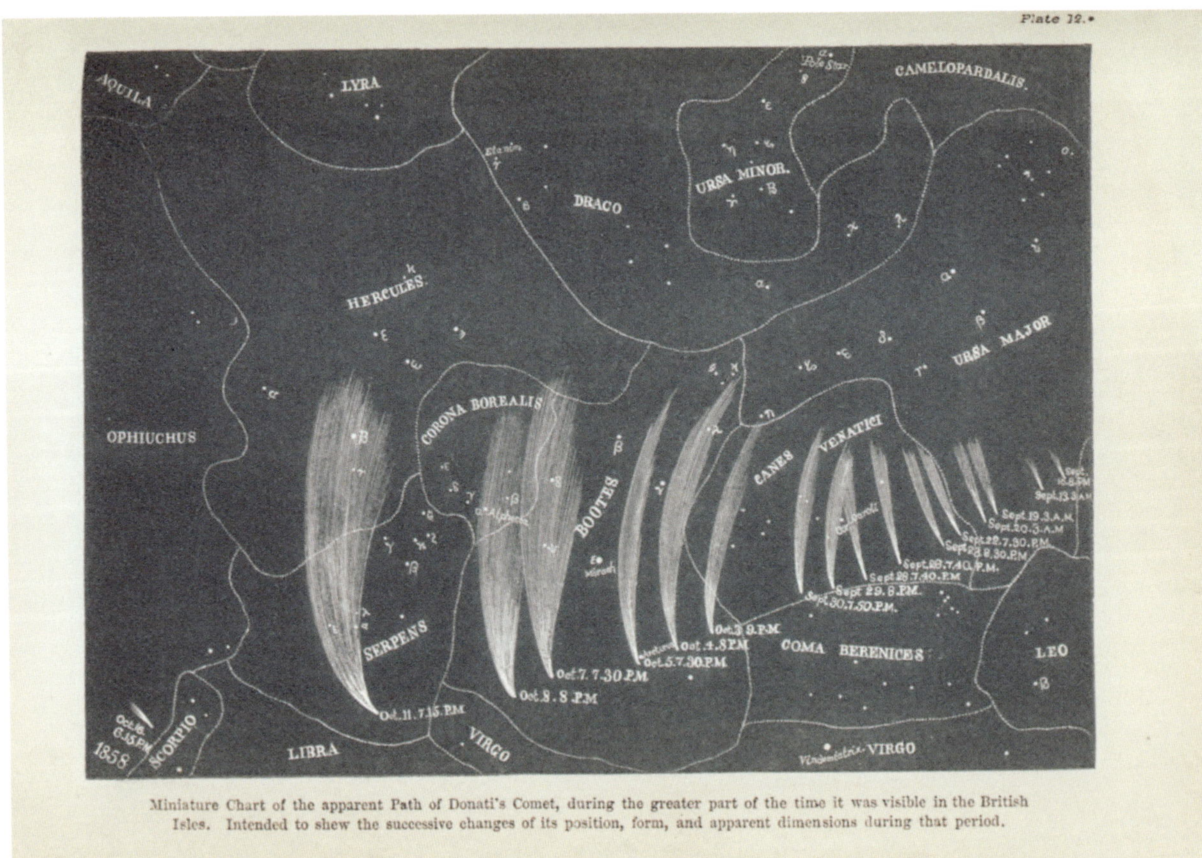

Miniature Chart of the apparent Path of Donati's Comet, during the greater part of the time it was visible in the British Isles. Intended to shew the successive changes of its position, form, and apparent dimensions during that period.

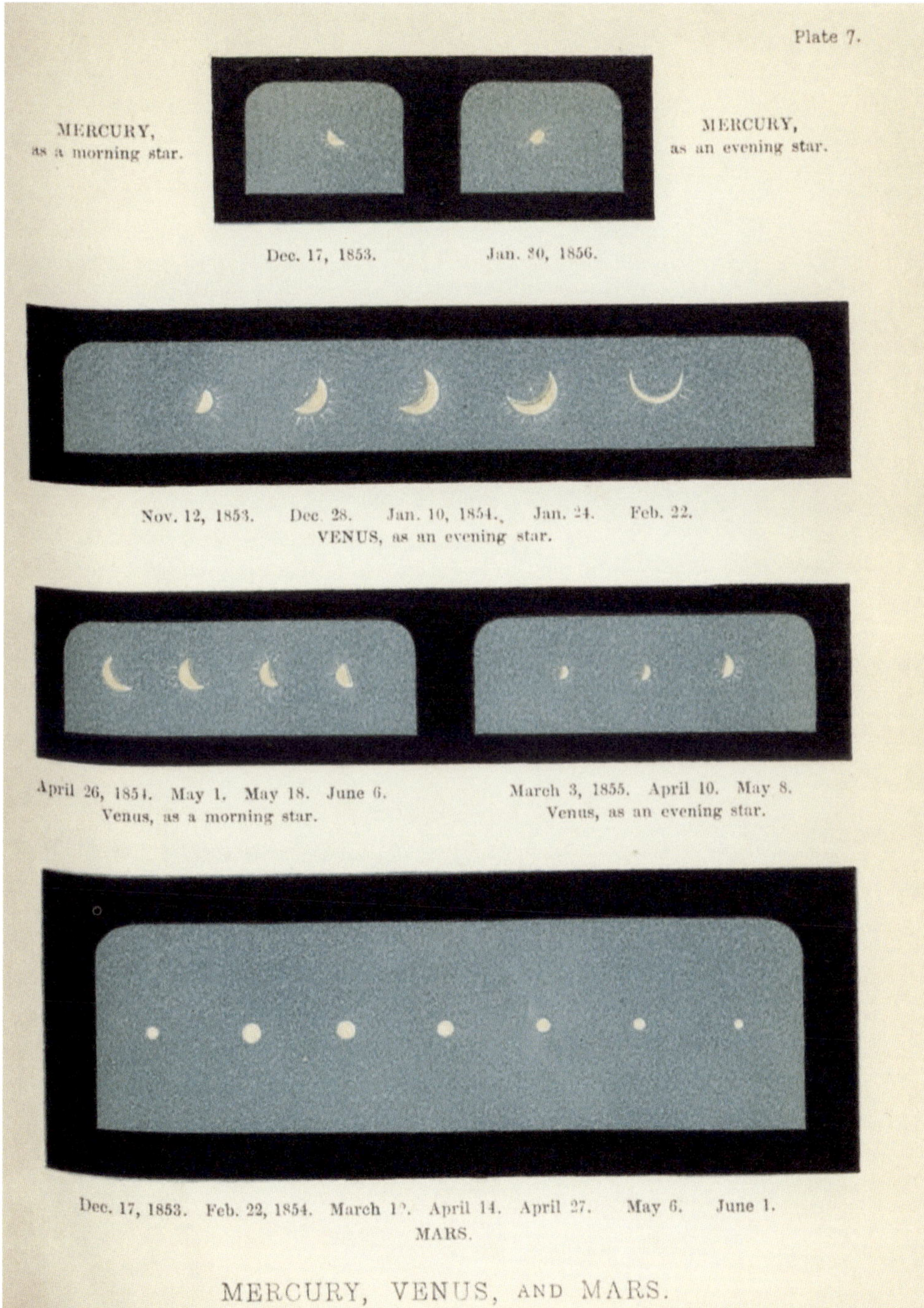

MERCURY, VENUS, AND MARS.

The Story of the Heavens

Dieses illustrierte Buch für ein breites Publikum behandelt die Grundlagen der Astronomie auf dem Kenntnisstand des ausgehenden 19. Jahrhunderts. *The Story of the Heavens* (Die Geschichte des Himmels) wurde von Robert S. Ball (1840–1913) geschrieben und 1885 erstmals veröffentlicht. Mit 27 Kapiteln, 18 Farbtafeln und 90 Stichen ist das Buch ebenso umfangreich wie schön. Das erste Kapitel «Das astronomische Observatorium» enthält reizvolle Bilder von zeitgenössischen Teleskopen. Das Lesepublikum kann sich nicht nur an eher konventionellen Ausführungen zum Sonnensystem, sondern auch an einem Kapitel über den «Planeten der Romantik» erfreuen. Dabei handelt es sich nicht, wie man vielleicht erwarten würde, um die Venus, sondern um einen innerhalb der Merkurbahn vermuteten Planeten, der «Vulcan» genannt und zu jener Zeit als Ursache für Auffälligkeiten in der Umlaufbahn des Merkurs im Gespräch war.[3] Darüber hinaus behandelt das Buch den Sternenhimmel, «ferne Sonnen» sowie «Sternhaufen und Nebel». Im letztgenannten Kapitel geht es auch um frühe Beobachtungen von Objekten, die wir heute als Galaxien bezeichnen – sie wurden seinerzeit noch nicht außerhalb unserer eigenen Galaxie verortet, auch wenn der Text diese Frage anspricht. Von Isaac Roberts, einem der Pioniere der Astrofotografie, ist ein frühes Foto der Andromedagalaxie abgebildet. Es folgt ein Kapitel über die «Enthüllungen des Spektroskops» – eine besonders bemerkenswerte Passage in einem Buch für ein breites Publikum, da die astronomische Spektroskopie zur Bestimmung der materiellen Beschaffenheit von Himmelskörpern zu diesem Zeitpunkt noch in den Kinderschuhen steckte.

UNTEN UND GEGENÜBERLIEGENDE SEITE

The Story of the Heavens

Dieser Stich zeigt «Lord Rosses Teleskop» (auch «Der Leviathan von Parsonstown» genannt) in Irland.

Protuberanzen, Ansichten des Jupiters und die Spektren der Sonne und anderer Sterne.

[3] Heute wissen wir, dass die auffällige Umlaufbahn des Merkurs nicht durch einen imaginären Planeten Vulcan, sondern durch die von Newtons Berechnungen abweichende Gravitation in Sonnennähe verursacht wird – hier ist die Gravitation so stark, dass es Einsteins Allgemeiner Relativitätstheorie bedurfte, um die Bahnabweichung zu erklären.

PLATE IV.
Scale of English Miles.
0 10 20 30 40 50 60 70 80 90 100,000
SOLAR PROMINENCES.
(DRAWN BY TROUVELOT AT HARVARD COLLEGE, CAMBRIDGE, U.S., IN 1872.)

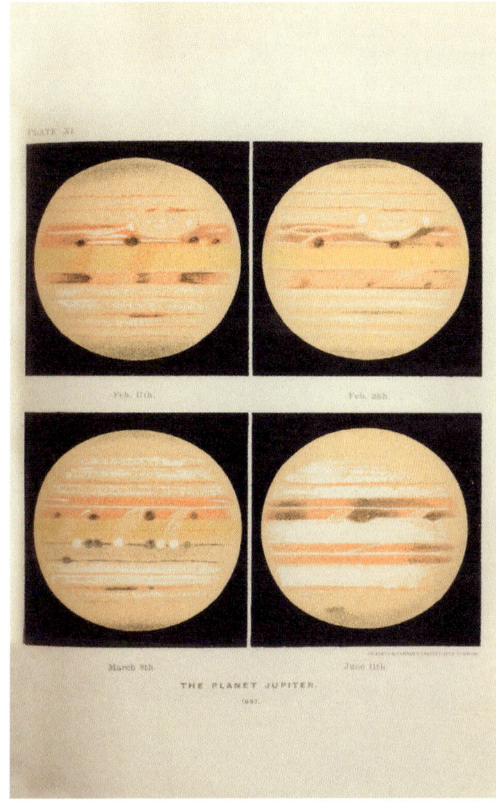
Feb. 17th.
Feb. 28th.
March 8th.
June 11th.
THE PLANET JUPITER.
1897.

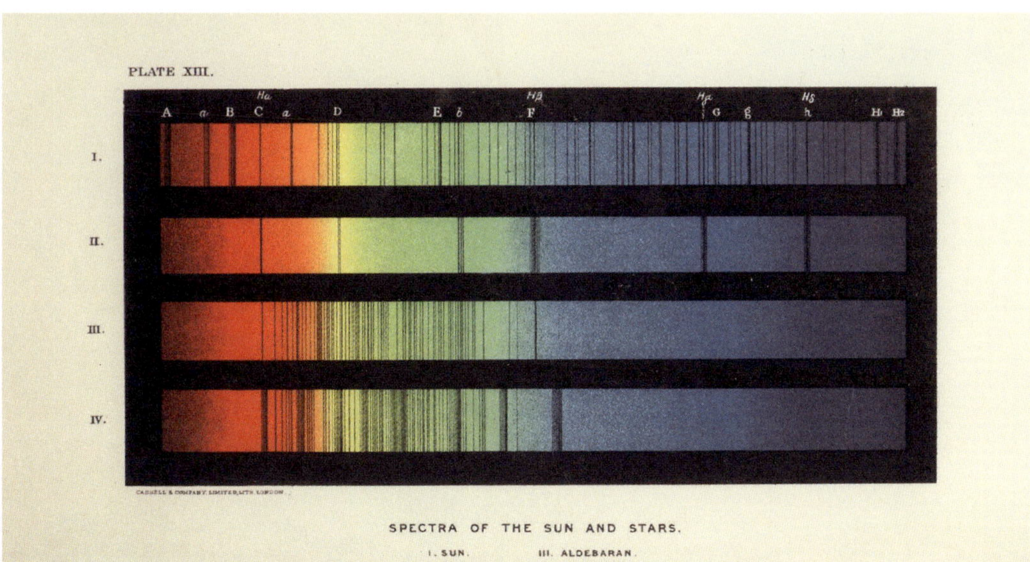
PLATE XIII.
A a B C a D E b F G g h H₁ H₂
I.
II.
III.
IV.
CASSELL & COMPANY, LIMITED, LITH. LONDON.
SPECTRA OF THE SUN AND STARS.
I. SUN. III. ALDEBARAN.
II. SIRIUS. IV. BETELGEUZE.

The Children's Book of the Stars

Diese schön illustrierte Einführung in die Astronomie richtete sich an ein junges Publikum und wurde 1903 erstmals veröffentlicht. Die Autorin, Geraldine E. Mitton (1868–1955), war keine ausgebildete Astronomin und schrieb Bücher zu einer Vielzahl von Themen – meist Sachbücher, Biografien und Reiseführer – sowie Romane. Das *Children's Book of the Stars* (Das Kinderbuch der Sterne) behandelte die üblichen Themen der Astronomie, die Planeten des Sonnensystems ebenso wie Sternbilder, aber es erklärte auch den Ursprung der Gezeiten, den «englischen Sommer und Winter», die «Flammen der Sonne» sowie den «Kometen auf dem Wandteppich von Bayeux» und enthält mehrere Kapitel über die Physik des Lichts. So wird zum Beispiel die Frage erörtert, wie Lichtstrahlen beim Eintritt in Wasser gebrochen werden und was aus der astronomischen Spektroskopie zu lernen ist. Was das Buch für die Geschichte der Astronomie ebenfalls bedeutsam macht, sind außer Zeichnungen mindestens zwei astronomische Fotografien (vom Mond und vom «großen Andromedanebel») und eine Marskarte mit den von Giovanni Schiaparelli entdeckten Mars-«Kanälen» (siehe S. 96) – inklusive einer Diskussion der Frage, ob sie existieren oder nicht und ob sie auf Leben auf dem Mars hindeuten.

30 THE CHILDREN'S BOOK OF STARS

poison the air. The sea tides scour our coasts day by day with never-ceasing energy, and they send a great breath of freshness up our large rivers to delight many people far inland. The moon does most of this work, though she is a little helped by the sun. The reason of this is that the moon is so near to the earth that, though her pull is a

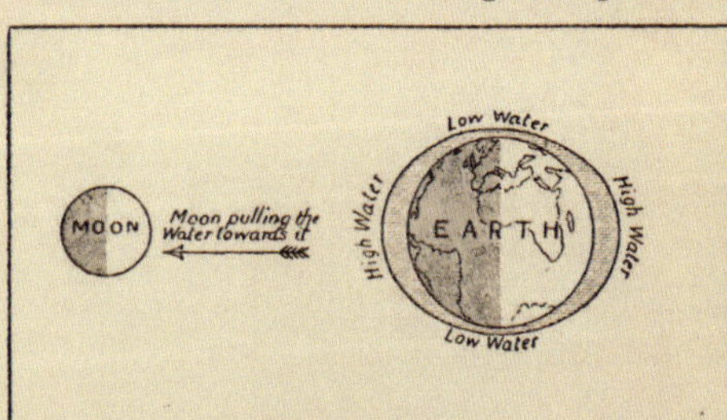

THE MOON RAISING THE TIDES.

comparatively small one, it is very strongly felt. She cannot displace the actual surface to any great extent, as it is so solid; but when it comes to the water she can and does displace that, so that the water rises up in answer to her pull, and as the earth turns round the raised-up water lags behind, reaching backward toward the moon, and is drawn up

FOUR SMALL WORLDS 51

appears like a half or three-quarter moon, as we only see a part of the side from which the sunlight is reflected. She shines like a little silver lamp,

DIFFERENT PHASES OF VENUS.

excelling every other planet, even Jupiter, the largest of all. If we look at her even with the naked eye, we can see that she is elongated or drawn out, but her brilliance prevents us from seeing her shape exactly; to do this we must use a telescope.

4—2

GEGENÜBERLIEGENDE SEITE, OBEN UND UNTEN

The Children's Book …

Eine Grafik zur Entstehung der Gezeiten.

Darstellung der Venusphasen.

(Oben) Auf den ersten Blick scheint diese beeindruckende Grafik nicht viel über die Jahreszeiten zu verraten – doch durch die Betonung der Polkappen wird klar, dass links der Nordsommer und rechts der Nordwinter zu sehen sind.

(Unten) Das Lichtspektrum der Sonne neben dem Lichtspektrum des blauweiß leuchtenden Sterns Sirius, von dem wir heute wissen, dass er viel heißer ist als die Sonne. Daneben einige Sternbilder in der Nähe des Orions.

THE ENGLISH SUMMER (LEFT) AND WINTER (RIGHT).

THE SPECTRUM OF THE SUN AND SIRIUS

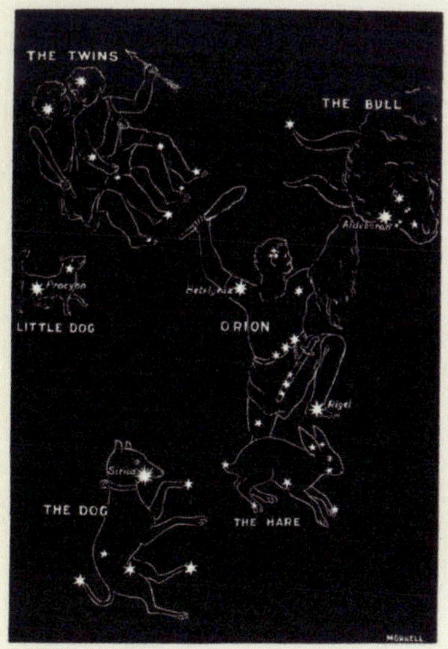

ORION AND HIS NEIGHBOURS.

The Heavens and Their Story

Dieses Buch der britischen Astronomin Annie Maunder (1868–1947) sollte das allgemeine Lesepublikum für die Astronomie interessieren und begeistern. Maunder wurde vor allem durch ihre Beiträge zur Sonnenforschung bekannt. Sie war eine frühe Expertin für Sonnenfotografie, beobachtete Sonnenflecke und unternahm mit ihrem Mann Walter Maunder (1851–1928), der ebenfalls Astronom war, mehrere Expeditionen zu Sonnenfinsternissen. Ihre Beobachtungen und die Visualisierung der ermittelten Positionen von Sonnenflecken (zum Beispiel im «Schmetterlingsdiagramm» – siehe Abbildung gegenüber) sowie die Erhebung weiterer Daten zur Sonnenaktivität (die damals meist unter Walters Namen veröffentlicht wurden) trugen wesentlich zum Verständnis des 11-jährigen Sonnenzyklus bei. Der Begriff «Maunder-Minimum» – eine Periode im 17. und 18. Jahrhundert, in der keine Sonnenflecke auftraten – geht ebenfalls auf Untersuchungen des Ehepaars Maunder zurück.

The Heavens and Their Story (Der Himmel und seine Geschichte) wurde 1908 veröffentlicht. Obwohl Annie und Walter Maunder sich die Autorschaft teilen, erklärt Walter im Vorwort, dass das Buch in Wirklichkeit fast komplett von Annie geschrieben worden sei. Es enthält auch einige ihrer astronomischen Fotografien, insbesondere Aufnahmen von der Sonne und von der Andromedagalaxie, und ist in «Geschichten» gegliedert, die aus der Perspektive unterschiedlicher Himmelserscheinungen erzählt werden.

Das Titelblatt kündigt «8 farbige Tafeln und 30 astronomische Fotografien sowie 51 weitere Abbildungen» an. Insofern markiert dieses Buch einen Wendepunkt der Illustrationspraxis: Zeichnungen und Grafiken wurden zunehmend durch Fotografien abgelöst.

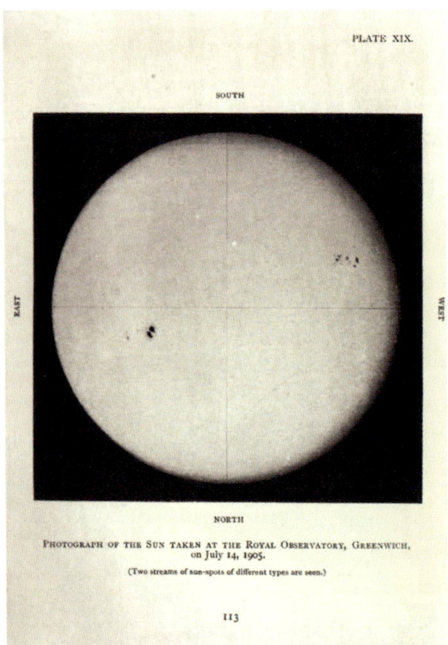

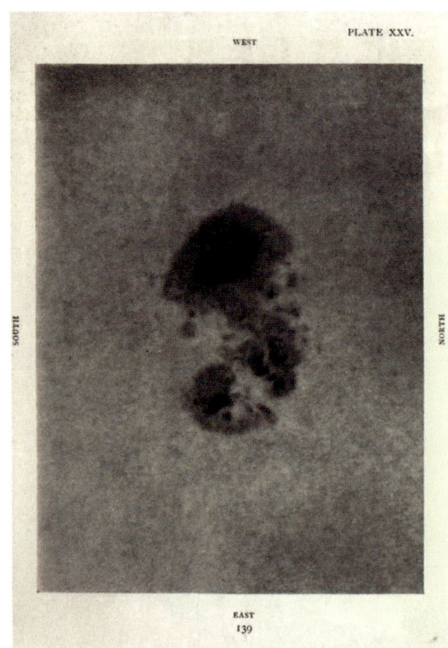

RECHTS

The Heavens and Their Story

Fotografie der Sonne und Nahaufnahme eines Sonnenflecks. Beide Fotos stammen vermutlich von Annie Maunder (wie meiner Ansicht nach auch alle anderen Aufnahmen ohne Urheberkennzeichnung in *The Heavens*).

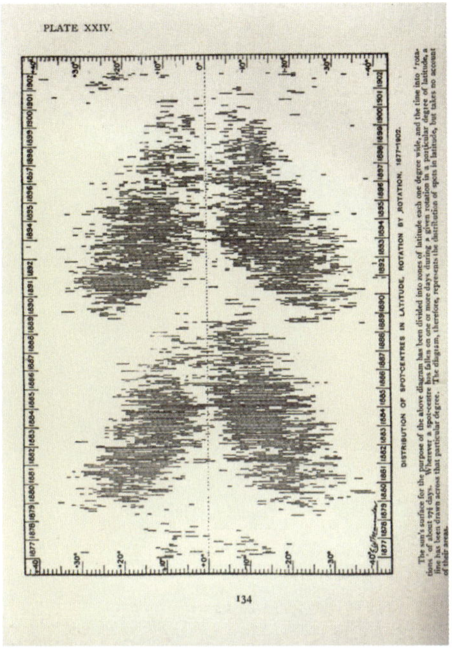

LINKS, RECHTS, UNTEN

The Heavens and Their Story

Das berühmte Schmetterlingsdiagramm von Annie und Walter Maunder. Es zeigt die Positionsveränderungen von Sonnenflecken während des 11-jährigen Sonnenzyklus: Die Flecke, die sich zunächst zahlreich in hohen heliografischen Breiten bilden, «wandern» immer weiter in Richtung Äquator und nehmen immer weiter ab. Nach etwa 11 Jahren beginnt der Zyklus von Neuem.

Annie Maunder mit zwei Kameras. Abbildung aus dem Magazin *Knowledge,* 1900.

Ein Blick durch das Teleskop (Zeichnung von Lilian Martin-Leake): die Sonnenfinsternis vom 28. Mai 1900. Über dem Rand des Mondes sind heftige Protuberanzen zu sehen.

6

MODERNE ASTRONOMIE

In den letzten 100 Jahren hat sich die Astronomie stark verändert. In den 1920ern stand außer Zweifel, dass das Universum größer ist als das Sonnensystem und dass die «Fixsterne» tatsächlich sonnenähnliche Objekte sind, überall im Weltraum verteilt und zu einer riesigen Struktur gehörend, die wir als Galaxie oder Milchstraße bezeichnen, weil sie nachts als helles Band am Himmel zu sehen ist. Damit war die Debatte über die Beschaffenheit des Universums natürlich nicht beendet. Seine schiere Größe wurde offenbar, als es Edwin Hubble in den 1920er-Jahren gelang, mit einer von Henrietta Leavitt entwickelten Methode die Entfernung zu sogenannten «Spiralnebeln» zu bestimmen. Und seine Beobachtung, dass sich fast alle Galaxien von uns wegbewegen – eine Schlussfolgerung aus den Analysen des Astronomen Vesto Slipher – führte zu der These von der Expansion des Weltalls nach einem «Urknall».

Auch die Entwicklung der Fotografie ab Mitte des 19. Jahrhunderts ermöglichte entscheidende Fortschritte. Anstatt nachts stundenlang durch ein Teleskop zu schauen, sammelten die Astronominnen und Astronomen Bilder (oder Spektren) von Himmelsobjekten, die sie später analysieren konnten. So erhielten auch Fachfremde Zugang zur Astronomie, die immer professioneller betrieben wurde.

Die Astronomie war die erste Wissenschaft, die ab den 1980ern Digitalkameras (oder «ladungsgekoppelte Bauteile») einsetzte, mit denen sich viel mehr astronomische Daten viel effizienter als zuvor mit Computern verarbeiten ließen. Heutzutage reisen Astronominnen und Astronomen nur noch selten zu einem der großen Teleskope, denn über das Internet können sie überall auf der Welt auf astronomische Daten zugreifen. Es wurden riesige optische Teleskope mit Spiegeldurchmessern von mehreren Metern[1] an exponierten Stellen der Erde errichtet und sogar Teleskope in den Weltraum geschossen; mit gigantischen Radioteleskopen und empfindlichen Detektoren für energiereiche UV-, Röntgen- und Gammastrahlen werden Teile des elektromagnetischen Spektrums erforscht, die für das menschliche Auge nicht sichtbar sind. Doch damit nicht genug: 2015 wurden erstmals Gravitationswellen gemessen, die durch die Kollision zweier Schwarzer Löcher erzeugt worden waren.

Nicht unerwähnt bleiben darf der Wettlauf um die Vorherrschaft im All. 1957 wurde der erste Satellit in den Weltraum geschossen, 1961 flog der erste Mensch ins All, 1969 landeten die ersten Menschen auf dem Mond. Mit Raumsonden wurden alle bekannten Planeten erkundet, und die Sonden Voyager 1 und Voyager 2 haben mittlerweile unser Sonnensystem nach der Erkundung seiner Randbereiche verlassen. Inzwischen ist sogar der Weltraum überfüllt – zumindest der erdnahe Raum. Seit dem 2. November 2000 befinden sich ständig Menschen im All – die Internationale Raumstation (ISS) ist seither ununterbrochen besetzt. Als ich an diesem Buch arbeitete, umkreisten über 7000 künstliche Satelliten die Erde, und es werden jedes Jahr mehr.

Wie in den meisten Wissenschaften hat sich auch in der Astronomie die Kommunikation enorm verändert. Neueste Forschungsergebnisse werden in Fachzeitschriften publiziert anstatt in Büchern. Lehrbücher

LINKS UND GEGENÜBER-LIEGENDE SEITE

Raum und Zeit

Das Cover der Originalausgabe von Stephen Hawkings Weltbestseller *A Brief History of Time (Eine kurze Geschichte der Zeit).*

Diese Aufnahme des Hubble-Weltraumteleskops zeigt den Sternhaufen Westerlund 2 und seine Umgebung.

oder populärwissenschaftliche Bücher, die Wissen auf anschauliche und/oder unterhaltsame Weise vermitteln, sind jedoch nach wie vor sehr beliebt. Und natürlich sind die Digitalaufnahmen des Nachthimmels, die heute für die Allgemeinheit leicht zugänglich sind, atemberaubend. Dieses Kapitel enthält nur eine kleine Auswahl der vielen Bücher, die in den letzten 100 Jahren auf dem Gebiet der Astronomie erschienen sind[2] – eine bunte Mischung aus Bestsellern, wissenschaftlich bedeutenden Werken und einigen meiner Lieblingsbücher.

[1] Als der Text für dieses Buch entstand, betrugen die Durchmesser der größten Teleskopspiegel rund 10 Meter; Teleskope mit 30-Meter-Spiegeln befanden sich bereits in Planung.

[2] Die Bücher sind grob nach den Erscheinungsdaten der Erstausgaben geordnet. Werke desselben Autors, derselben Autorin werden zusammen behandelt.

Amateur Telescope Making

Der erste Band dieser Buchserie von Albert G. Ingalls (1888–1958) wurde 1926, der letzte 1953 veröffentlicht. Ingalls war Astronom und arbeitete als Wissenschaftsredakteur. Er gilt als Wegbereiter für den Bau von Amateurteleskopen in den USA.

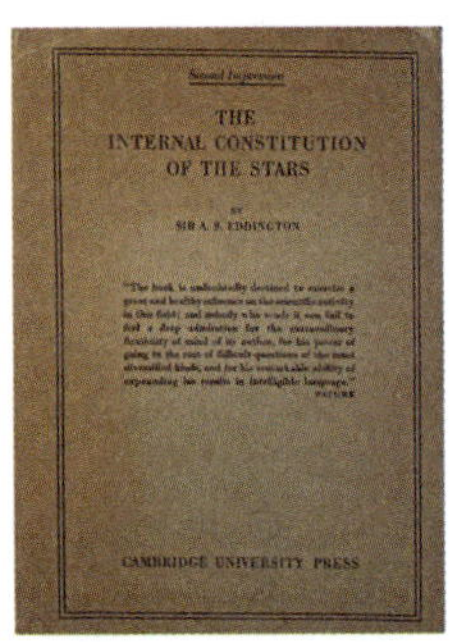

The Internal Constitution of the Stars (Der innere Aufbau der Sterne) und *The Expanding Universe: Astronomy's, ‚Great Debate' (Dehnt sich das Weltall aus?)*

Arthur Eddington (1882–1944) war ein englischer Astronom, der durch zahlreiche Beiträge zur theoretischen und beobachtenden Astrophysik bekannt wurde. Er leistete Pionierarbeit bei der Erforschung des Aufbaus und der Eigenschaften von Sternen, leitete eine Expedition, bei der während der Sonnenfinsternis von 1919 der Gravitationslinseneffekt nachgewiesen wurde, bestätigte Albert Einsteins Gravitationsmodell und vieles mehr.

In *Der innere Aufbau der Sterne* (1926/dt. 1928) legte Eddington den Grundstein für das moderne Verständnis dessen, was im Inneren von Sternen vor sich geht.

Dehnt sich das Weltall aus? (1933) war ein früher Versuch, einem breiten Publikum die Ergebnisse der «Großen Debatte» zu erklären, bei der es um die Frage ging, ob «Spiralnebel» Galaxien außerhalb der Milchstraße sind und warum das Weltall sich ausdehnt. Der Text des Buches basierte auf einem öffentlichen Vortrag, den Eddington 1932 bei einer Tagung gehalten hatte.

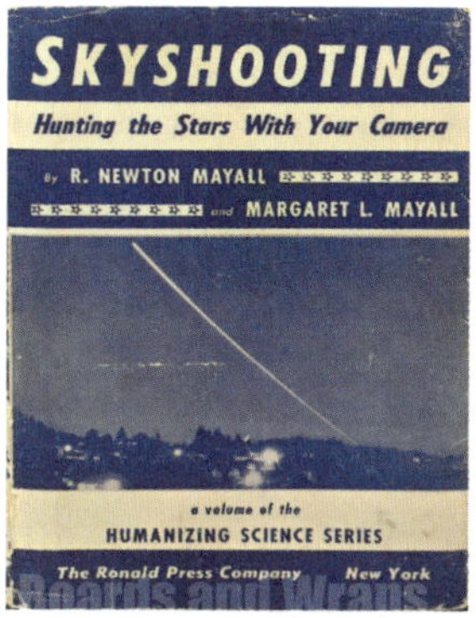

Skyshooting: Hunting the Stars with Your Camera

Ein Buch mit Tipps für Amateurastronominnen und -astronomen, die den Nachthimmel mit der Kamera erforschen wollen, geschrieben von R. Newton Mayall und Margaret L. Mayall im Jahr 1949.

Interplanetary Flight: An Introduction to Astronautics

Eine kurze Einführung in die Mathematik und Physik des Fliegens im interplanetaren Raum, verfasst von dem bekannten Science-Fiction-Autor Arthur C. Clarke. Das 1950 erschienene Buch ist für ein Laienpublikum gedacht und behandelt neben Fragen der Raketenwissenschaft und Raumflugmechanik auch mögliche Ziele der Raumfahrt im Sonnensystem.

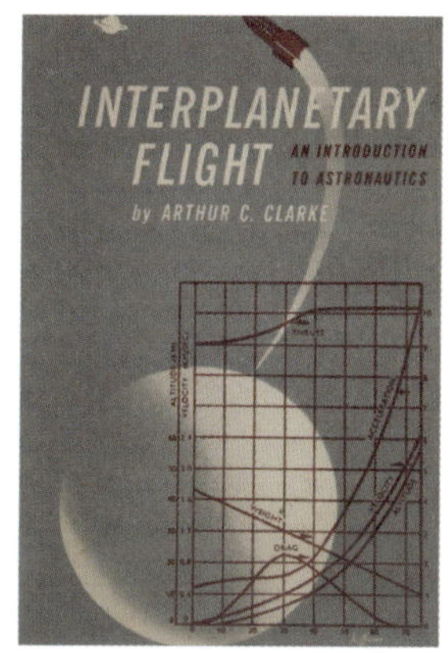

Introduction to Astronomy

Cecilia Payne-Gaposchkin (1900–1979), so heißt es, habe die brillanteste Doktorarbeit verfasst, die je auf dem Gebiet der Astronomie geschrieben wurde. In dieser Arbeit wies sie nach, dass alle Sterne (und damit der größte Teil des Universums) hauptsächlich aus Wasserstoff und Helium bestehen. Sie publizierte mehrere Bücher – unter ihnen auch diese faszinierende Einführung in die Astronomie aus dem Jahr 1954.

Astronomy for Entertainment

Dieses Buch des bekannten russischen Wissenschaftsautors Jakow Perelman (1882–1942), das 1954 in englischer Übersetzung erschien, hat einen entzückenden Einband und ist schön illustriert.

The Hubble Atlas of Galaxies

Ein Bildband zu den von Edwin Hubble fotografierten Galaxien, der 1961, acht Jahre nach Hubbles Tod, von dem Astronomen Allan Sandage (1926–2010) veröffentlicht wurde.

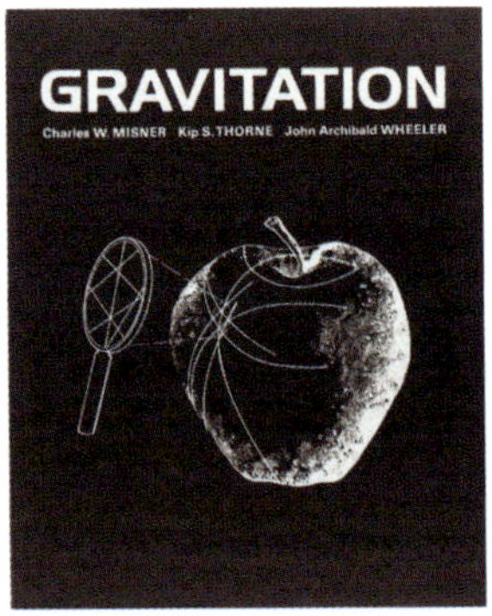

Gravitation

Dieses von Charles W. Misner, Kip S. Thorne und John Archibald Wheeler verfasste und 1973 erstmals veröffentlichte Werk erklärt Albert Einsteins Allgemeine Relativitätstheorie und richtet sich an fortgeschrittene Studierende der Physik. Mit seinen 44 Kapiteln ist es so umfassend und umfangreich, dass an Universitäten gewitzelt wird, es verfüge über eigene Gravitationskräfte.

The First Three Minutes: A Modern View of the Origin of the Universe (Die ersten drei Minuten: Der Ursprung des Universums)

In diesem 1977 sowohl auf Englisch als auch auf Deutsch erschienenen Buch schildert der US-amerikanische Physiker und Nobelpreisträger Steven Weinberg (1932–2021), was in den ersten drei Minuten nach dem Urknall geschah. Das für ein Laienpublikum geschriebene Werk wurde zum Bestseller und ist dank seiner verständlichen, unprätentiösen, aber niemals vereinfachenden Sprache noch immer populär.

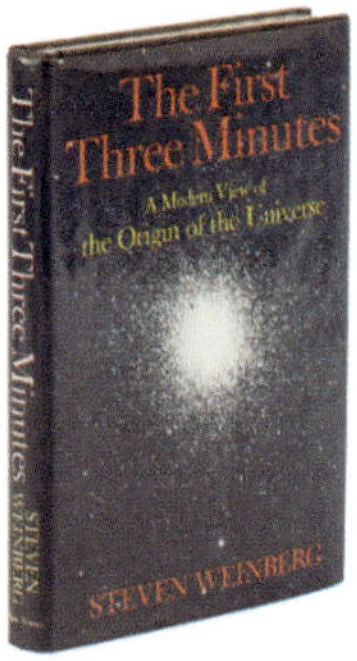

Cosmos (Unser Kosmos: Eine Reise durch das Weltall)* und *Pale Blue Dot: A Vision of the Human Future in Space (Blauer Punkt im All: Unsere Zukunft im Kosmos)

Carl Sagan (1934–1996) war ein US-amerikanischer Astronom und sehr erfolgreicher Sachbuchautor, der vor allem durch seine in den 1980er-Jahren erstmals ausgestrahlte Fernsehserie *Cosmos* bekannt wurde, zu der 1980 ein gleichnamiges Buch erschien (die deutsche Ausgabe kam 1982 auf den Markt). Insgesamt schrieb er mehr als zehn Bücher, unter anderem auch den Roman *Contact*, der von Robert Zemeckis verfilmt wurde. *Blauer Punkt im All* (1994/dt. 1996), laut Verlagswerbung die Fortsetzung von *Unser Kosmos*, gehört zu den meistverkauften Astronomiebüchern, die je veröffentlicht wurden.

A Brief History of Time (Eine kurze Geschichte der Zeit)

In diesem 1988 sowohl auf Englisch wie auf Deutsch erschienenen Buch beschäftigt sich der weltbekannte Astrophysiker Stephen Hawking (1942–2018) mit unseren Vorstellungen vom Universum und mit dem Phänomen der Schwarzen Löcher. Hawking, der unter ALS litt, einer degenerativen Erkrankung des Nervensystems, ist als Wissenschaftsautor vielleicht genauso bekannt wie als Forscher. *Eine kurze Geschichte der Zeit* stand in den 1990er-Jahren lange Zeit auf den Bestsellerlisten. Angeblich haben es die meisten Leute, die es kauften, nie gelesen. Ich habe es gelesen – schon als Teenager, weil ich mich früh für Astronomie interessierte. Für gute Leistungen in Physik erhielt ich damals ein Exemplar der hier abgebildeten illustrierten Ausgabe von 1996.

Galactic Dynamics

Auch wenn sie unberührt und unveränderlich erscheinen, sind Galaxien hochdynamische Systeme – allerdings auf Zeitskalen, die die menschliche Vorstellungskraft übersteigen. Dieses Lehrbuch widmet sich der klassischen Mechanik, die zur Erklärung dieser komplexen und faszinierenden Systeme erforderlich ist. Es wurde von James Binney und Scott Tremaine geschrieben und 1988 veröffentlicht.

Black Holes and Time Warps: Einstein's Outrageous Legacy (Gekrümmter Raum und verbogene Zeit. Einsteins Vermächtnis)

Ein populärwissenschaftliches Buch des US-amerikanischen Physikers und Nobelpreisträgers Kip S. Thorne. Das Buch erschien 1994 auf Englisch und auf Deutsch und beschäftigt sich mit der Geschichte und den Effekten der allgemeinen Relativitätstheorie (etwa der Zeitdilatation) – inklusive spektakulärer Theorien zu Wurmlöchern.

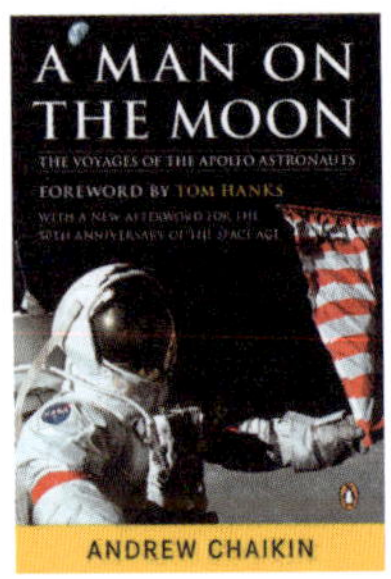

A Man on the Moon: The Voyages of the Apollo Astronauts

Das ultimative Geschichtsbuch über die Apollo-Missionen. Geschrieben von Andrew Chaikin und veröffentlicht 1994.

An Introduction to Modern Astrophysics

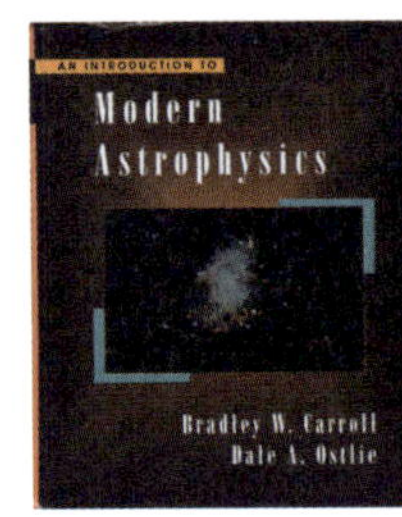

Ein umfangreiches Werk über moderne Astrophysik für fortgeschrittene Studierende. Es wurde 1995 zum ersten Mal publiziert und war eines der Werke, zu denen ich bei meinem Doktorexamen Anfang der 2000er-Jahre geprüft wurde. Von Bradley W. Carroll und Dale A. Ostlie.

Longitude (Längengrad: Die wahre Geschichte eines einsamen Genies, welches das größte wissenschaftliche Problem seiner Zeit löste)* und *The Glass Universe: How the Ladies of the Harvard Observatory Took the Measure of the Stars (Das Glas-Universum: Wie die Frauen die Sterne entdeckten)

Dava Sobel ist eine US-amerikanische Wissenschaftsautorin und Verfasserin zahlreicher Sachbücher zum Thema Astronomie. Zwei davon stellen wir hier vor: *Längengrad,* 1995 auf Englisch, 1996 auf Deutsch erschienen, beschreibt, wie die Frage der Längengradbestimmung auf See gelöst werden konnte – ein Problem der Schifffahrt und eines der großen Rätsel der Astronomie des 18. Jh. (siehe S. 214). *Das Glas-Universum* aus dem Jahr 2017 (Originalausgabe 2016) schildert die Geschichte der Astronominnen, die Ende des 19. Jh. am Harvard-College-Observatorium arbeiteten, und würdigt ihren Beitrag zum Verständnis des Universums.

Thread of the Silkworm

Eine von Iris Chang 1996 publizierte Biografie des Chinesen Qian Xuesen (1911–2009), der in den USA studierte und maßgeblich an der Entwicklung des amerikanischen Raumfahrtprogramms mitwirkte. 1951 wurde er unter dem Verdacht, ein Kommunist zu sein, festgenommen. 1955 durfte er nach China ausreisen und begründete dort das chinesische Raumfahrtprogramm.

Foundations of Astrophysics

Ein beliebtes Lehrbuch für Studierende der Astrophysik, das eine umfassende Einführung in das Thema bietet. Von Barbara Ryden und Bradley M. Peterson, erschienen 2009.

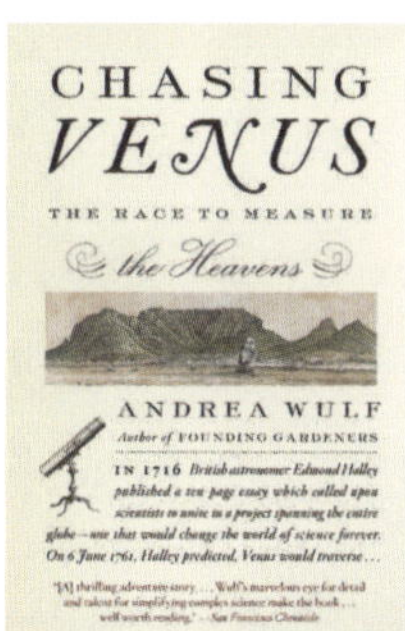

Chasing Venus (Jagd auf die Venus und die Vermessung des Sonnensystems)

Ein historischer Roman der deutsch-britischen Kulturwissenschaftlerin Andrea Wulf über die Venustransite von 1761 und 1769, für deren Beobachtung Forschende aus aller Welt beschwerliche Reisen unternahmen (siehe S. 99 und 210). Das Buch erschien 2012.

Bang! The Complete History of the Universe (Bang! Die ganze Geschichte des Universums)

Ein Rockstar, der (inzwischen verstorbene) dienstälteste Fernsehmoderator der BBC und ein Oxford-Professor für Astrophysik als Autorenteam – kein Witz, sondern eine gelungene Kooperation: Brian May, Patrick Moore und Chris Lintott, die diese leicht verständliche, illustrierte Geschichte des Universums geschrieben haben, sind alle drei versierte Astronomen. Die Erstausgabe des Buches erschien 2006 (dt. 2007).

Hidden Figures: The American Dream and the Untold Story of the Black Women Mathematicians Who Helped Win the Space Race (Hidden Figures – unerkannte Heldinnen,* auch: *Im Kernschatten des Mondes: Die unbekannten Heldinnen der NASA)

Margot Lee Shetterly schildert in diesem Buch die Geschichte dreier afroamerikanischer Mathematikerinnen, die in den 1960er- und 1970er-Jahren für die NASA unter anderem die Flugbahnen für Raumfahrtmissionen berechneten. Die Originalausgabe wurde 2016, die erste deutsche Ausgabe 2017 veröffentlicht.

Astronomy: A Free, Online Astro 101 Textbook

Es heißt, dass in den USA jedes Jahr eine Viertelmillion College-Studierende einen Grundkurs in Astronomie belegen. Die meisten von ihnen benötigen ein Lehrbuch. Dieses Lehrbuch, an dem mehrere Autorinnen und Autoren mitgewirkt haben (und immer noch mitwirken), wurde erstmals 2016 von OpenStax im Internet veröffentlicht. Es ist frei zugänglich und wird regelmäßig aktualisiert.

StarTalk: Everything You Ever Need to Know About Space Travel, Sci-Fi, the Human Race, the Universe, and Beyond

Dieses 2016 erschienene Buch des quirligen und beliebten Astronomen und Wissenschaftsjournalisten Neil deGrasse Tyson basiert auf einem populären Podcast des Autors und einer von ihm moderierten Fernsehshow von *National Geographic TV.* Co-Autoren sind Charles Liu und Jeffrey Simmons.

A Galaxy of Her Own: Amazing Stories of Women in Space

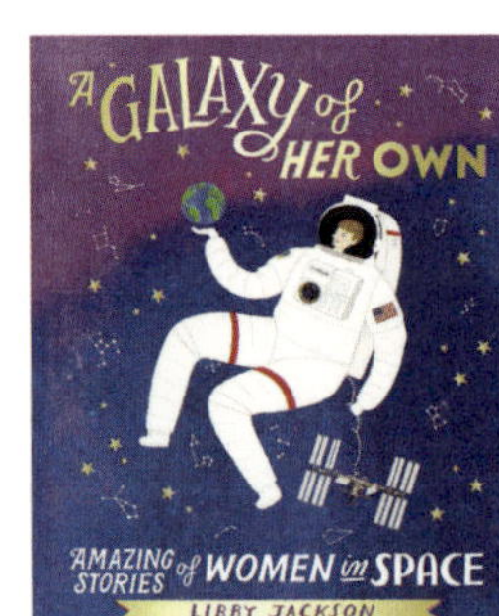

Autorin dieses üppig illustrierten Jugendbuchs ist die britische Physikerin Libby Jackson, die in leitender Funktion für die britische Weltraumbehörde tätig ist. Das Buch richtet sich vor allem an junge Mädchen und erzählt die erstaunlichen Geschichten von Frauen, die – gestern wie heute – eine wichtige Rolle für die Raumfahrt spielten und spielen. Veröffentlicht im Jahr 2017.

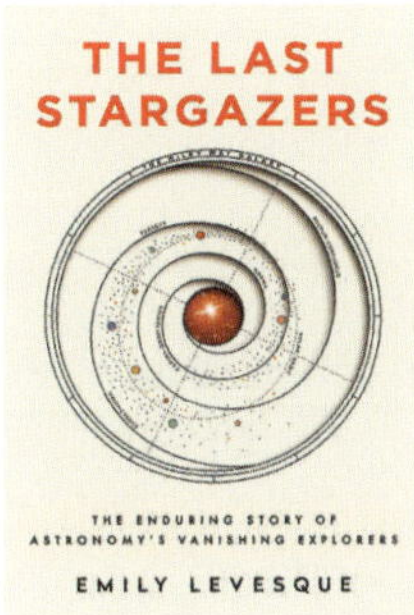

The Last Stargazers: The Enduring Story of Astronomy's Vanishing Explorers

Auch wenn Astronominnen und Astronomen heute nur noch selten Observatorien aufsuchen, nehmen einige von ihnen beschwerliche Reisen zu den entlegensten Orten der Erde noch immer auf sich, um Sterne zu beobachten. Hierüber und über die größten Teleskope der Welt berichtet die Astronomin Emily Levesque in ihrem 2020 erschienenen Buch.

The End of Everything (Astrophysically Speaking) (Das Ende von allem* – *astrophysikalisch betrachtet)

Was weiß die Wissenschaft über das Ende des Kosmos? Über diese Frage sinniert die Astrophysikerin Katie Mack in ihrem 2020 auf Englisch und 2021 auf Deutsch erschienenen Buch.

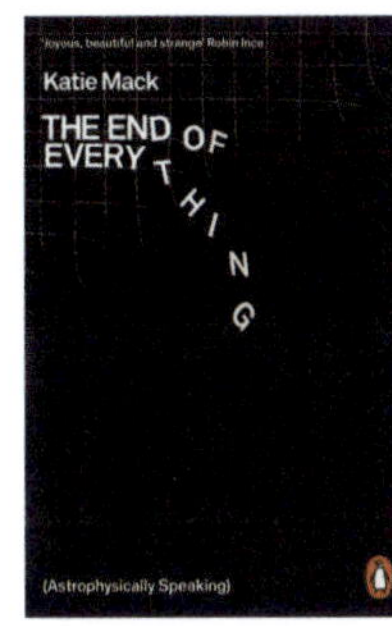

The Disordered Cosmos: A Journey into Dark Matter, Spacetime, and Dreams Deferred

Die Autorin dieses 2022 erschienenen Buches, Chanda Prescod-Weinstein, ist eine der ersten schwarzen Frauen, die in theoretischer Astrophysik promoviert wurde. Sie beschäftigt sich mit Kosmologie (insbesondere mit Dunkler Materie), Teilchenphysik und dem Thema «Rassismus in der Wissenschaft».

A Brief History of Black Holes: And why nearly everything you know about them is wrong

Eine populärwissenschaftliche Einführung in das Lieblingsthema vieler Laienastronominnen und -astronomen – das Phänomen der Schwarzen Löcher, der vielleicht am gründlichsten missverstandenen astronomischen Objekte. Verfasserin ist die Astronomin und YouTuberin Becky Smethurst. Das Buch ist 2022 erschienen.

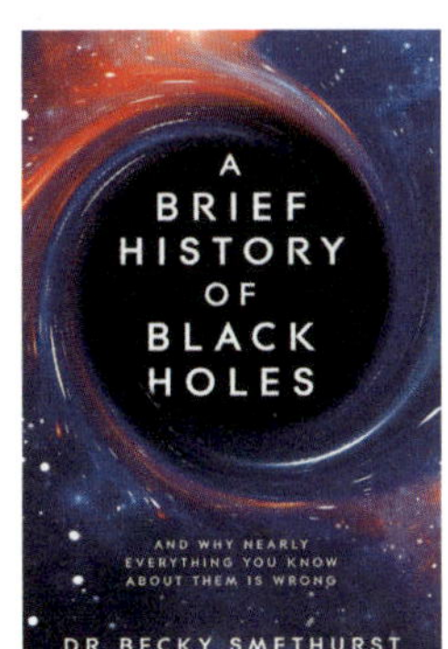

BIBLIOGRAFIE

1. Sternatlanten

Cheonsang Yeolcha Bunyajido
ʾAbd ar-Raḥman aṣ-Ṣūfī, *Buch der Fixsterne*
Hyginus, Gaius Julius, *Poeticon astronomicon*
Piccolomini, Alessandro, *De la sfera del mondo, De le stelle fisse*
Bayer, Johann, *Uranometria*
Cellarius, Andreas, *Harmonia macrocosmica*
Hevelius, Elisabeth & Johannes, *Firmamentum Sobiescianum, sive Uranographia, Machinae coelestis: pars prior*
Flamsteed, John, *Atlas coelestis, Catalogus Britannicus*

2. Die Kartierung anderer Welten

Hevelius, Johannes, *Selenographia, sive lunae descriptio*
Manilius, Marcus, *Astronomica*
Sherburne, Sir Edward, *The Sphere of Marcus Manilius Made an English Poem*
Proctor, Richard, *The Moon: Her Motions, Aspect, Scenery, and Physical Condition, Other Worlds Than Ours*
Nasmyth, James & Carpenter, James, *The Moon: Considered as a Planet, a World and a Satellite* (dt. *Der Mond betrachtet als Planet, Welt und Trabant*)
Tsukioka, Yoshitoshi, *One Hundred Aspects of the Moon* (dt. *Hundert Ansichten des Mondes*)
Valeriano, Pierio, *Compendium in sphaeram*
Balde, Jakob, *De eclipsi solari*
Oppolzer, Theodor Ritter von, *Canon der Finsternisse*
Espenak, Fred, *Road Atlas for the Total Solar Eclipse of 2024*
Huygens, Christiaan, *Systema saturnium, Cosmotheoros*
Schiaparelli, Giovanni, *La vita sul pianeta Marte*
Lowell, Percival, *Mars, Mars and Its Canals, Mars as the Abode of Life*
Chary, Chinthamani Ragoonatha, *Transit of Venus*
Arthusius, Gothard, *Cometa orientalis*
Gadbury, John, *De cometis*
Halley, Edmond, *A Synopsis on the Astronomy of Comets*
Weiss, Edmund, *Bilder-Atlas der Sternenwelt*

3. Astronomie und Kultur

an-Nāṣir ad-Dīn Abū al-ʿAbbās Aḥmad ibn al-Ḥaǧǧ al-Amin at-Tawaṯi al-Ġalawi, *Kašf al-ġummah fi nafa al-ummah*
Abū Yahyā Zakariyāʿ ibn Muḥammad al-Qazwīnī, *Die Wunder der Schöpfung*
al-Qabīsī, *Abhandlung über die Prinzipien der judiziarischen Astronomie*
Vedanga jyotisha
Aryabhata, *Aryabhatiya*
Somayaji, Nilakantha, *Tantrasamgraha*
Varāhamihira, *Brihajjataka*
Madrider Kodex
Dresdner Kodex
Mexico Maya Codex
de Sahagún, Bernardino, *Historia general de las cosas de la Nueva España* (Florentiner Kodex)
Isidor von Sevilla, *De responsione mundi et de astrorum ordinatione*
Beda Venerabilis, *De temporum ratione*
Buch der Seide (Divination by Astrological and Meteorological Phenomena)
Sternkarte von Dunhuang
Jōkyū-Kalender
Nobutake, Baba, *Introduction to the Study of Astronomy*
Joken, Nishikawa, *Tenmon Giron*

4. Wie sich unser Modell des Universums entwickelte

Aristoteles, *De caelo*
Scheiner, Christoph, *Disquisitiones mathematicae*
Aristarchos von Samos, *De magnitudinibus, et distantiis solis, et lunae* (dt. *Aristarchos über die Grössen und Entfernungen der Sonne und des Mondes*)
Ptolemäus, Claudius, *Almagest*
Apian, Peter, *Astronomicum Caesareum,* auch: *Cosmographia*
Kopernikus, Nikolaus, *De revolutionibus orbium coelestium*
Kepler, Johannes, *Astronomia nova, Astronomica, Harmonice mundi, Mysterium cosmographicum*
Brahe, Tycho, *De mundi aetherei*
Blaeu, Joan, *Atlas maior*
Galilei, Galileo, *Dialogo sopra i due massimi sistemi del mondo, Discorso delle comete, Lettere solari, Sidereus nuncius*
Fludd, Robert, *Utriusque cosmi historia*
Kircher, Athanasius, *Ars magna lucis et umbrae*
Cellarius, Andreas, *Harmonia macrocosmica*

Doppelmayr, Johann Gabriel, *Atlas novus coelestis in quo mundus spectabilis*
Newton, Isaac, *Philosophiae naturalis principia mathematica*
Châtelet, Émilie du, *Principes mathématiques*
Lepaute, Jean-André & Lepaute, Nicole-Reine, *Traité d'horlogerie*
Transit of Venus (Flugblatt)
Bails, Benito, *Elementos de matematica*
Lalande, Joseph Jérôme Lefrançois de
Lalande, Marie-Jeanne de, *Abrégé de navigation historique théorique et pratique avec tables horaires*
Somerville, Mary, *The Connection of the Physical Sciences, Mechanism of the Heavens*

5. Astronomie für alle

Sacrobosco, Johannes de, *De sphaera mundi*
Livre des propriétés des choses
Ferguson, J., *Astronomy Explained Upon Sir Isaac Newton's Principles* (dt. *Die Astronomie nach Newtons Grundsätzen erklärt*)
Bryan, M., *A Compendious System of Astronomy*
Aspin, J., *Urania's Mirror*
Blake, Reverend John Lauris, *First Book in Astronomy*
Herschel, J., *Outlines of Astronomy* (dt. *Grundzüge der Astronomie*)
Ward, M., *Telescope Teachings*
Ball, R. S., *The Story of the Heavens*
Mitton, G. E., *The Children's Book of the Stars*
Maunder, A. & Maunder, W., *The Heavens and Their Story*

6. Moderne Astronomie

Ingalls, A. G., *Amateur Telescope Making*
Eddington, A. S., *The Expanding Universe: Astronomy's 'Great* Debate' (dt. *Dehnt sich das Weltall aus?*)
Mayall, M. L. & Mayall, R. N., *Skyshooting: Hunting the Stars with Your Camera*
Clarke, A. C., *Interplanetary Flight: An Introduction to Astronautics*
Payne-Gaposchkin, C., *Introduction to Astronomy*
Perelman, J., *Astronomy for Entertainment*
Sandage, A., *The Hubble Atlas of Galaxies*
Misner, C. W., Thorne, K. S. & Wheeler, J. A., *Gravitation*
Weinberg, St., *The First Three Minutes: A Modern View of the Origin of the Universe* (dt. *Die ersten drei Minuten: Der Ursprung des Universums*)
Sagan, C., *Cosmos* (dt. *Unser Kosmos. Eine Reise durch das Weltall*)
Sagan, C., *Pale Blue Dot: A Vision of the Human Future in Space* (dt. *Blauer Punkt im All. Unsere Zukunft im Kosmos*)
Hawking, St., *A Brief History of Time* (dt. *Eine kurze Geschichte der Zeit*)
Binney, J. & Tremayne, S., *Galactic Dynamics*
Thorne, K. S., *Black Holes and Time Warps: Einstein's Outrageous Legacy* (dt. *Gekrümmter Raum und verbogene Zeit. Einsteins Vermächtnis*)
Chaikin, A., *A Man on the Moon: The Voyages of the Apollo Astronauts*
Carroll, B. W. & Ostlie, D. A., *An Introduction to Modern Astrophysics*
Sobel, D., *Longitude* (dt. *Längengrad: Die wahre Geschichte eines einsamen Genies, welches das größte wissenschaftliche Problem seiner Zeit löste*),
Sobel, D.,*The Glass Universe* (dt. *Das Glas-Universum: Wie die Frauen die Sterne entdeckten*)
Chang, I., *Thread of the Silkworm*
Ryden, B. & Peterson, B. M., *Foundations of Astrophysics*
Wulf, A., *Chasing Venus* (dt. *Jagd auf die Venus und die Vermessung des Sonnensystems*)
May, B., Moore, P. & Lintott, Ch., *Bang! The Complete History of the Universe* (dt. *Bang! Die ganze Geschichte des Universums*)
Shetterly, M. L., *Hidden Figures* (dt. *Hidden Figures – unerkannte Heldinnen,* auch: *Im Kernschatten des Mondes: Die unbekannten Heldinnen der NASA*)
Fraknoi, A, Morrison, D. & Wolff, S. C., u. a. (OpenStax), *Astronomy: A Free, Online Astro 101 Textbook*
Tyson, N. deGrasse, Simons, J. & Liu, Ch., *StarTalk*
Jackson, L., *A Galaxy of Her Own*
Levesque, E., *The Last Stargazers*
Mack, K., *The End of Everything (Astrophysically Speaking)* (dt. *Das Ende von allem: astrophysikalisch betrachtet*)
Prescod-Weinstein, Ch., *The Disordered Cosmos*
Smethurst, B., *A Brief History of Black Holes*

REGISTER

A

Achtal, Stoßzahnfragment 18
Adams, John Couch 218
Ägypten 12, 152, 156
Akiyama Buemon 76
Alkabitius 116
al-Qabīṣī (Alkabitius) 116
Abhandlung über die Prinzipien der judiziarischen Aſtronomie 116–117
al-Qazwīnī, Abū Yahyā Zakariyā' ibn Muḥammad 114
Kitāb 'Aǧā'ib al-maḫlūqāt wa-ġarā'ib al-mawǧūdāt (Wunder der Schöpfung) 114–115
Alexandria 152, 156
Alhazen 64
Alpha Orionis 30
an-Nāṣir ad-Dīn Abū al-'Abbās Aḥmad ibn al-Haǧǧ al-Amin at-Tawaṯi al-Ĝalawi 112
Kašf al-ġummah fi nafa al-ummah 112–113, 225
Andromedagalaxie/-nebel 92, 241, 246, 248, 250; *siehe auch* Sternbilder
Apian, Peter 158
Aſtronomicum Caesareum 158–163
Apollo 17 107
Aries (Widder, Sternbild) 22
Aristarchos von Samos 151
De magnitudinibus, et diſtantiis solis, et lunae (dt. *Ariſtarchos über die Grössen und Entfernungen der Sonne und des Mondes*) 151
Aristoteles 142, 150, 155, 177
De caelo 150
Arthusius, Gothard 101
Cometa orientalis 101, 102
Aryabhata 119
Aryabhatiya 56, 119
aṣ-Ṣūfī, 'Abd ar-Raḥman 22
Buch der Fixſterne 22–25
Aspin, Jehoshaphat 238
A Familiar Treatise on Aſtronomy, Explaining the General Phenomena of the Celeſtial Bodies 227, 238, 239
Asteroid 10, 72, 240
Juno 240
Pallas 240
Vesto 240
Astrolabium 21, 158, 214
Astronomer Royal 45, 49, 103, 202
Astrophysik 103, 201, 256, 260, 261, 263
Atlas von Farnese 19, 21
Auriga (Wagenlenker) 41, 43
Azophi *siehe* aṣ-Ṣūfī, 'Abd ar-Raḥman
Azteken *siehe* Nahua

B

Bails, Benito 212
Elementos de matematica 212
Balde, Jakob 82
De eclipsi solari 82
Ball, Robert S. 246
The Story of the Heavens 225, 246–247
Bang! The Complete Hiſtory of the Universe 261
Bayer, Johann 30
Uranometria 30–34, 35, 41
Bayeux, Wandteppich von 100
Beda Venerabilis 134
De Temporum ratione 134–135
Hiſtoria Ecclesiaſtica gentis Anglorum (Kirchengeschichte des englischen Volkes) 134
Beer, Wilhelm 71
Belize 122
Beteigeuse *siehe* Alpha Orionis
Bibel 38, 135
Bibliothek von Alexandria 156
Binney, James 259
Galaćtic Dynamics 259
Black-Drop-Effekt 99, 210
Blaeu, Joan 174
Atlas maior 174
Blake, Reverend John Lauris 240
Firſt Book in Aſtronomy 240
Brahe, Tycho 12, 34, 48, 103, 168, 169, 170, 172–173, 187, 189
De mundi aetherei 172–173
Browning, John 10, 92
Bryan, Margaret 236
A Compendious Syſtem of Aſtronomy 236–237
Buch der Seide *(Divination by Aſtrological and Meteorological Phenomena)* 136

C

Cai Lun 136
Cambridge Observatory 14
Carpenter, James 72
The Moon: Considered as a Planet, a World and a Satellite (Der Mond betrachtet als Planet, Welt und Trabant) 72
Carroll, Bradley W. 260
Introdućtion to Modern Aſtrophysics 260
Cassini, Giovanni 93
Cellarius, Andreas 35, 166, 188
Harmonia macrocosmica 35–40, 166–167, 188–191
Ceres (Zwergplanet) 240
Chaikin, Andrew 260
A Man on the Moon 260
Chang, Iris 261
Thread of the Silkworm 261
Chary, Chinthamani Ragoonatha 99, 225
Transit of Venus 99
Cheomseongdae-Observatorium 136, 138
Cheonsang Yeolcha Bunyajido 20, 21, 136
Chichén Itzá 120, 122
chinesische Sternbilder 137
chinesische Dichtung 79
Die Reise in den Weſten 79
Clarke, Arthur C. 257
Interplanetary Flight: An Introdućtion to Aſtronautics 257
Cook, Captain 99
Cosmographia siehe Apian, Peter: *Aſtronomicum Caesareum*
Creti, Donato 88

D

Dänemark 12, 172
Danzig 64
Dawes, William Rutter 92, 94, 96
De cometis 101
De eclipsi solari 82–83
de Lalande, Joseph Jérôme Lefrançois 214
de Lalande, Marie-Jeanne 214, 215
Abrégé de navigation hiſtorique théorique et pratique avec tables horaires 214
de Sahagún, Bernardino 126
Hiſtoria general de las cosas de la Nueva España (Florentiner Kodex) 58, 126–129
deGrasse Tyson, Neil 262
StarTalk 262

Doppelmayr, Johann Gabriel 192
Atlas novus coelestis in quo mundus spectabilis 192–199
Doppler-Verschiebung 143
Draper, John William 68
Dresdner Kodex 122–125
du Châtelet, Émilie 206
Principes mathématiques 206–207
Dunkle Energie 148
Dunkle Materie 8, 148, 263

E

Eddington, Arthur 256
The Expanding Universe: Astronomy's ‚Great Debate' (Dehnt sich das Weltall aus?) 256
The Internal Constitution of the Stars (Der innere Aufbau der Sterne) 256
Edo-Zeit (Japan) 136, 138
El Salvador 122, 126
Erde 8, 10, 14, 18, 21, 22, 36, 40, 50, 54, 56, 66, 69, 70, 71, 80, 81, 84, 88, 89, 92, 96, 98, 99, 100, 103, 106, 107, 109, 110, 111, 114, 119, 122, 125, 130, 132, 135, 136, 142, 143, 150, 151, 155, 158, 164, 165, 168, 170, 172, 173, 176, 178, 180, 184, 187, 192, 194, 197, 202, 210, 214, 215, 216, 218, 228, 230, 236, 249, 254
Espenak, Fred 84, 87
Europa (Mond) 88

F

Ferdinand I. 158
Ferguson, James 222, 225, 232, 233
Astronomy Explained Upon Sir Isaac Newton's Principles 222, 225, 232–234
Finsternis 14, 47, 54, 80, 84, 119, 122, 125, 127, 138, 151, 155, 158, 192, 228, 229, 233
Mondfinsternis 80, 81
Sonnenfinsternis 72, 80, 82, 84, 87, 122, 127, 192, 235
Fixsterne 170, 192, 254
Flamsteed, John 45, 49, 202
Atlas coelestis 45–48, 49, 50, 103, 192
Catalogus Britannicus 47
Florentiner Kodex siehe de Sahagún, Bernardino
Fludd, Robert 184
Utriusque cosmi historia 184–185
Forteguerri, Laudomia 28
Franklin, Benjamin 12
Frühling 107, 109
Frühjahrstagundnachtgleiche 106, 107

G

Gadbury, John 101
De cometis 101
Gaia 30
Galilei, Galileo 41, 60, 176, 180
Dialogo sopra i due massimi sistemi del mondo 10, 180–183
Discorso delle comete 176
Lettere solari (Über die Sonnenflecke) 58, 60, 176, 177, 178
Sidereus nuncius 60, 176–177
Galileische Monde 177, 179
Gammastrahlen 254
Gan De 137
Gassendi (Krater) 73
geozentrisches Universum 14, 35, 36, 114, 118, 119, 131, 132, 142, 150, 151, 152, 155, 156, 158, 164, 165, 170, 178, 180, 182, 184, 188, 228, 230
Gezeiten 109, 138, 202, 216, 248
Gezeitentheorie, dynamische 216
Giberne, Agnes, *The Story of the Sun, Moon and Stars* 223
Gravitation 8, 14, 103, 148, 170, 171, 180, 200, 201, 202, 216, 218, 246, 256, 258
Gravitationswellen 10, 254
Greenwich Observatory 14, 45, 72
Gregory, James 210
Grolier-Kodex siehe *Mexico Maya Codex*
Großer Wagen 18, 50
Guatemala 122

H

Halley, Edmond 41, 46, 47, 103, 202, 211
A Synopsis on the Astronomy of Comets 103
Halleyscher Komet 46, 100, 103
Halloween 107
Han-Dynastie (China) 12, 56, 136
Harrison, John 215
Haverford College 8, 14, 272
Hawking, Stephen 254, 255, 259
A Brief History of Time (Eine kurze Geschichte der Zeit) 259
Heinrich VIII. 158
heliozentrisches Universum 14, 35, 142, 151, 164, 165, 168, 169, 170, 172, 173, 178, 180, 182, 183, 184, 189, 191, 192, 197, 218, 228
Heliozentrismus 180, 182, 183
Helium 10
Helligkeit (von Sternen) 28, 46, 155
Herbst 107, 202
Herbsttagundnachtgleiche 106, 107
Herschel, Caroline 93, 233, 235
Herschel, John 241
Outlines of Astronomy 241
Herschel, Wilhelm 93, 142, 145, 225, 232, 235, 236, 241
Hevelius, Elisabeth 41
Hevelius, Johannes 41, 54, 62, 64
Firmamentum Sobiescianum, sive Uranographia 41–44, 62, 103
Machinae coelestis: pars prior 64
Selenographia 54, 62–65
Himmelsscheibe von Nebra 18, 21
hinduistische Astronomie 118
Hipparchos 152, 155, 224
Honduras 122, 126
Hubble-Weltraumteleskop 88, 91, 148, 255
Hubble, Edwin 92, 143, 254, 258
Huygens, Christiaan 88
Cosmotheoros 91
Systema Saturnium 88–90
Hyginus, Gaius Julius 26
Poeticon astronomicon 26–27
Hypatia 156

I

I Ging 60
Ibn al-Haiṯam 64
indische Astronomie 118
Infinitesimalrechnung 200, 202, 206, 216, 217, 218
Ingalls, Albert G. 256
Amateur Telescope Making 256
Innenradius 168
Inquisition 178, 180, 182
Internationale Astronomische Union 49, 175
Internationale Raumstation (ISS) 254
Isidor von Sevilla 130, 131, 135
De responsione mundi et de astrorum ordinatione 130–133
Istituto Nazionale di Astrofisica (INAF) 14

J

Jackson, Libby 262
A Galaxy of her Own: Amazing Stories of Women in Space 262
Jahreszeiten 8, 106, 107, 110, 113, 125, 135, 137, 249
Jakobsstab 38, 54, 224

James-Webb-Weltraumteleskop 109, 148
Jamieson, Alexander 238
Janssonius, Johannes 35
Novus Atlas 35
Jantar-Mantar-Observatorium 118
Johann III. Sobieski 41
Johannes Danck de Saxonia 116
John of Worcester 59, 60
Jōkyū-Kalender 137
Judiziarische Astronomie 116
Jupiter 10, 54, 60, 65, 89, 92, 93, 103, 106, 131, 132, 137, 164, 168, 173, 177, 178, 179, 187, 192, 196, 208, 246
Großer Roter Fleck 88
Monde des 10, 88, 180

K

Kalender 106, 109, 110, 114, 118, 122, 125, 128, 135, 137
hinduistischer 118
islamischer 109
jüdischer 109, 135
Karl V. 122, 158
Kassiopeia (Sternbild) 23, 26, 48
Kepler, Johannes 3, 4, 110, 142, 168–171, 172, 173, 184, 201, 202
Astronomia nova 170
Astronomica 66
Gesetze der Planetenbewegung 171
Harmonice mundi 171
Mysterium cosmographicum 168–169
Keyser, Pieter 34
Kircher, Athanasius 186
Ars magna lucis et umbrae 186–187
Klementinum (Bibliothek) 10
Kometen 100, 101, 103, 176, 242
Großer Komet von 1577 173
Großer Komet von 1618 101
Großer Komet von 1680 202
Königlicher Astronom 45, 49, 103, 202
Koopmann-Hevelius, Elisabeth 62
Kopernikus, Nikolaus 66, 71, 142, 151, 156, 158, 164, 165, 170, 173, 180, 184, 192, 228
De revolutionibus orbium coelestium 164–165
Korea 20, 21, 97, 136, 138
Krater 180 (Tycho) 71
Kreuzstab 38, 54, 224

L

Lalande, Jérôme *siehe* de Lalande
Lange Zählung (Maya) 122
Längengrad 45, 214, 215, 260
Laplace, Pierre-Simon 216
Traité de mécanique céleste 216
Le Verrier, Urbain 218
Leavitt, Henrietta 143, 254
Leibniz, Gottfried Wilhelm 200, 206
Lepaute, Jean-André 208
Lepaute, Nicole-Reine 208
Traité d'horlogerie 208–209
Levesque, Emily 263
The Last Stargazers 263
Leviathan von Parsonstown 142, 242, 246
Libration 56, 63, 65, 69
Lintott, Chris 261
Bang! The Complete History of the Universe 261
Liu, Charles 262
StarTalk 262
Livre des propriétés des choses (De proprietatibus rerum) 230–231
Lord Rosse (Parsons, William) 148, 246
Lowell Observatory 97
Lowell, Percival 97
Mars 97
Mars and Its Canals 97
Mars as the Abode of Life 97
Luna 3 56, 60
Lunar Reconnaissance Orbiter 73
Lunisolarkalender 109, 134, 137

M

Mack, Katie 263
The End of Everything (Astrophysically Speaking) (Das Ende von allem –*astrophysikalisch betrachtet)* 263
Madras Observatory 99
Madrider Kodex 121
Mair, Alexander 30, 31
Mang, Christoph 31
Manilius, Marcus 66, 67
Astronomica 66
Mare Serenitatis 71
Mare Tranquillitatis 71
Marinechronometer 215
Mars 14, 54, 60, 65, 68, 88, 89, 92, 94, 96, 97, 106, 125, 131, 132, 164, 168, 170, 173, 192, 196, 211, 240, 244, 248
Maunder, Annie 250, 251
Maunder, Walter 250, 251
The Heavens and Their Story 250–251
May, Brian 261
Bang! The Complete History of the Universe 261
Maya 120, 121, 122, 125, 127
Mayall, Margaret L. 257
Mayall, R. Newton 257
Skyshooting: Hunting the Stars with Your Camera 257
Mediceische Gestirne 177, 179
Medusa 41
Meer der Heiterkeit 71
Meer der Ruhe 71
Mekka 113
Mercator-Projektion 35
Mercator, Gerard 35
Merkur (Gott) 10, 67
Merkur (Planet) 10, 54, 60, 67, 88, 98, 106, 119, 125, 132, 164, 168, 173, 187, 192, 194, 196, 210, 235, 244, 246
mesoamerikanische Astronomie 120
Mesopotamien 12, 110
Meteoriten 10
Mexico Maya Codex 122
Mexiko 120, 122, 126
Milchstraße 33, 66, 93, 110, 142, 143, 254
Misner, Charles W. 258
Gravitation 258
Mitton, Geraldine E. 248
The Children's Book of the Stars 225, 248–249
Modelle des Universums 12, 66, 75, 138, 148, 194, 216, 229, 236, 256
geozentrisches 14, 35, 36, 114, 118, 119, 131, 132, 142, 150, 151, 152, 155, 156, 158, 164, 165, 170, 178, 180, 182, 184, 188, 228, 230
heliozentrisches 14, 35, 142, 151, 164, 165, 168, 169, 170, 172, 173, 178, 180, 182, 183, 184, 189, 191, 192, 197, 218, 228
kopernikanisches 35, 89, 164, 165, 166, 168, 169, 172, 176, 180, 184, 191, 197, 201, 228, 233
ptolemäisches 155
tychonisches 138, 173
Monat 21, 106, 110, 131
Mond-Neujahr 109, 110
chinesisches Neujahrsfest 109
Frühlingsfest 109
Mond, der 8, 10, 14, 18, 21, 35, 40, 54, 56, 58, 60, 62, 63, 64, 65, 66, 68, 69, 70, 71, 72, 73, 74, 76, 77, 78, 79, 80, 82, 83, 84, 106, 107, 109, 110, 114, 118, 119, 122, 125, 126, 127, 132, 134,

135, 142, 151, 155, 158, 164, 165, 173, 175, 176, 177, 180, 184, 193, 202, 215, 216, 228, 230, 241, 248, 254, 262
Fotografie 56, 57, 68, 69, 187
Kartierung 56, 62, 64, 71, 73, 236
Phasen 8, 35, 131, 186, 236
Monde 92, 110, 134–135, 192
des Jupiters 10, 88, 180
des Saturns 88
Europa 88
Galileische 177, 179, 180
Mondhochland 60, 127
Moore, Patrick 261
MUL.APIN (Tontafel) 10, 18

N

Nahua 58, 120, 126–129
Nahuatl 126
NASA 56, 73, 84, 98, 109, 148, 187, 194, 218, 255
NASA Solar Dynamics Observatory 98
Nasmyth, James 72
The Moon: Considered as a Planet, a World and a Satellite (Der Mond betrachtet als Planet, Welt und Trabant) 72–75
Neptun 92, 142, 175, 225, 241
Newton, Isaac 41, 47, 103, 200, 225, 232
drei Gesetze der Bewegung 201
Philosophiae naturalis principia mathematica (Principia) (Mathematische Grundlangen der Naturphilosophie) 148, 200–205, 206, 207, 208, 216, 232
Nipptide 202
Nishikawa Joken 138
Nobutake, Baba 138
Introduction to the Study of Astronomy 138
Nordpol 215

O

Observatoire de Paris 9, 14, 214
Ojibwe 51
Ophiuchus (Schlangenträger) 33, 111
Orion (Sternbild) 18, 30, 31, 45, 51, 89, 249
Ostern 109, 134, 135
Ostlie, Dale A. 260
An Introduction to Modern Astrophysics 260

P

Pan 67
Parallaxe 172, 173, 192, 210, 218
Payne-Gaposchkin, Cecilia 257
Introduction to Astronomy 257
Perelman, Jakow 258
Astronomy for Entertainment 258
Perseus 23, 41, 43
Persien 22, 114
Pessach 107
Peterson, Bradley M. 28, 261
Foundations of Astrophysics 28
Pflug (Sternbild) 18, 50
Philosophical Transactions of the Royal Society of London 99, 145
Piccolomini, Alessandro 28
De la sfera del mondo 28
De le stelle fisse 28–29, 30
Plancius, Petrus 34
platonische Körper 168, 169
Plejaden 18, 21, 177
Pluto 10, 97, 240
Polarstern 50, 214
präkolumbisches Mesoamerika 14
Prescod-Weinstein, Chanda 263
The Disordered Cosmos 263
Proctor, Richard 68, 69, 92, 96
Other Worlds Than Ours 92–95, 143
The Moon: Her Motions, Aspect, Scenery, and Physical Condition 68–71
Ptolemäus, Claudius 26, 35, 36, 48, 66, 114, 116, 152, 155, 156, 170, 192, 228, 233
Almagest 26, 116, 152–157, 228

Q

Qian, Xuesen 261

R

Ramadan 110
Renaissance 28, 80, 130
Road Atlas for the Total Solar Eclipse of 2024 84, 87
Rosch ha-Schana 107
Royal Astronomical Society 14, 99
Rutherfurd, Lewis 68
Ryden, Barbara 261
Foundations of Astrophysics 261

S

Sacrobosco, Johannes de 109, 142, 143, 222, 228, 229
Compendium in sphaeram 80, 81, 109
De sphaera mundi 80, 228–229
Sagan, Carl 259
Cosmos (Unser Kosmos: Eine Reise durch das Weltall) 259
Pale Blue Dot: A Vision of the Human Future in Space (Blauer Punkt im All: Unsere Zukunft im Kosmos) 259
Sandage, Allan 258
The Hubble Atlas of Galaxies 258
Saturn 54, 60, 65, 89, 90, 91, 103, 106, 132, 164, 168, 173, 187, 192, 196, 208, 242
Monde des 88
Säulen der Schöpfung 109
Scheiner, Christoph 150
Disquisitiones mathematicae 150
Schiaparelli, Giovanni 96
La vita sul pianeta Marte 96
Schowalter, Elma 12
Schule von Kerala 14, 118, 119
Schwarze Löcher 10, 254, 259, 263
Schweden 172
Schwerkraft *siehe* Gravitation
Sextant 41, 42, 44, 54, 64, 192
Sherburne, Sir Edward 66
The Sphere of Marcus Manilius 66–67
Shetterly, Margot Lee 262
Hidden Figures (Unerkannte Heldinnen) 262
Shibukawa Shunkai 137
Simmons, Jeffrey 262
StarTalk 262
Slipher, Vesto 143, 254
Smethurst, Becky 263
A Brief History of Black Holes 263
Sobel, Dava 260
Longitude (Längengrad) 260
The Glass Universe (Das Glas-Universum) 260
Somayaji, Nilakantha 119
Tantrasamgraha 119
Somerville, Mary 216, 217, 218, 225
Mechanism of the Heavens 216, 217, 218, 225
The Connection of the Physical Sciences 217
Sommersonnenwende 107
Sonne 8, 10, 14, 18, 36, 40, 56, 58, 59, 64, 70, 79, 80, 81, 88, 89, 91, 92, 93, 96, 98, 99, 100, 106, 107, 109, 110, 111, 114, 118, 119, 122, 126, 127, 132,

135, 142, 145, 148, 151, 152, 155, 156, 158, 159, 164, 165, 168, 170, 171, 173, 175, 177, 178, 180, 184, 187, 192, 194, 202, 207, 210, 211, 218, 223, 228, 230, 236, 246, 248, 249, 254, 256
Beobachtung der 54, 60
Bewegung der 125, 241
Bilder 66, 131, 250, 251
Sonnenflecken 58, 59, 60, 64, 66, 178, 241, 250, 251
Sonnensystem 10, 12, 14, 66, 72, 88, 89, 93, 96, 98, 100, 119, 131, 142, 152, 155, 164, 165, 166, 168, 169, 171, 172, 173, 175, 178, 180, 182, 183, 191, 192, 194, 196, 197, 202, 210, 216, 218, 233, 246, 248, 254, 257
Sonnensystemmodell 12, 236
Sostitium (Sommersonnenwende) 107
Spektroskop 10, 246
Spektrum 143, 254
Spiralnebel 142, 254
Springtide 202
Sternbilder 18, 21, 22, 23, 24, 26, 28, 30, 34, 41, 42, 43, 47, 48, 49, 51, 111, 114, 156, 177, 202, 239
Andromeda 22, 23, 25, 142, 239
Aquarius (Wassermann) 34, 110
Aries 22
Atelier Typographique (Buchdrucker-Werkstatt) 277
Bootes (Bärenhüter) 50
Camelopardalis (Kamelleopard) 41
Canes Venatici (Jagdhunde) 50
Cetus (Seeungeheuer) 47
Coma Berenices (Haar der Berenike) 50
Delphinus (Delphin) 33
Draco (Drache) 26, 239
Equuleus (Kleines Pferd) 33
Gloria Frederici 239
Kassiopeia 23, 26, 48
Krebs 26, 110
Leo (Löwe) 26, 110
Orion 18, 30, 31, 45, 51, 89, 249
Perseus 23, 41, 43, 48
Scutum Sobiescianum (Schild des Sobieski) 41, 42
Serpens (Schlange) 33
Taurus (Stier) 45, 110
Triangulum (Dreieck) 48, 239
Ursa Major (Großer Bär) 24, 26, 29, 31, 50, 239
Ursa Minor (Kleiner Bär) 26, 29, 239
Sternkarte von Dunhuang 18, 21
Strawbridge Observatory 8, 14
Supernova 168

T

Tang-Dynastie (China) 18, 21, 136, 137
Teleskop 12, 41, 44, 45, 46, 49, 54, 60, 62, 63, 64, 65, 67, 72, 82, 88, 89, 90, 96, 98, 143, 176, 177, 180, 192, 200, 218, 225, 235, 236, 242, 254, 256
Terminator 54, 60
The Internal Constitution of the Stars (Der innere Aufbau der Sterne) 256
Theon 156
Thorne, Kip S. 258, 260
Black Holes and Time Warps (Gekrümmter Raum und verbogene Zeit) 260
Gravitation 258
Thornhill, James 48
Tierkreis 36, 88, 109, 110, 137, 202, 230
chinesischer 137
Timbuktu-Handschriften112
Trägheit 171
Transit of Venus (Flugblatt) 210
Tremaine, Scott 259
Galactic Dynamics 259
Trigonometrie 98, 118, 119, 151, 165
Tsukioka, Yoshitoshi 76
One Hundred Aspects of the Moon (Hundert Ansichten des Mondes) 76–79
Tycho (Krater) 87

U

Umfangsradius 168
Urania 30, 42, 67, 172, 227, 238, 239
Urania's Mirror 227, 238–239
Uraniborg 12, 14, 172, 174
Uranus 30, 47, 92, 142, 175, 218, 225, 233, 236, 241
Urknall 148, 254, 258
Ursa Major (Großer Bär) 24, 26, 29, 31, 50, 239
Ursa Minor (Kleiner Bär) 26, 29, 239

V

Varāhamihira 119
Brihajjataka 119
Vedanga jyotisha 118
Valeriano, Pierio 80
Compendium in sphaeram 80–81
Venus 54, 60, 64, 65, 88, 98, 99, 106, 119, 122, 125, 131, 132, 164, 168, 173, 178, 180, 187, 192, 194, 196, 210, 211, 213, 225, 233, 235, 244, 246, 249, 261
Venustransit 98, 99, 194, 210–211, 233
Voltaire 206
von Mädler, Johann Heinrich 71
von Oppolzer, Theodor Ritter 84
Canon der Finsternisse 84–86
Voyager 1 254
Voyager 2 254
Vulcan (imaginärer Planet) 246

W

Wandteppich von Bayeux 100
Ward, Mary 242
Telescope Teachings 242–245
Wasserstoff 8, 254, 257, 272
Weihnachten 109
Weinberg, Steven 258
The First Three Minutes: A Modern View of the Origin of the Universe (Die ersten drei Minuten: Der Ursprung des Universums) 258
Weiss, Edmund 102
Bilder-Atlas der Sternenwelt 102
Weißer Zwerg 8
Wheeler, John Archibald 258
Gravitation 258
Whirlpool-Galaxie 142, 148
Wintersonnenwende 107, 109, 118, 122
Wolbach Library 14
Wu Xian 137
Wulf, Andrea 261
Chasing Venus (Jagd auf die Venus und die Vermessung des Sonnensystems) 261

Y

Ypey, Nicholas 211

Z

Zwergplanet 10, 175, 240

BILDNACHWEIS

Die Herausgeber danken den folgenden Personen und Institutionen für die Erlaubnis, die Abbildungen in diesem Buch zu reproduzieren. Es wurden alle Anstrengungen unternommen, um korrekte Zuordnungen vorzunehmen. Unbeabsichtigte Fehler oder Auslassungen werden in späteren Ausgaben korrigiert.

Alamy: Historic Images/Alamy Stock Photo: 9; Lebrecht Music & Arts/Alamy Stock Photo: 12 (r); Artepics/Alamy Stock Photo: 13; Historic Collection/Alamy Stock Photo: 18; agefotostock/Alamy Stock Photo: 23; Aclosund Historic/Alamy Stock Photo: 24 (ol); history_docu_photo/Alamy Stock Photo: 29 (or); The History Collection/Alamy Stock Photo: 32, 33; M&N/Alamy Stock Photo: 41; Heritage Image Partnership Ltd/Alamy Stock Photo: 47, 48, 102 (o); The History Emporium/Alamy Stock Photo: 49; Album/Alamy Stock Photo: 50 (u), 212–213, 230 (o); PRISMA ARCHIVO/Alamy Stock Photo: 55, 153; GRANGER – Historical Picture Archive/Alamy Stock Photo: 60, 96, 152, 154; Chronicle/Alamy Stock Photo: 61; The Granger Collection/Alamy Stock Photo: 63 (u); Antiqua Print Gallery/Alamy Stock Photo: 69 (o); The Picture Art Collection/Alamy Stock Photo: 89 (r), 143, 211 (u); Artokoloro/Alamy Stock Photo: 135; World History Archive/Alamy Stock Photo: 136; Joshua Davenport/Alamy Stock Photo: 139; History and Art Collection/Alamy Stock Photo: 173 (u); Chronicle of World History/Alamy Stock Photo: 206 (r); Pictorial Press Ltd/Alamy Stock Photo: 218; **Archive.org:** 80–81, 109, 222, 225 (o), 232–234, 250 (beide), 251 (ol), 251 (u). **Bridgeman Art Library:** 26, 59. **Courtesy of the British Library Board** (Royal MS 13 A XI: f.30v, f.33v, f.143v): 134 (alle). **© The Trustees of the British Museum:** 10 (or). **Reproduced by kind permission of the Syndics of Cambridge University Library:** 200–201. **David Rumsey Map Collection, David Rumsey Map Center, Stanford Libraries:** 192, 193, 194 (l), 195–199. **e-rara.ch/Wissenschaftshistorische Bestände (ETH-Bibliothek):** 28 (beide), 29 (ol), 29 (ul), 29 (ur), 31 (beide), 34, 65 (beide). **e-rara.ch/ETH-Bibliothek Zürich:** 30, 35–37, 40, 42–44, 150–151. **e-rara.ch:** 170 (alle), 183 (r), 186 (beide), 187 (ul), 187 (uM), 187 (ur), 188–191, 208–209, 214–217. **e-rara.ch/Universitätsbibliothek Basel:** 184–185, 203–205, 206 (l), 207 (beide). **© NASA, ESA, A. Simon (Goddard Space Flight Center), and M. H. Wong (University of California, Berkeley) and the OPAL team:** 89 (ol). **ESO, IAU and Sky & Telescope:** 51 (u). **Courtesy of Fred Espenak:** 87 (beide). **Getty Images:** Science & Society Picture Library/Getty Images: 10 (ul), 12 (l), 15; Getty Images/J. W. Draper/Stringer: 68; Getty Images/ullstein bild Dtl./Contributor: 131 (u). **Courtesy of HathiTrust:** 82, 83. **Holden Blanco:** 8. **Lessing J. Rosenwald Collection, Rare Book and Special Collections Division of the Library of Congress, Washington, DC:** 10 (ol). **Library of Congress, World Digital Library:** 22, 24 (or), 24 (ul), 24 (ur), 25, 27 (alle), 54, 58 (beide), 62, 63 (o), 64. **Library of Congress:** 72 (beide), 73 (ol), 73 (u), 74–75, 118 (r), 155–157, 164, 165, 171 (beide), 223, 224, 241 (alle). **National Diet Library/World Digital Library:** 76–79, 92–95, 97 (beide). **Library of Congress, Mamma Haidara Commemorative Library:** 112–113, 116, 117 (o). **Library of Congress/Qatar National Library/World Digital Library:** 117 (u). **Library of Congress/Sächsische Landesbibliothek – Staats- und Universitätsbibliothek, Dresden/World Digital Library:** 123–125. **Library of Congress/Biblioteca Medicea Laurenziana, Florenz/World Digital Library:** 126–129. **Library of Congress, Rare Book and Special Collections Division:** 131 (oben beide), 132–133, 172, 173 (oben beide), 176–182, 183 (l). **Courtesy of The Linda Hall Library of Science, Engineering & Technology:** 225 (u), 236–237, 240 (alle), 242–247. **The Metropolitan Museum of Art:** 158–163, 228, 229 (o), 229 (u). **milestone-books.de:** 69 (u), 70–71, 138 (alle). **NASA, ESA, CSA, and STScI:** 4, 108, 149. **NASA:** 57, 106, 107, 194 (r). **NASA/GSFC/Arizona State University:** 73 (or). **NASA and The Hubble Heritage Team (STScI/AURA):** 91 (o). **NASA/SDO, AIA:** 98. **NASA, ESA, S. Beckwith (STScI) and The Hubble Heritage Team (STScI/AURA):** 146–147. **NASA/Moore Boeck:** 175. **NASA/JPL:** 219. **NASA, ESA, the Hubble Heritage Team (STScI/AURA), A. Nota (ESA/STScI), and Westerlund 2 Science Team:** 255. **National Library of Australia:** 45, 46, 50 (o). **From the The New York Public Library:** 169 (alle). **PBA Galleries:** 66–67. **Project Gutenberg:** 248–249. **Qatar Digital Library:** 114–115. **Shutterstock:** Granger/Shutterstock: 38, 39, 166–167; Xinhua/Shutterstock: 110; Nicolas Economou/NurPhoto/Shutterstock: 111; Joe Pepler/Shutterstock: 120–121; Universal History Archive/Shutterstock: 121 (o); ds_us/Shutterstock: 187 (o). **Smithsonian:** 103 (beide). **Science Photo Library:** ETH-BIBLIOTHEK ZÜRICH/SCIENCE PHOTO LIBRARY: 89 (ul), 90 (beide); ROYAL ASTRONOMICAL SOCIETY/SCIENCE PHOTO LIBRARY: 99 (l), 148, 210; DETLEV VAN RAVENSWAAY/SCIENCE PHOTO LIBRARY: 102 (u); STEVE ALLEN/SCIENCE PHOTO LIBRARY: 118 (l); RIJKSMUSEUM/SCIENCE PHOTO LIBRARY: 211 (o). **Unsplash:** Jonathan Francisca 11; Vincentiu Solomon 6–7. **Wellcome Collection:** 101 (beide), 229 (r), 235. **Wikimedia Commons:** 20, 56, 84–86, 91 (u), 99 (r), 144–145; Gabriel Seah (CC BY-SA 3.0): 19; Frank Vincentz (CC BY-SA 4.0): 21 (l); Khalili Collections (CC BY-SA 3.0): 21 (r); Etphonehome (CC BY-SA 3.0): 51 (o); Mirabella: 100; Mukerjee: 119 (o); Ms Sarah Welch (CC BY-SA 4.0): 119 (u); Jbarta (CC BY-SA 3.0): 137; Leinad-Z-commonswiki: 142; Stanlekub: 174–175; Marikevanroon20: 230 (u); DcoetzeeBot: 231; Adam Cuerden: 226–227, 238–239; Edith Maunder: 251 (or).

Ballantine: 259 (ol2); Bantam: 259 (r); Basic Books: 258 (ur), 261 (ol); Bloomsbury: 260 (ul1); Bold Type Books: 263 (ul); Cambridge University Press: 256 (M), 260 (Mr), 261 (or); Carlton Books: 261 (ur); Carnegie Institution of Washington: 258 (or); Century: 262 (ul); Harper & Brothers: 257 (M); Macmillan: 263 (ur); National Geographic: 262 (lM); Openstax: 262 (or); Pelican Books: 256 (u); Princeton University Press: 258 (ul), 259 (ul); Random House: 259 (ol1); Scribner: 263 (or); Smithsonian: 257 (u); Sourcebooks: 263 (ol); The Ronald Press Company: 257 (o); Time Life: 260 (ol); University Press of the Pacific: 258 (ol); Viking: 260 (ul2); W. W. Norton & Company: 260 (or); William Morrow: 262 (ol); Willmann-Bell: 256 (ol), 256 (oM), 256 (or); Windmill Books: 261 (ul).

DIE AUTORIN

KAREN MASTERS ist Professorin für Physik und Astronomie am Haverford College in den USA. Sie ist Astronomin und Astrophysikerin und forscht zu Galaxien im Universum, insbesondere zu der Frage, inwieweit innere Strukturen wie Spiralarme, galaktische Balken und Ringe die kosmische Geschichte ihrer Muttergalaxien offenbaren. Sie ist leitende Forscherin des Galaxy Zoo Project, das einem interessierten Laienpublikum ermöglicht, bei der Klassifizierung von Galaxien nach Formen und Typen zu helfen. Karen Masters war außerdem Sprecherin der vierten Phase des Sloan Digital Sky Survey (SDSS), eines internationalen Gemeinschaftsprojekts, an dem Hunderte Astronominnen und Astronomen beteiligt sind und an der Kartierung des Universums arbeiten. Ihr Hauptbetätigungsfeld war das MaNGA-Projekt (Mapping Nearby Galaxies at Apache Point Observatory), bei dem Spektroskopien von 10 000 nahen Galaxien erstellt wurden. Unter anderem beobachtete ihre Forschungsgruppe einen Teil dieser Galaxien mit dem Green-Bank-Radioteleskop, um Messungen des Gehalts an atomaren Wasserstoff beizusteuern. *Die Geschichte der Astronomie* ist Karen Masters' drittes populärwissenschaftliches Buch. Sie ist außerdem Co-Autorin von *Das Universum in 30 Sekunden: 50 faszinierende Phänomene des Weltalls* (Mitautoren: Charles Liu und Sevil Salur) und *Raumfahrt in 30 Sekunden: Die 50 wichtigsten Ideen, Erfindungen und Destinationen erklärt in einer halben Minute* (Mitautoren: Charles Liu und Allen Liu).